Modalités de la communication scientifique et technique

Communicating Science and Technology

n° 13

Histoire des échanges, communications, postes et territoires

Collection représentée par Muriel Le Roux,
IHMC – CNRS – ENS-PSL – Université Paris 1 Panthéon-Sorbonne, France

Assistant éditorial : Sébastien Richez, CHP, France

www.laposte.fr/chp
Comité pour l'Histoire de La Poste
Territoires - Communications - Sociétés

Comité pour l'histoire de La Poste
Case Postale A 503
9 rue du Colonel Pierre Avia
F-75757 Paris Cedex 15
www.laposte.fr/chp

Muriel Le Roux (dir./ed.)

Modalités de la communication scientifique et technique
Communicating Science and Technology

Perspectives historiques
Historical Perspectives

PETER LANG
Lausanne · Berlin · Bruxelles · Chennai · New York · Oxford

Information bibliographique publiée par Die Deutsche Nationalbibliothek.
Die Deutsche Nationalbibliothek répertorie cette publication dans la Deutsche Nationalbibliografie ; les données bibliographiques détaillées sont disponibles sur le site http://dnb.d-nb.de.

Photo de couverture : Une de couverture de la revue *Avenirs,* hors-série, mai 1956
© BnF, 4° JO 5335

Ce travail a été réalisé avec le soutien de l'IHMC, de la Maison française d'Oxford, de l'ENS-PSL, du LabEx Transfers et de l'EUR Translitterae.

PSL UNIVERSITÉ PARIS | MFO MAISON FRANÇAISE D'OXFORD | IHMC Institut d'histoire moderne et contemporaine UMR 8066

ISSN 2295-2950
ISBN 978-2-8076-0972-3
ePDF 978-2-8076-0993-8
ePUB 978-2-8076-0994-5
DOI 10.3726/b20559
D/2023/5678/03

Publié par Peter Lang Éditions Scientifiques Internationales - P.I.E., Bruxelles, Belgique

info@peterlang.com http://www.peterlang.com/

Cette publication a fait l'objet d'une évaluation par les pairs.

Ce livre est dédié à la mémoire de John Perkins (1943-2023),
historien des sciences, Oxford Brookes University, acteur infatigable
d'une histoire comparée entre la France et le Royaume-Uni.

This book is dedicated to the memory
of John Perkins (1943-2023), historian of science, Oxford Brookes
University, tireless actor of France' and the United Kingdom's
comparative history.

Table des matières

Liste des contributeurs

Andrée Bergeron

Andrée Bergeron est maîtresse de conférences en histoire des sciences au Muséum national d'Histoire naturelle, membre du Centre Alexandre Koyré (CNRS/EHESS/MNHN). Ses travaux portent principalement sur l'histoire de la vulgarisation scientifique (politiques publiques et mises en scène des sciences, 20e-21e siècles).

Julie Bouchard

Julie Bouchard est maîtresse de conférences en sciences de l'information et de la communication et chercheuse au Laboratoire des sciences de l'information et de la communication, université Sorbonne Paris Nord.

Jean-Luc Chappey

Jean-Luc Chappey est professeur d'histoire des sciences à l'université Paris 1 Panthéon-Sorbonne et directeur de l'Institut d'Histoire moderne et contemporaine (CNRS/ENS/Paris 1 Panthéon-Sorbonne). Il travaille sur les relations entre l'histoire des savoirs et l'histoire politique et sociale des 18e et 19e siècles. Il co-dirige un projet de recherche sur l'histoire du magnétisme animal.

Maria Conforti

Maria Conforti est professeure associée d'histoire de la médecine à la Sapienza-université de Rome et directrice du Musée d'histoire de la médecine. Elle étudie l'histoire intellectuelle et l'histoire des sciences et de la médecine en Italie à l'époque moderne, avec une attention particulière à l'histoire de la communication scientifique et de la médecine pratique.

Michel Dupuy

Michel Dupuy est chercheur associé à l'IHMC (CNRS/ENS/Paris 1 Panthéon- Sorbonne) et enseignant en lycée. Ses recherches se focalisent sur l'histoire de la pollution et de la forêt ainsi que sur les relations entre les médias et les scientifiques à l'époque contemporaine.

Caroline Ehrhardt
Caroline Ehrhardt est maîtresse de conférences en histoire des sciences à l'université Paris 8 Vincennes-Saint-Denis. Elle travaille sur l'histoire sociale et culturelle des mathématiques au 19e et au début du 20e siècle et s'intéresse en particulier à la circulation et à la transmission des savoirs. Elle a coédité récemment (avec R. d'Enfert et O. Bruneau) le numéro spécial « Patrimonialisation des mathématiques (18e-20e siècles) » de la revue *Philosophia Scientiæ* (26/2, 2022).

Alexandre Hocquet
Alexandre Hocquet is Professor of History of Science at the University of Lorraine, member of the Archives Henri-Poincaré lab and a fellow at the Käte Hamburger Kolleg in Aachen. His focus is on the relationships between software and the production of knowledge in science in general, in computational chemistry in particular. Methodologically, his works rely, among other archival material, on the analysis of threaded conversations in web forums or mailing lists.

Muriel Le Roux
Muriel Le Roux, chercheuse au CNRS, est directrice adjointe de l'IHMC (CNRS/ENS/Paris 1 Panthéon-Sorbonne). Elle étudie l'histoire des sciences, des techniques, de l'innovation et des entreprises. Elle est responsable des recherches du comité pour l'histoire de la Poste depuis de nombreuses années. Elle a dirigé le numéro de la revue *Entreprise et Histoire*, intitulé « L'éclatement des modèles postaux » (105/4, 2021). Dans le domaine de l'histoire des sciences, après avoir publié en 2017 avec François Gueritte, *Navelbine et Taxotère, histoire de sciences* (Iste, Londres), elle a participé au programme européen 'recherche et innovation' H2020 (*grant agreement* n°770523 2017–2022) InsSciDE, *Inventing a shared Science Diplomacy for Europe.* Les échanges qui se produisent à l'interface des mondes académique et industriel, comme leurs interactions avec les sociétés concernées induisent des communications qui intéressent ses travaux aussi bien par leurs contenus, leurs formes matérielles que par leurs évolutions. Cet ouvrage qu'elle a dirigé, publié dans la présente collection, en est le reflet.

Jean-Pierre Llored
Jean- Pierre Llored est maître de conférences à l'École centrale Casablanca rattaché au département sciences humaines et sociales de l'École centrale Supélec. Habilité à diriger des recherches en histoire des sciences et

des techniques et en philosophie, il est chimiste (ingénieur et agrégé de chimie), historien des sciences (doctorat) et philosophe de formation. Rédacteur en chef adjoint du journal international de bioéthique et d'éthique des sciences et du journal *Foundations of Chemistry*, ses travaux portent essentiellement sur la chimie, les nouvelles technologies NBIC et NTIC, la méréologie et l'influence des ontologies relationnelles sur la production des savoirs scientifiques contemporains.

Valérie Schafer
Valérie Schafer est professeure d'histoire européenne contemporaine au C²DH (Centre d'histoire contemporaine et numérique) de l'université du Luxembourg et chercheuse associée au Centre Internet et Société (CNRS). Elle est spécialisée dans l'histoire de l'informatique, des télécommunications et des réseaux de données.

Martine Sonnet
Martine Sonnet, ingénieure de recherche à l'IHMC (CNRS/ENS/Paris 1 Panthéon-Sorbonne) jusqu'en 2022, originellement spécialiste de l'histoire des femmes et du 18ᵉ siècle, a élargi ses champs de recherche ces dernières années en s'intéressant aux scientifiques des années 1930 rattachés à la Caisse nationale des sciences, préfiguration du CNRS.

Daniel Syrovy
Daniel Syrovy is Senior Lecturer at the University of Vienna's Department of Comparative Literature. He has published on a number of topics, including Early Modern narrative (*Tilting at Tradition*, Amsterdam/New York 2013), 19th century book censorship (*Literatur, Politik und habsburgische Zensur in Lombardo- Venetien*, Wiesbaden 2021) and modernist literature. His main research interests touch upon the intersection of genres, institutions and (forgotten) literary traditions.

Alexandre Tessier
Alexandre Tessier est historien des relations internationales dans l'Europe moderne. Après avoir travaillé les relations entre milieux savants et milieux diplomatiques dans *Réseaux diplomatiques et République des Lettres. Les Correspondants de Sir Joseph Williamson, 1660-1680* (Champion, 2015), il s'est consacré à l'essor des relations postales dans l'Europe moderne (1500-1800). Il est ingénieur de recherche au CNRS (Centre Roland Mousnier) où il développe une base de données des acteurs de la diplomatie moderne.

Marie Thébaud-Sorger

Marie Thébaud- Sorger est chargée de recherches au CNRS au Centre Alexandre Koyré (CNRS/EHESS/MNHN) et chercheuse associée à la Maison française d'Oxford où elle a dirigé l'axe histoire des sciences et des savoirs (2017-2020). Elle est historienne de la culture technique, des pratiques inventives et de l'espace public au 18e siècle.

Hervé This

Hervé This est physico-chimiste (Say Food, université Paris Saclay), directeur du Centre international de gastronomie moléculaire et physique AgroParisTech-Inrae, directeur scientifique de la Fondation Science & Culture Alimentaire, éditeur des *Notes académiques de l'Académie d'agriculture de France et de l'International Journal of Molecular and Physical Gastronomy*.

Anouchka Vasak

Anouchka Vasak est maîtresse de conférences en littérature française, co-directrice de la collection MétéoS aux éditions Hermann et du séminaire « Perception du climat » à l'ENS-Ulm. Elle a notamment traduit en français l'essai de Luke Howard, *On the Modifications of Clouds* (Hermann, 2012). Dernier livre paru : *1797. Pour une histoire météore* (Anamosa, 2022).

Nicolas Verdier

Nicolas Verdier est directeur de recherche au CNRS et directeur d'étude à l'EHESS. Après une thèse sur le rapport au territoire lors d'aménagements au 19e siècle, il a travaillé sur l'histoire des réseaux de transport et plus récemment sur l'histoire de la cartographie du 17e au 19e siècle.

Pierre Verschueren

Pierre Verschueren est maître de conférences en histoire contemporaine à l'université de Franche-Comté et membre du Centre Lucien Febvre. Ses travaux se placent à l'intersection de l'histoire des savoirs scientifiques, de l'histoire de l'enseignement supérieur et de l'histoire des professions.

Introduction

Muriel Le Roux

CNRS, IHMC (CNRS, ENS, université Paris 1 Panthéon-Sorbonne) ; Maison Française d'Oxford

Marie Thébaud-Sorger

CNRS, Centre Alexandre Koyré ; Maison Française d'Oxford

Les contributions réunies dans ce volume procèdent d'un cycle de trois colloques internationaux « Communicating Sciences and Technology, historical perspectives, from 15th to present » pensés, il y a quelque temps, par Pietro Corsi, Robert Fox (université d'Oxford), John Perkins (†), Viviane Quirk (université Oxford-Brookes), Serge Plattard, ambassade de France à Londres et Muriel Le Roux (Institut d'histoire moderne et contemporaine et Maison française d'Oxford).

À l'issue du premier colloque qui s'est tenu à Oxford, à la MFO, ce groupe d'historiens a été rejoint par Jeanne Peiffer (CAK), Christophe Charle (IHMC), pour le second colloque à Paris, à l'ENS-Ulm. Le dernier colloque, de retour à la MFO, fut coordonné, quant à lui, par Thomas Le Roux (CRH et MFO), Stephen Johnson (Museum of the History of Science, Oxford), Jean-Baptiste Fressoz (Imperial College, Londres), Fabien Locher (CRH).

Initiés par Muriel Le Roux, ces colloques ont bénéficié de soutiens administratifs (MFO et IHMC) et de partenariats institutionnels : l'ambassade de France à Londres (département science et technologie), le CNRS, l'université d'Oxford, l'ENS et le LabEx Transfer[1].

La publication, pour des raisons impondérables, est quelque temps restée improbable, puis avec le soutien du LabEx Transfer et notamment d'Annabelle Milleville, le projet a pu être mené à bien. Certains

[1] Sans l'aide des personnels de la MFO et de l'IHMC et le soutien financier des institutions citées, ces colloques internationaux n'auraient pas eu lieu. Que toutes les personnes qui y ont contribué trouvent ici l'expression de nos sincères remerciements.

collègues ont publié ailleurs leur présentation, c'est normal compte tenu du rythme académique. Outre le LabEx Transfer, Christophe Charle, l'IHMC, Frédéric Thibault-Starzyk et Marie Thébaud-Sorger de la Maison française d'Oxford, ont soutenu cette publication, confirmant la confiance accordée au projet initial.

Le fil conducteur des présentations et des débats des deux premiers colloques a été la longue durée ; comment communiquait-on les résultats de la science à l'époque moderne ou contemporaine, y eu-t-il des invariants ? Le dernier colloque se présentait, quant à lui, comme une étude de cas plus spécifiquement dédiée au climat et à la météo comme science populaire, le texte d'Anouchka Vasak en est l'illustration.

L'ouvrage rassemble seize textes et témoigne de pistes fructueuses autorisées par la rencontre et les échanges entre chercheurs appartenant à des institutions différentes et se proposant, de manière réflexive et historique, de réfléchir précisément à la manière dont la communication scientifique façonne l'espace de la recherche.

Ainsi que l'a démontré Guylaine Beaudry[2], la communication scientifique régit en partie les interactions entre les acteurs scientifiques, institutionnels et les publics, mais à l'ère du numérique et de la dématérialisation des échanges, les modes de productions et de diffusion des savoirs scientifiques ont été bouleversés, comme Valérie Schafer et Alexandre Hocquet l'évoquent dans ce livre. Depuis le 17e siècle et l'émergence institutionnelle de la science moderne, la nature des relations entre les acteurs définit corrélativement ce qui relève à la fois de l'espace savant et de la diffusion des savoirs pour de larges audiences[3]. La communication scientifique recouvre ici, selon une large acception, le déplacement d'idées, d'observations, de 'contenus' entre deux points d'un espace donné, suppose une perméabilité des démarcations, une porosité entre les mondes ; tout cela constitue le fil conducteur de l'ouvrage sur la longue durée. Cette approche permet en premier lieu de saisir l'évolution de l'espace des sciences et des savoirs (J.-L. Chappey, D. Syrovy, J.P. Llored, H. This), puis celle des échanges entre pairs (A. Tessier, M. Conforti, J.-L. Chappey, D. Sirovy, C. Ehrardt, M. Sonnet, J.-P. Llored, V. Schafer,

---

2 Guylaine Beaudry, *La communication scientifique et le numérique*, Paris, éditions Lavoisier, 2011.

3 Liliane Hilaire-Pérez, Fabien Simon, Marie Thébaud-Sorger (dir.), *L'Europe des sciences et des techniques*, Rennes, Presses universitaires de Rennes, 2016 ; Dominique Pestre *et alii* (éd.), *Histoire des sciences et des savoirs*, 3 vol, Paris, Seuil, 2015.

A. Hocquet), et enfin celle qui nous mène des périodiques spécialisés (N. Verdier, M. Conforti, C. Ehrardt, M. Sonnet) aux formes de la science populaire (A. Vasak, C. Ehrardt, M. Dupuy, A. Bergeron, J. Bouchard, P. Verschueren). C'est à la fois une histoire des acteurs, des institutions, des publics et des 'objets-vecteurs' techniques qui s'esquissent. Or, ces catégories ne sont en rien figées ainsi que l'attestent les textes de ce volume qui font clairement apparaître le fait que non seulement les réseaux d'échanges ont contribué de longue date à façonner les contours de collectifs[4] savants, mais aussi précisément leurs relations avec la société. Ils témoignent du jeu des légitimations académiques et des stabilisations disciplinaires. Cependant, celles-ci n'opèrent pas de manière linéaire, car ces dynamiques questionnent et transforment constamment ces relations.

Ainsi, la communication dépend autant de la structuration des espaces des savoirs que des supports de communication[5], à une période donnée, qui induisent des modes d'interactions spécifiques[6]. Ce livre met principalement l'accent sur les formes discursives en lien avec les processus de publication, sans pour autant éluder la dimension orale, celle qui régit les sociétés savantes, les enseignements, les conférences, les colloques. En outre, la nature plus informelle des relations est aussi envisagée. Les auteurs et autrices soulignent notamment l'importance des relations interpersonnelles qui relèvent autant de l'écrit (correspondances) que des discussions au sein des cercles savants et mondains, puis savants et industriels et dont on sait qu'elles perdurent aussi dans d'autres

---

4 Nous préférons ce mot à 'communauté', car il permet d'être moins limité par des approches qui placent la langue et l'écriture au cœur de l'analyse reléguant au second plan les usages et les pratiques des idées, voir Karine Chemla, « Réflexions sur la fabrique de communautés mathématiques imaginées et sur de possibles alternatives », dans Pierre-Michel Menger, Pierre Verschueren (dir.), *Le monde des mathématiques*, Paris, Seuil, coll. « Les livres du Nouveau Monde », à paraître en 2023.

5 C'est pourquoi, eu égard à la matérialité des échanges, parfois induite, souvent explicite, pour le moins commune au domaine des sciences et des techniques, ce livre est accuilli dans la collection « Histoire des échanges, communications, postes et territoires » de l'éditeur Peter Lang, tout comme l'ont été *Censure et autorités publiques*, dirigé par François Cadilhon et Philippe Chassage (2015) ou *Empires connectés ? La circulation de l'information dans les empires* dirigé par Sylvie Crogiez-Petrquin et Anna Heller (2018).

6 Patrick Baranger, Joëlle Le Marec et Bernard Schiele (éd.), *Science Communication Today*, Nancy, Presses universitaires de Nancy-Éditions universitaires de Lorraine (PUN-Édulor), 2015.

lieux tels que les laboratoires (académiques et industriels). Cette question de la proximité, qui avait permis de penser la place des savoirs tacites et leurs incorporations notamment dans le contexte des pratiques de la science contemporaine[7], peut être réinsérée dans l'étude des modes de communication en qualifiant mieux le rôle des supports matériels sans les réduire à l'exclusif. Enfin, les vecteurs de communication sont aussi utilisés stratégiquement par les acteurs : le choix de passer par des lieux[8] (collections, enseignements), un réseau de correspondances, des imprimés, etc., n'est en rien fortuit, mais relève, dès lors, de stratégies et construit la méthode et les formes de la production scientifique, comme le souligne Jean-Luc Chappey dans cet ouvrage.

Les textes abordent ces différentes médiations, souvent complémentaires les unes des autres : des correspondances de lettres aux correspondances d'e-mails, des périodiques généraux aux publications spécialisées, des collections de manuels à la 'littérature grise', des rapports et expertises[9]. Chaque trace écrite suppose en effet des destinataires et chaque publication des lectorats. On peut distinguer ce qui relève des échanges plus ou moins formels à caractère scientifique entre pairs (lettres, puis plus tard courriers électroniques, listes professionnelles électroniques restreintes sur l'Internet et sur l'Intranet) évoqués ici par Valérie Schafer et Alexandre Hocquet, ce qui relève de débats internes au collectif ou vis-à-vis des institutions (articles scientifiques, rapports, listes professionnelles électroniques), ce qui relève d'une formulation destinée à une publication et s'adresse parfois à une audience plus large (journaux, conférences, publications en ligne, réseaux sociaux). La communication scientifique écrite, quel que soit son support matériel, produit une formalisation des savoirs qui s'inscrit dans des espaces sociaux et intellectuels de réception variés : qu'il s'agisse de transmettre les résultats des questionnements de recherche, d'en organiser la diffusion auprès de ses collègues, de ses tutelles (mécènes ou institutions) ou de plus larges audiences, ils sont constitués par des niveaux de légitimité différents. Et ce d'autant plus s'il s'agit

---

7 Voir Michel Grossetti, Marie-Pierre Renée Besse, « Proximité spatiale et relations science-industrie : savoirs tacites ou encastrement (Polanyi ou Polanyi) ? », *Revue d'Économie régionale et urbaine*, n° 5, 2002, p. 777-787.

8 Christian Jacob, *Qu'est-ce qu'un lieu de savoir ?*, Marseille, OpenEdition Press, 2014, 122 p.

9 Françoise Waquet, *L'ordre matériel du savoir, comment les savants travaillent, XVI-XXIe siècles*, Paris, CNRS Éditions, 2015.

d'institutions ou de disciplines nouvelles (J.-L. Chappey, C. Ehrhardt, M. Dupuy, J.-P. Llored, H. This). Ces niveaux s'interpénètrent, y compris pour les réseaux de correspondances *a priori* symétriques qui sont structurés eux aussi par des formes de hiérarchies implicites, car ils sous-entendent, en outre, une quête de reconnaissance ou de légitimation.

Ainsi, la distinction proposée par Erving Goffman pour décrire les interactions construisant l'espace social, que suggèrent Caroline Ehrhardt et Alexandre Hocquet dans ce volume, met en évidence ce qui relève des « coulisses » (*backstage*) et du « devant de la scène » (*front stage*)[10], tout en permettant de dépasser les notions de transmissions informelles et formelles. En effet, l'étude de la communication scientifique illustre également la porosité de cette limite et la manière dont elle évolue selon les différentes configurations historiques. Apparaît l'écheveau des relations de l'interpersonnel à l'interinstitutionnel qui se noue entre différents niveaux d'acteurs scientifiques, politiques, et publics - produisant et encadrant la recherche, façonnant des réseaux de production, de réception, des communautés de lecteurs, de correspondants et de praticiens. Avec la communication scientifique, c'est donc autant l'espace intellectuel et social des sciences qui se dessinent, voire qui se construit, que ses liens avec la société et les pouvoirs publics et qui, à travers les modes et supports de circulations, permettent de caractériser la place des acteurs et la forme des institutions.

L'ouvrage tente d'articuler ce double niveau de la communication, dans la sphère savante et en dehors, et de compléter la problématique déjà explorée de la diffusion scientifique[11]. L'ouvrage, qui court sur la longue durée, accueille des chapitres mettant ainsi en lumière l'importance fondamentale de la communication sur le façonnement des disciplines, leur émergence et leur développement : mathématiques, cartographie, « sciences de l'homme », sciences de l'environnement, chimie (verte, gastronomie moléculaire, computationnelle). On a ainsi la confirmation

---

10 Erving Gofman, « The Interaction Order. American Sociological Association, 1982 Presidential Address », *American Sociological Review*, vol. 48, 1983, p. 1-17 ; Erving Gofman, *La mise en scène de la vie quotidienne*, 1. *La présentation de soi*, Paris, éditions de Minuit, 1973.

11 Bernadette Bensaude-Vincent, *L'opinion publique et la science. À chacun son ignorance*, 3e éd., Paris, La Découverte, 2013 [1999], 226 p. ; Lise Andries (dir.), *Le partage des savoirs XVIIIe-XIXe siècles*, Lyon, Presses universitaires de Lyon, 2003, 300 p.

que les projets disciplinaires s'inscrivent évidemment dans les agendas politiques et les attentes sociales de leur époque.

Les différentes études de cas permettent de mieux singulariser ce processus de la publication d'articles et d'ouvrages à l'intérieur d'une chaîne plus vaste de médiations croisées, de quête de reconnaissance pour le savant, le scientifique, puis pour sa discipline.

En premier lieu, les lettres considérées dans le faisceau des correspondances constituent un objet d'étude bien balisé[12], auxquels de nombreux projets collectifs d'édition numérique en cours donnent un nouveau souffle[13]. Alors que les réseaux savants du 16e au 18e siècle se développent corrélativement à l'essor des imprimés[14], il est intéressant de mettre en regard ce processus avec les mutations que représente l'explosion de la communication informatique via Internet. Ce mode de communication remet en cause des formes de verticalité qui ont pu marquer la diffusion de l'information savante, et typiquement celle de la « vulgarisation », mais décuple également les échanges scientifiques immédiats – à l'instar de la mailing liste. Ces réseaux, fort différents, renvoient toutefois à un même idéal, celui d'un collectif savant, élargi et déterritorialisé[15] pour qui la circulation des savoirs d'un espace à l'autre serait une nécessité intrinsèque du progrès des connaissances humaines. L'exemple de Francis Vernon (entre 1669 et 1672) que développe Alexandre Tessier est illustratif de ces personnages en position d'intermédiaire : sa présence dans la diplomatie européenne comme secrétaire d'ambassade lui permet de

---

12 Dominique PESTRE (dir.), *Histoire des sciences et des savoirs*, vol. I, dirigé par Stéphane VAN DAMME, *De la Renaissance aux Lumières*, Paris, Le Seuil, 2015 ; Pierre-Yves BEAUREPAIRE, *La communication en Europe de l'âge classique aux Lumières*, Paris, Belin, 2014, 364 p.

13 Par exemple : EMLO Early Modern Letters Online, Howard HOTSON, Thomas WALLNIG (dir), *Reassembling the Republic of Letters in the Digital Age. Standards, Systems, Scholarship*, Göttingen, Göttingen University Press, 2019, https://culturesofknowledge.history.ox.ac.uk.

14 Adrian JOHNS, « The Identity Engine: Printing and Publishing at the Beginning of the Knowledge Economy », dans Lissa L. ROBERTS, Simon SCHAFFER, Peter DEAR, *The Mindful Hand: Inquiry and Invention from the Late Renaissance to Early Industrialisation*, Chicago, Edita ; University of Chicago Press, 2007, p. 403-428.

15 Constituée autour d'une discipline et non au sein d'un groupe, d'une ethnie, d'une nation ou d'un État. Voir Karine CHEMLA, « Réflexions sur la fabrique de communautés mathématiques imaginées et sur de possibles alternatives », dans Pierre-Michel MENGER, Pierre VERSCHUEREN (dir.), *Le monde des mathématiques*, Paris, Seuil, coll. « Les livres du Nouveau Monde », à paraître en 2023.

soutenir techniquement l'accélération des communications entre milieux savants français et anglais, de faire circuler des ouvrages et des informations indépendamment de circuits plus officiels[16].

Le choix délibéré du large spectre chronologique de l'ouvrage permet de replacer les transformations institutionnelles de la science au sein de l'évolution continue des échanges singuliers et des relations interpersonnelles, progressivement régulés et adossés à la naissance des grandes institutions comme l'Académie royale des sciences, la Royal Society ou les académies allemandes, dont la Fruchtbringende Gesellschaft fondée en 1617, évoquée par Daniel Syrovy, incluant les tenants du pouvoir politique (ici le prince Ludwig I. d'Anhalt Kothen). Ces dernières fonctionnaient aussi en réseaux de « correspondants » scientifiques[17]. Or, l'élargissement de l'espace social de la recherche comme sa massification n'évincent pas la dimension cruciale des relations individuelles[18]. L'importance de la correspondance demeure centrale dans la structuration des échanges savants du premier 20e siècle, comme le montrent Caroline Ehrahrdt étudiant les publications du mathématicien Émile Borel ou encore Hervé This témoignant des débuts de la chimie moléculaire. La correspondance de Borel donne à voir comment il s'adossait à l'enseignement et utilisait un groupe de normaliens comme relai pour l'écriture et la diffusion des ouvrages. Ce que Jean-Pierre Llored décrit, en creux, autour du chimiste Paul Anastas pour la genèse de la chimie verte.

Toutefois, il ne s'agit pas de prétendre à une identité des relations indépendamment du vecteur matériel qui supporte l'échange, où l'e-mail se substituerait à la lettre, les publications et journaux en ligne aux imprimés, etc. Il s'agit davantage de repérer certaines similarités dans la communication savante sur la longue durée, ce qui permet de mieux identifier d'une part les processus qui perdurent, les invariants et, d'autre

---

16 Alexandre Tessier, *La Poste servante et actrice des relations internationales,* Bruxelles, PIE Peter Lang, 2016.

17 Irène Passeron, René Sigrist, Siegfried Bodenmann, « Introduction », dossier *La république des sciences. Réseaux des correspondances, des académies et des livres scientifiques, Dix-huitième siècle,* n° 40, 1/2008, p. 5-27 ; Hans Bots, Françoise Waquet (éd.), *Commercium litterarium, la communication dans la République des lettres, 1600-1750,* Amsterdam, Holland University Press, 1994.

18 Muriel Le Roux, « Un découvreur de médicaments et ses archives. Pierre Potier chercheur à l'ICSN-CNRS (1960-2005) », dans Marie-Sophie Corcy, Christiane Douyère-Demeulenaere, Liliane Hilaire-Pérez, *Les archives de l'invention,* Toulouse, Presses universitaires du Midi, 2006, p. 291-310.

part, ceux qui se transforment et qui définissent les contours des espaces savants et les champs disciplinaires. Ainsi, à l'autre bout du spectre, l'évolution des technologies de l'information, devenues TIC à partir des années 1970, a fait évoluer les pratiques de la recherche. L'usage de l'Internet multiplie les plateformes accessibles immédiatement au plus grand nombre, l'accès aux ressources numérisées, comme le montre l'exemple récent exploré ici du développement de la chimie computationnelle soutenant le concept de chimie verte et qui apparaît en filigrane dans le texte de Jean-Pierre Llored ou encore le cas de la gastronomie moléculaire présenté par Hervé This. Les outils électroniques utilisés aujourd'hui pour la communication scientifique[19] ont autorisé deux types d'ouvertures : une démocratisation par un accès horizontal à l'accès à la diffusion interne des résultats des recherches comme des financements, aux offres d'emploi et la diffusion sans limite des résultats des travaux les plus fondamentaux comme leur vulgarisation pour le bénéfice du plus grand nombre avec toutefois les dérives que l'on connaît et qui sont elles aussi objet d'analyses par les SHS[20].

C'est pourquoi il était important de s'intéresser à la publication scientifique. Elle est un objet récurrent des enquêtes réunies dans l'ouvrage. Elle recouvre plusieurs dimensions, car la reconnaissance d'une discipline passe autant par son affirmation au sein de l'espace des savoirs, par sa capacité à produire de l'expertise sur ses pairs (validation de résultats, enseignements) que, plus largement, par sa réception par les lectorats successifs et par la société. La publication forge donc ici l'identité de collectifs

---

19 Pierre MOUNIER, « L'édition scientifique et la science ouverte – Où en sommes-nous ? », dans *Actes des journées européennes de la science ouverte*, Open Science European Conférence, 2022, OpenEdition Press, EDP Sciences, Académie des sciences, Marseille, 2022, 220 p.

20 Harry COLLINS, Robert EVANS, « The third wave of Sciences studies: Studies of expertise and experience », *Social Studies of Science*, n° 32, 2002, p. 235-296 ; Dominique PESTRE, « L'analyse de controverses dans l'étude des sciences depuis trente ans. Entre outil méthodologique, garantie de neutralité axiologique et politique », *Mil neuf cent. Revue d'histoire intellectuelle*, n° 25, 1/2007, p. 29-43 ; Benoît URGELLI, Laurence SIMONNEAUX, Joëlle LE MAREC, « Complexité et médiatisation d'une question socialement vive. Le cas du réchauffement climatique », *Développement durable et autres question d'actualité*, 2011, p. 67-87 ; Joëlle LE MAREC, « Le style de la science », *Revue de la BnF*, n° 58, 2019, 176 p. ; Laura MAXIM, Pascale MANSIER, « How is Scientific Credibility Affected by Communicating Uncertainty? The Case of Endocrine Disrupter Effects on Male Fertility », *Human and Ecological Risk Assessment*, n° 20, 1/2014, p. 201-223.

spécifiques à l'intérieur de découpages disciplinaires plus vastes. Comme le montre Caroline Ehrardt avec la collection d'ouvrages mathématiques dirigée par Borel et éditée par Gauthier Villars, tout en intégrant l'hori zon d'attente des publics et des contraintes éditoriales précises, les livres ont pour objectif de rendre accessibles des travaux inédits affirmant aussi la place de la théorie des ensembles dans les mathématiques auprès du public et de l'institution. La discipline se structure ici en un domaine de recherche par l'enseignement et la publication, ce qui vaut pour d'autres disciplines comme l'atteste la contribution de Jean-Pierre Llored.

Publier est et demeure un acte vital pour la reconnaissance de l'activité savante – qui fait l'objet de moult débats aujourd'hui concernant la pertinence de l'évaluation de la productivité des chercheurs relativement à leur taux de publications[21]. Martine Sonnet, en menant une sociohistoire des boursiers et boursières de la Caisse nationale des Sciences montre le rôle stratégique des formes de publication sur l'évolution des carrières. Force est de constater que les femmes, qui tentent de se faire une place dans le paysage scientifique français, pâtissent d'un accès compliqué aux formes éditoriales les plus en vue. À travers une enquête qui porte sur 82 revues (y compris des titres étrangers), l'autrice esquisse le paysage de la communauté scientifique française de l'entre-deux-guerres par disciplines et par critère de genre et d'âge. La scission entre journaux spécialisés et généralistes ne relève pas d'une évolution inexorable dépendant de l'institutionnalisation et de la professionnalisation de la recherche, elle renvoie aussi à la relation complexe entre science, société et espace public[22]. C'est pourquoi, d'ailleurs, les femmes sont si peu présentes dans les études de ce livre. Il faudra attendre l'ouverture de l'enseignement supérieur et de la recherche au plus grand nombre, comme l'analyse Pierre Verschueren

---

21 Jane M. Russel, « La communication scientifique à l'aube du xxie siècle », *Revue internationale des sciences sociales*, n° 168, 2/2001, p. 297-309 ; European Commission, Directorate-General for Research and Innovation, *Towards a Reform of the Research Assessment System: Scoping Report*, Publications Office, 2021, https://data.europa.eu/doi/10.2777/707440. Le CNRS a signé en juillet 2022 les accords européens réformant les règles de l'évaluations scientifique privilégiant désormais la qualité sur la quantité. Il est espéré que ces accords remette en cause l'adage « publish or perish », https://coara.eu/app/uploads/2022/09/2022_07_19_rra_agreement_final.pdf.

22 Valérie Burgos-Blondelle, Juliette Lancel, Isabelle Lémonon-Waxin, « Investir le genre en histoire des sciences et des savoirs. Pour une histoire plus juste », *Cahiers François Viète*, dossier « Une histoire genrée des savoirs est-elle possible? », III-11, 2021.

via la propagande pour la science du Bureau universitaire de statistiques, pour que les femmes profitent un peu de cette démocratisation.

Le journal scientifique n'est pas l'unique outil de communication, d'évaluation et de légitimation. Si ce processus s'affirme dès la publication, des transactions de la Royal Society ou des mémoires de l'Académie des Sciences, la science s'est aussi construite à l'époque moderne grâce aux supports imprimés à caractères généraux, littéraires et politiques[23]. Comme le démontre Nicolas Verdier, la cartographie utilise les canaux de la publication mondaine, à l'instar du célèbre *Mercure de France.* Mais c'est aussi le cas à Naples, dans le dernier tiers du 18e siècle, où comme l'évoque Maria Conforti, des rubriques insérées dans des journaux à caractère encyclopédique incluent nombre d'articles de pointe, concernant la médecine, l'agriculture, la minéralogie, autant de sujets en phase avec les savoirs utiles dont la montée devient prégnante dans l'Europe des Lumières[24]. Dans le cadre de la régénération portée par le Directoire, puis par l'Empire, via l'Institut de France et le projet d'anthropologie naissante de la Société des observateurs de l'homme, Jean-Luc Chappey souligne que la France révolutionnaire prolonge l'universalisme des Lumières à travers une publication également à caractère encyclopédique, *Les archives littéraires de l'Europe*. Elles réaffirment les conditions du progrès de la civilisation dans la période succédant à la Terreur. La présence de sujets de pointe, d'avant-garde, traités par des journaux généraux joue donc un rôle majeur dans l'accessibilité des résultats scientifiques pour de nouvelles audiences, plus larges. Cependant, conjointement aux périodiques spécialisés, quelquefois disciplinaires, et aux journaux généralistes évoqués, des publications visant à diffuser les sciences pour le « grand public » voient le jour, à leur tour, dès le 19e siècle (on pense par exemple à *La nature*). Prônant le progrès des savoirs et de la civilisation contre toute forme d'obscurantisme et de superstition, elles se sont fait

[23] Jeanne Peiffer, Jean-Pierre Vittu, « Les journaux savants, formes de la communication et agents de la construction des savoirs (17e-18e siècle) », *Dix-huitième siècle*, n° 40, 2008, p. 281-300 ; Reynaud D., « Journalisme d'Ancien Régime et vulgarisation scientifique », dans Lise Andriès (dir.), *Le partage des savoirs (XVIIIe-XIXe siècles)*, Lyon, Presses universitaires de Lyon, 2003, p. 121-134.

[24] Marie Thébaud-Sorger, Liliane Hilaire-Pérez, « Les techniques dans la presse d'annonces au XVIIIe siècle en France et en Angleterre : réseaux d'information et logiques participatives », dans Patrice Bret, Konstantinos Chatzis et Liliane Hilaire-Perez (dir.), *La presse et les périodiques techniques en Europe, 1750-1950*, Paris, L'Harmattan, 2008, p. 11-50.

souvent le porte-voix de la modernisation et de l'industrialisation, ce que fait également le BUS décrit par Pierre Verschueren dans les années 1950 et 1960 avec ses publications à destination de la jeunesse et de ses parents.

Cependant, loin de se restreindre au modèle d'une transmission qui partirait du monde savant et des laboratoires vers une presse grand public, les études réunies dans ce volume mettent en lumière d'autres logiques collaboratives et intriquées, de fait plus complexes. Ainsi, comme ce fut le cas avec le *Mercure de France*, les journaux généraux, qui ont continuellement contribué à l'émergence, la diffusion de savoirs de pointe, les ont, parfois, devancés. Le cas de la pollution atmosphérique et des pluies acides (à trois époques différentes en Silésie, dans la Ruhr et en Suède), étudié par Michel Dupuy, peut avoir valeur d'exemple. Il évoque ce processus où les arènes se construisent d'abord dans l'espace public par le biais de médias à large lectorat, devenant ensuite un moteur concourant à l'émergence des sciences de l'environnement. Un autre schéma se dessine ici : en alertant le politique par la presse quotidienne, l'interaction entre champ médiatique et scientifique conduit à la résolution d'un problème impliquant *a posteriori* le développement des théories scientifiques. Ces processus de communication jouent donc dans l'élaboration même des contenus, particulièrement des domaines nouveaux. Ils se transforment au gré de ces interactions et la recherche en est bien le produit. Il n'y a donc pas ici de raison de séparer la formation de l'espace savant de celui du grand public – d'autant qu'historiquement on ne peut évacuer la participation constante des amateurs dans la fabrique des savoirs, alors que la professionnalisation de la recherche est somme toute assez tardive – indiquant la nécessité de sortir d'un modèle diffusionniste pour mieux lire ces imbrications à l'œuvre[25].

Celles-ci impliquent aussi les dimensions économiques fortes où se négocie l'équilibre des relations entre les sciences, les savoirs utiles, le marché et l'horizon de l'utilité publique… La relation au marché joue en effet à de multiples niveaux sur la structuration de la communication savante, mais elle n'est qu'un aspect des liens complexes qui existent entre recherche académique et industries. Ainsi, en étudiant la propagande pour la science menée par le Bureau universitaire de statistiques (créé entre les deux guerres mondiales et qui deviendra l'Onisep dans les

---

[25] Roger Cooter, Stephen Pumfrey, « Separate Spheres and Public Places: Reflections on the History of Science Popularization and Science in Popular Culture », *History of Science*, vol. 32, n° 3, 1994, p. 237-267.

années 1970), Pierre Verschueren souligne l'implication de l'État dans la promotion de la science auprès des familles, afin d'orienter les enfants vers les carrières de techniciens et d'ingénieurs incitant les élèves à choisir les cursus scientifiques, industriels et techniques. Sa publication *Avenirs*, comme ses notices qui étaient reprises *in extenso* dans la presse quotidienne nationale et régionale ont soutenu ces orientations planistes dont profitent également toutes les formes de recherche – fondamentale, appliquée, publique, privée, académique et industrielle. Ainsi, l'analyse de ces publications éclaire ces imbrications et nous rappelle que l'histoire des sciences contemporaines rime avec histoire de la complexité, car s'il faut impérativement inclure l'analyse de la communication du BUS, tant la corrélation est forte entre le déploiement de cette politique incitative et l'augmentation du nombre de doctorats ès sciences, on ne sait pas encore en mesurer l'impact précis dans une société en pleine mutation.

Autre exemple, les pratiques récentes des développeurs et usagers d'Internet. Elles sont venues réactiver l'imaginaire politique et éthique d'un collectif faisant échapper le savoir à la marchandisation, à l'instar de la recherche autour des logiciels libres qui s'est effectuée non sans tensions alors que, pour prendre l'exemple de la modélisation moléculaire, celle-ci ouvrait des perspectives très profitables pour de nombreuses industries (notamment pharmaceutiques). La visée industrialiste des savoirs utiles a aussi, de ce fait, été largement soutenue par les États. Dans la France de la reconstruction, comme ce fut le cas avec le colloque de Caen en 1956 qu'évoque Andrée Bergeron, l'implication des autorités politiques et de grands personnages de l'État révèle la volonté de réunir recherche publique, privée et recherche industrielle. Favoriser de ce fait l'éclosion d'une culture scientifique populaire vise à soutenir aussi et surtout le développement industriel et les choix stratégiques de la France, en matière de développement des réseaux énergétiques (CEA) par exemple. Cette dynamique est d'ailleurs à l'origine d'une section « vulgarisation scientifique » au Bureau national d'Information scientifique et techniques crée en 1976, complétant l'action du BUS/Onisep pour l'enseignement secondaire et les cursus post-baccalauréat. L'information éclairée des citoyens peut également faire évoluer la structure de la recherche relativement à l'espace des applications possibles, à l'aune d'une critique des effets de la civilisation industrielle basée sur des technologies radicales (nucléaire, spatiale, informatique, chimique). Ainsi, ces interactions complexes entre la société et les demandes des pouvoirs publics favorisent l'émergence et le développement de disciplines telle que la « chimie verte », dont la reconnaissance institutionnelle et sociale se fonde sur le concept de « développement durable », comme l'explique Jean-Pierre Llored.

Enfin, de manière plus surprenante encore, l'essor du capitalisme académique dans le processus plus vaste lié à la massification de l'enseignement supérieur et au développement de la sphère médiatique, évoqué par Pierre Verschueren, a produit à l'égard des publics étudiants des classements des institutions d'enseignement et de recherche. Comme le démontre Julie Bouchard, sous couvert d'informations facilitant le choix éclairé des étudiants devenus consommateurs, ils ont favorisé le développement des classements académiques médiatiques (CAM). Or, ces nouvelles entreprises éditoriales florissantes ont en retour produit des effets mesurables sur la structuration de l'enseignement supérieur et de la recherche, découpés et transformés en autant de marchés éducatifs.

En s'inscrivant dans le temps long, la perspective du présent ouvrage ne vise donc pas à minimiser les mutations profondes induites par la période contemporaine, celles des institutions, des organisations politiques et des marchés comme celles des vecteurs techniques de communication engendrées par l'ère de l'informatique, puis de l'Internet. Elle nécessite, comme le souligne Valérie Schafer, d'envisager l'interactivité technique, mais aussi sociale, autorisée par le numérique au sein du monde scientifique et dans ses relations aux décideurs et à la société. Son impact sur les pratiques scientifiques mêmes est indéniable, on le voit avec l'émergence de disciplines nouvelles, d'une part car elle décuple la puissance de frappe – pratiques nécessaires à la recherche, notamment la collecte d'informations et de données – et l'accès au savoir, y compris d'archives anciennes (humanités numériques), par la numérisation. Elle transforme, d'autre part, le quotidien des pratiques autorisant l'immédiateté des échanges et l'accessibilité simultanée aux données. La *mailing list* d'Alexandre Hoquet en est un exemple patent, elle crée le lien pour un collectif scientifique international émergent, un forum d'opinions et une plateforme d'échanges scientifiques essentiel également dans des stratégies de carrière. Les blogs créent aussi de nouvelles interfaces, grandement ouvertes à de larges publics. Favorisant le dialogue entre praticiens et scientifiques, ces supports ont joué un rôle important dans la constitution de la gastronomie moléculaire comme discipline scientifique, dont l'un des premiers chercheurs, Hervé This retrace l'historique. Le réseau fait la discipline, lui donne corps dans la société à mesure qu'il se développe, mais s'appuie également sur des lieux institutionnels, sociétés savantes, académies, Collège de France, universités. La création de chaires d'enseignement et de formation doctorale constitue dès lors une étape majeure.

Cette histoire de la communication scientifique croise donc celle des institutions et de l'enseignement, étudiée ici principalement du point de vue français. L'ouvrage met en valeur deux moments-clés : d'une part la réorganisation scientifique opérée au moment de la Révolution, qui voit la restructuration des institutions scientifiques autour de l'Institut de France, précisant le maillage des grandes écoles et l'enseignement technique, comme ce fut le cas pour le CNAM. À cette architecture assez pérenne se superposent l'expansion des universités et, au 20e siècle, de nouveaux instituts de recherche. L'ouvrage met notamment l'accent sur l'émergence de la recherche publique institutionnelle qui connaît plusieurs temps, l'embryon du CNRS avant-guerre, la structuration après-guerre d'un certain nombre de nouvelles institutions (INRIA, CEA, INSERM…).

Des pratiques savantes de l'Europe des Lumières marquées par le partage des savoirs à l'essor de la science populaire, l'élargissement de la communication scientifique est corrélative de l'expansion de la recherche, de la démocratisation de l'accès au savoir, de la professionnalisation du métier de chercheur. Or, il n'existe cependant jamais un seul vecteur de médiation mais, comme le rappelle Maria Conforti, un « *cloud* », un ensemble d'informations distribuées simultanément et de façon complémentaire sur de multiples supports imprimés, dictionnaires, procès-verbaux d'académies, brochures et pamphlets, coexistant avec d'autres canaux, entre écrit et oral, réseaux informels et institutionnels, milieux scientifiques, amateurs et large public. Les communautés savantes elles-mêmes se transforment avec l'apparition de nouveaux champs disciplinaires, particulièrement au 20e siècle, avec des domaines comme les sciences de l'environnement, la chimie ou les domaines des TIC. L'espace public n'est donc pas une sphère distincte de la sphère savante à proprement parler. Elles sont profondément intriquées et l'autonomisation du champ savant n'implique pas une rupture, mais renégocie sans cesse son espace et ses thématiques au gré des horizons d'attente de la société comme des pouvoirs publics. Ainsi, la popularisation de problématiques scientifiques a des effets sur l'organisation propre de la recherche. En imposant des ajustements souvent ténus, mais récurrents, la popularisation contribue à la définition du rôle de la science dans la société et participe de la mise en place de régulations. Alerter le politique par la presse sur des sujets qui touchent la santé ou la sécurité publique, ainsi que le rappelle Michel Dupuy par exemple, sollicite l'action de l'État et à travers lui oriente partiellement les politiques de recherches publiques. Mais la popularisation nourrit aussi de nouvelles logiques participatives tandis que l'accès à l'Internet induit de nouvelles formes d'interactivité que l'on peut saisir par exemple grâce à la mobilisation de larges publics dans des programmes d'observations et de recherche via des plateformes collectant des observations sur les plantes, la faune, l'astronomie…[26]

Constituant une caractéristique inhérente de l'échange savant depuis l'Europe de l'humanisme, la dimension internationale des sciences s'est consolidée aussi à travers l'émergence de problématiques globales. La disparition du latin comme langue savante commune n'a en rien entravé ces dynamiques ; elle a entraîné au contraire une multiplication des traductions, renforçant la place des *go-between*, ces figures d'intermédiaires très étudiées ces dernières décennies par l'historiographie, qui, au-delà des cas européens évoqués dans l'ouvrage (notamment en Angleterre, France, Italie, Allemagne à l'époque moderne), ont favorisé les relectures de la circulation des savoirs à l'aune de la *global history*. La culture des voyages a façonné aussi des profils de savants - comme en témoigne le parcours d'Harsdörffer allant de Sienne, Naples, Venise, Paris – tout comme l'animation de cercles de correspondants permettant de faire circuler non seulement les idées, mais aussi les ouvrages et des échantillons. Francis Vernon, correspondant avec Huygens et Oldenburg a pu jouer un rôle notable dans la diffusion du travail scientifique d'édition de Fermat. La structuration professionnelle de la science, qui succède au milieu des élites traditionnelles des cours princières, des voyageurs lettrés et des diplomates cultivés, n'affaiblit en rien ces pratiques de l'échange et de la traduction qui demeurent essentiels dans la construction des communautés de savoirs. C'est d'ailleurs l'un des axes de la politique éditoriale d'un journal comme les *Archives* ainsi que le souligne Jean-Luc Chappey. Sur fond de montée des concurrences nationales et industrielles (brevets, etc.) accrue, si le rêve d'internationalisation et de paix porté dans le même

---

[26] Luigi Ceccaroni, Jaume Piera (dir.), *Analyzing the Role of Citizen Science in Modern Research,* Hershey, Information Science Reference, 2016, 382 p. ; Bruno Strasser, Jérôme Baudry, Dana Mahr, Gabriela Sanchez, Élise Tancoigne, « 'Citizen Science'? Rethinking Science and Public Participation », *Science & Technologies Studies,* vol. 32, n° 2, 2019, p. 52-76 ; Sally Shuttelworth, Gowan Dawson, Chris Lintott, *Constructing Scientific Communities, Citizen Science in the 19th and 21st Centuries,* https://conscicom.web.ox.ac.uk/about-constructing-scientific-communities.

temps par les communautés savantes vacille, il a néanmoins soutenu jusqu'à la Première Guerre mondiale le développement de conférences internationales[27], les expositions universelles et les traductions de publications savantes, comme Robert Fox l'a bien mis en évidence ses travaux[28]. Entre ces visées universalistes et les mises en œuvre dans des espaces sociaux et politiques contextualisés, la communication scientifique a contribué fortement à façonner une géographie des savoirs qui s'ancre aussi dans les territoires, par leurs institutions, leurs enseignements, et leurs publications dédiés[29]. Les journaux de Naples par exemple, au 18e siècle, inscrivent le territoire napolitain, relativement périphérique, dans l'espace européen des sciences, alors même que les élites locales lisent les informations publiées ailleurs et que l'entité politique de l'Italie est loin d'être constituée. Les traductions assurent le relais et la publicisation des savoirs localisés à une échelle qui ne se restreint pas au périmètre d'un pays. Aucun domaine de pointe ne peut d'ailleurs émerger sans s'inscrire dans une dynamique internationale. L'essor récent de l'informatique est venu également bouleverser les pratiques de la communication savante, semblant renforcer la déterritorialisation des échanges entre chercheurs, de façon récurrente et quotidienne et non plus seulement de manière intermittente lors de voyages et de congrès. Sortant aussi du périmètre du laboratoire, cette dynamique transnationale de la recherche est une dimension vitale – certaines disciplines se construisant en outre par le basculement assumé vers la langue anglaise comme langue partagée. Pour autant, l'existence de communautés virtuelles de chercheurs, d'usagers et de lecteurs disséminés sur le globe, qui régénère des pratiques participatives plus anciennes, dépend aussi et avant tout de la mise en place d'infrastructures localisées dont le développement est lui enraciné dans des espaces régionaux, pôles universitaires, industries et sociétés savantes. Comme le montre Valérie Schafer, le réseau national français de la recherche et de la technologie se fonde dès son ouverture en 1993 sur les réseaux de campus et de sites (Rhône Alpes, Côte d'Azur, Normandie…), puis le

---

[27] Voir Charlotte Bigg, Geert Somsen, Sven Widmalm et Jessica Reinisch (dir.), « The scientific conference: a social, cultural and political history », programme européen HERA « Public Spaces: Culture and Integration in Europe » (2019-2022).

[28] Robert Fox, *The Savant and the State. Science and Cultural Politics in Nineteenth Century France,* Baltimore, The Johns Hopkins University Press, 2012, 394 p.

[29] Jenny Beckman, « The publication strategies of Jöns Jacob Berzelius (1779-1848): negotiating national and linguistic boundaries in chemistry », *Annals of Science*, vol. 73, n° 2, 2016, p. 195-207.

RNI (réseau national d'interconnexion) qui fédère les réseaux régionaux et auquel se raccordent les liaisons internationales. Après la coopération scientifique et technique (COST) des années 1970, le *Gigabit European Academic Network Technology*, créé à l'orée du 21e siècle, inscrit l'arène européenne comme l'espace politique homogène de la science. Il n'est qu'à regarder la place prise par les programmes financés par le Conseil européen de la recherche (ERC) renforçant aussi bien les pratiques pluridisciplinaires que transnationales de la recherche.

Or, les nécessités tant de l'expertise scientifique que de la régulation ont accompagné l'émergence de standards mondiaux dans les processus de validation : c'est le cas du travail de nombre de revues scientifiques internationales qui réunissent des communautés spécialisées très éparpillées. Elles favorisent aussi la création d'audiences à l'échelle de la planète, suscitant parfois une éloquente mise en scène : Hervé This, par exemple, mentionne le banquet de l'Unesco lançant l'année internationale de la chimie en 2011 qui met à l'honneur la gastronomie moléculaire – basée sur une méthode de cuisine *note by note* – servis aux grands de ce monde, politiques, prix Nobel et industriels.

Aux côtés des actions intergouvernementales, le rôle des organismes non gouvernementaux s'avère essentiel au sein de débats publics sur les avancées scientifiques, comme en témoigne la convention atmosphérique transfrontières ouverte par la CEE sur la pollution atmosphérique. Ces dynamiques génèrent un renouvellement des pratiques savantes qui conjointement transforment les cadres d'actions des scientifiques comme celles des citoyens. Les premiers utilisent ces arènes intergouvernementales (de type GIEC, IPBES) comme moyens d'expression quitte à devenir peu à peu, sous pression des seconds, des lanceurs d'alerte, la communication scientifique devenant aussi, dans ce cas, l'expression d'un engagement politique[30].

---

[30] Muriel Le Roux, « La biodiversité, source de médicaments : entre compétition et éthique quelle place pour les chercheurs ? », *Cahiers du Comité pour l'histoire de l'Inserm*, n° 4, 2022 ; id., « Natural Ressources and Biodiversity as Global Public Goods, The science diplomacy of French natural substances chemists », dans Claire Mays, Léonard Laborie, Pascal Griset, *Inventing a Shared Science Diplomacy for Europe, Interdisciplinary case studies to think with history*, p. 123-130, InsSciDE, European Research program, H2020 (grant agreement n° 770523).

Un secrétaire d'ambassade au service de la communication savante

Le rôle de Francis Vernon à Paris entre 1669 et 1672

Alexandre Tessier
Centre Roland Mousnier (UMR 8596)

En dehors des études consacrées aux savants de premier plan, l'attention s'est tournée depuis longtemps déjà vers des figures jugées secondaires, mais qui néanmoins, par leurs bons offices, assumèrent un rôle capital. Un mouvement d'intérêt s'est ainsi développé à propos de ceux que l'on a appelés les passeurs, les *go-between*, les diffuseurs ou encore les grands intermédiaires du monde savant : bref, au sujet de ces hommes qui ne furent pas eux-mêmes des pionniers ou des découvreurs, mais qui permirent, par les liens qu'ils tissèrent entre différents milieux, parfois par-delà les frontières, l'entretien d'échanges fructueux, la mise en place d'une atmosphère stimulante et une sorte de fécondation mutuelle des esprits[1]. Parmi ces hommes, dans la seconde moitié du 17e siècle, le Britannique Francis Vernon mériterait sans doute une place de choix, en particulier pour le temps où il occupa la place de secrétaire auprès de l'ambassade anglaise à Paris entre 1669 et 1672.

À dire vrai, ce nom de Francis Vernon demeure négligé par l'historiographie, mais n'a jamais été totalement oublié. Pour ne citer qu'une référence, Marie Boas Hall et Alfred Rupert Hall, les éditeurs de la correspondance d'Oldenburg, le premier secrétaire de la *Royal Society*, ont plus d'une fois souligné l'importance de celui qu'ils qualifient d'« inestimable Vernon »[2]. Pour reprendre davantage leurs paroles, « pendant son séjour à Paris, il devint l'ami de Cassini, de Huygens, de Picard, d'Henri

---

1 Sur ce thème, voir notamment Christiane Berkvens-Stevelinck, Hans Bots et Jens Haseler (dir.), *Les grands intermédiaires culturels de la République des Lettres*, Paris, Honoré Champion, coll. « Les dix-huitièmes siècles », 91, 2005.

2 Alfred Rupert Hall et Marie Boas Hall (eds.), *The Correspondence of Henry Oldenburg*, Madison, 1965-1986, vol. IX, p. xxv. Toutes les traductions en français dans cet article sont réalisées par nos soins. Les contraintes de publication ne

Justel, et de beaucoup d'autres savants ». Quant aux lettres qu'il nous laisse, elles sont « assez spirituelles et nous donnent un tableau très vivant de la vie intellectuelle » du temps[3] : le couple d'historiens leur consacra d'ailleurs quelques études ponctuelles[4]. Toutefois, pour séduisante qu'elle soit, leur présentation de Francis Vernon reste loin d'épuiser le sujet. Leur objectif n'a jamais été de faire le bilan de l'ensemble de son apport, ce qui les aurait entraînés dans des recherches minutieuses, assez loin de leurs centres d'intérêt. Aussi la biographie de Vernon demeure-t-elle mal connue dans le détail et les sources sont dispersées, en particulier sa correspondance, dont une large part reste inédite. Nous reprenons ici le dossier en l'état, dans le but de progresser quelque peu dans la connaissance du rôle de Vernon et de mieux expliciter en quoi il a pu effectivement incarner ce relais « inestimable » qui frappa certains historiens des sciences.

Pour organiser la réflexion, deux directions en particulier s'offrent à l'exploration. Se pose d'abord la question de la qualité particulière de Vernon ou, pour l'exprimer plus simplement, pourquoi Vernon, plutôt qu'un autre, fut-il en mesure d'agir comme intermédiaire scientifique ? Ceci mène à chercher les causes de son succès dans sa propre personnalité et dans la position précise qu'il sut occuper à Paris. Après cette première question, se présentera celle de son activité : autrement dit, comment

---

permettaient pas de livrer dans les notes les extraits originaux en anglais et latin. Dans les citations, nous avons pris le parti de résoudre les abréviations selon les usages actuels et de modifier parfois la ponctuation, la capitalisation et l'accentuation, afin de faciliter la lecture. Les dates des lettres ont été harmonisées selon le calendrier grégorien.

3 Alfred Rupert HALL, « Henry Oldenburg et les relations scientifiques au XVIIe siècle », *Revue d'histoire des sciences et de leurs applications*, vol. XXIII-XXIV, 1970, p. 302.

4 Marie BOAS HALL, « The activities of the French Scientists. Francis Vernon, Letter to Henry Oldenburg », dans Marie BOAS HALL (ed.), *Nature and Nature's Laws: Documents of the Scientific Revolution*, Londres, 1970, p. 227-229. Alfred Rupert HALL, « John Collins on Newton's Telescope: A Letter to Francis Vernon from December 26, 1671 », *Notes and Records of the Royal Society of London*, vol. IL, n° 1, 1995, p. 71-78. Pour d'autres allusions à Vernon, voir aussi Marie BOAS HALL, « Les liens publics et privés dans les relations franco-anglaises (1660-1720). I. D'après la Correspondance d'Oldenburg », *Revue de synthèse*, n° 81-82 [3e série], 1976, p. 53, ainsi que du même auteur « Picard et l'Angleterre au XVIIe siècle », dans Guy PICOLET (dir.), *Jean Picard et les débuts de l'astronomie de précision au XVIIe siècle*, 1987, p. 363-372. Voir également Pierre COSTABEL, « Picard et l'étalon universel de la longueur fondé sur le pendule », dans Guy PICOLET (dir.), *Jean Picard et les débuts de l'astronomie de précision au XVIIe siècle*, 1987, p. 315-328.

notre homme, une fois en place, intervint-il concrètement dans les échanges avec les savants et pour quel genre de fruits ?

Cette seconde direction soulève d'emblée des problèmes méthodologiques, dans la mesure où, on le devine, la réflexion doit s'appuyer essentiellement sur ce que nous apprennent les collections de correspondance qui nous restent. Or, celles-ci, comme il a été dit plus haut, sont dispersées et lacunaires. D'autre part, les lettres ont souvent pour habitude d'énumérer toutes sortes de considérations disparates, si bien qu'il serait vain de proposer une étude exhaustive ici. S'engager dans cette voie risquerait de plus de conduire à une sorte de catalogue à la fois fastidieux et contestable. Aussi avons-nous pris le parti de sélectionner une affaire importante parmi d'autres, qui revient fréquemment dans les sources, et dans laquelle l'intervention de Vernon paraît avoir été déterminante : il s'agit en l'occurrence de l'épisode du transfert du *Diophante* de Fermat en Angleterre, qui, semble-t-il, n'a jamais fait l'objet d'études détaillées jusqu'à présent. D'une part, ce procédé offre l'avantage de fournir un fil conducteur assez solide à travers les séries de lettres. D'autre part et surtout, retenir un sujet bien défini comme celui-ci permet de mettre en évidence non seulement plusieurs apports positifs de Vernon à la communication scientifique de l'époque, mais aussi, tout au contraire, de souligner les difficultés ordinaires qu'elle pouvait rencontrer, en l'absence d'action telle que la sienne. Mais tentons tout d'abord de mieux cerner les particularités de sa situation à Paris.

Francis Vernon (1637-1677)

Certes, Francis Vernon était secrétaire d'ambassade et bénéficiait de ce fait d'un statut social prestigieux, de multiples relations, d'informations utiles et, très concrètement, d'un accès facilité au réseau postal. Tout ceci ne comptait pas pour rien à la fin du 17e siècle. Mais dans son cas paraissent surtout avoir été déterminants les éléments de nature personnelle. Les sources apportent en effet des arguments en ce sens, aussi bien sur le parcours de cet homme que sur son caractère et sur la façon originale dont il eut la chance de pouvoir assumer ses fonctions diplomatiques.

Pour ce qui est de sa biographie, des jalons essentiels doivent être posés. Il était né à Londres en 1637, dans un milieu non pas de premier plan, mais cependant tout à fait aisé ; sa mère était fille d'un orfèvre de la capitale, tandis que du côté de son père, qui mourut assez vite, le souvenir était cultivé d'origines antiques et prestigieuses. Il semble en effet que la généalogie de la famille se rattache à un compagnon du Conquérant, précisément seigneur de la ville de Vernon, en Normandie, et issu d'un bâtard du duc Richard Ier Sans-Peur. Elle accueille également parmi ses rangs un saint du 12e siècle, Adjutor[5]. Une telle ascendance était susceptible d'ouvrir les portes de la meilleure société, même sans référence diplomatique. On ne doit pas non plus s'étonner que Francis Vernon ait eu la possibilité de faire ses études dans les meilleurs établissements, d'abord à Londres, à la Westminster School, puis à Oxford, à Christ Church[6]. À ce propos, nous disposons de quelques renseignements précieux, car notre jeune savant publia un peu plus tard une assez longue pièce de vers nostalgique de ses années universitaires, sous le titre *Oxonium poema*. On y comprend qu'il a suivi un cursus classique, sous la houlette de personnalités comme John Fell, vice-chancelier de l'Université et bientôt évêque d'Oxford, et également de Richard Allestree, titulaire de la chaire royale de théologie. Cependant, l'astronome Seth Ward occupe assurément dans sa mémoire une place très précise. Il l'assume clairement pour maître, « in mathematicis mihi praeceptor plurimum colendus » (mon très vénérable précepteur en mathématiques), et les vers qu'il lui dédie ne manquent pas de lyrisme :

> Quand recueillerai-je à nouveau tes paroles, et le miel s'écoulant de
> ton cœur ? Quand, installé au pied de ta bibliothèque,
> me mettrai-je à nouveau à traquer les formes célestes, les nombres inconnus,
> et à apprivoiser les figures diverses[7] ?

---

5 *Oxford Dictionary of National Biography* (désormais *ODNB*), Oxford, 2004, art. « Francis Vernon » (désormais *ODNB*, disponible en ligne à l'adresse www.oxforddnb.com). Une généalogie de la famille Vernon se trouve en ligne, à l'adresse www.mcdoa.org.uk/images/Vernon_Family_Genealogy.jpg. Pour quelques détails sur la carrière du père de Vernon, voir « James Vernon », dans Basil Duke Henning (ed.), *The History of Parliament. The House of Commons, 1660-1690*, 3 vol., Martlesham, Boydell & Brewer,1983.

6 Joseph Foster, *Alumni Oxonienses: The Members of the University of Oxford, 1500-1714, Their Parentage, Birthplace, and Year of Birth, with a Record of their Degrees, Being the Matriculation Register of the University, Alphabetically Arranged, Revised and Annotated etc.*, Oxford, University of Oxford,1891-1892, vol. IV, p. 1542.

7 Francis Vernon, *Oxonium poema*, Oxford, Oxon., Typis W. Hall, impensis Ric. Davis, 1667, p. 2 et 13.

Autre témoignage sur ces années d'études, en 1661, Christian Huygens, âgé alors d'une trentaine d'années, accomplit un court séjour en Angleterre. Or, lorsqu'il passa par Oxford, son journal mentionne la rencontre d'un certain « M. Vernham », qu'il y a tout lieu d'identifier à Francis Vernon, et c'est sous la conduite de ce guide qu'il découvrit les merveilles de la cité universitaire :

> M. Vernham nous mena veoir tous les collèges. Dans le sien (*the Christ Colleg[e]*), on nous présenta de la bière dans une coupe d'argent grande presque comme un seau. [...]. Il avoit esté en Allemagne et Hollande et avoit vu M. Hévélius. Parla bien latin[8].

À travers ces quelques mots, il apparaît donc que, très précocement, Francis Vernon avait commencé à s'insérer dans des réseaux scientifiques internationaux. Ceci conduit de plus à évoquer un second trait saillant de son existence, sa passion pour les voyages.

Un autre de ses contemporains, l'historien d'Oxford Anthony à Wood, précise que Vernon était « possédé par un insatiable désir de voir le monde[9] ». Ce goût invétéré l'avait amené à parcourir d'abord le nord de l'Europe, puis, vers le milieu des années 1660, les contrées méditerranéennes, peut-être même jusqu'en Égypte[10]. C'est alors que survint un épisode malheureux, puisqu'il fut capturé par les Barbaresques de Tunis et passa quelque temps en esclavage[11]. Il fut libéré vers le printemps 1667, dans des circonstances inconnues. L'on sait simplement qu'il ne se montra

---

8 Christian Huygens, *Œuvres complètes*, La Haye, Martinus Nijhoff, 1888-1977, vol. XXII, p. 571-572 (14 et 15 avril 1661). Nous proposons cette identification de « Vernham » à Vernon, il ne semble pas qu'elle ait été suggérée jusqu'ici. De même, dans la lettre de Huygens à Oldenburg datée de Paris, le 7 novembre 1671, publiée chez Stephen J. Rigaud (éd.), *Correspondence of Scientific Men in the Seventeenth Century: Including Letters of Barrow, Flamsteed, Wallis, and Newton, Printed from the Originals in the Collection of the Right Honorable the Earl of Macclesfield*, Oxford, University Press, 1841 (vol. I, p. 174), l'on doit sans doute identifier « le bon Monsieur V. Ruham » à Vernon, comme le remarquent cette fois-ci les éditeurs des *Œuvres complètes* de Huygens (vol. VII, p. 116).

9 Anthony à Wood, *Athenæ Oxonienses*, Londres, F. C. & J. Rivington, 1813-1820, vol. III, p. 1133.

10 Thomas Birch rapporte que lors d'une séance de la *Royal Society*, en 1684, on débattit de questions concernant l'Égypte, et à cette occasion on évoqua divers papiers de Vernon qu'il aurait été bon de consulter. Thomas Birch, *The History of the Royal Society*, Londres, A. Millar in the Strand, 1756-1757, vol. IV, p. 244-245.

11 Jacob Spon, *Voyages d'Italie, de Dalmatie, de Grèce et du Levant, 1678*, éd. R. Etienne, Genève, Slatkine, 2004, p. 134.

nullement dégoûté des pérégrinations, car avant de rentrer en Angleterre il s'attarda encore un peu en Italie[12]. En 1668, on repère encore sa trace en Hollande[13]. Voilà qui permet de mesurer à quel point le parcours de l'homme que nous retrouvons au début 1669 secrétaire à l'ambassade de Paris était peu commun. Sa personnalité ne l'était pas davantage.

Il est délicat de s'étendre sur des considérations psychologiques, mais plusieurs sources pointent sans ambiguïté l'importance de cet aspect. Pour aller à l'essentiel, les expériences de Vernon, en particulier ses voyages et sa captivité, avaient certainement contribué à lui forger un caractère affirmé. Un contemporain signale en effet qu'il était « d'une vivacité admirable », même « qu'il s'emportoit trop facilement[14] », quand un autre le compare à une célébrité du début du 17e siècle, Thomas Coryate, qui lui aussi s'était illustré par des voyage périlleux, et qu'on surnommait « la pierre à aiguiser », à cause de sa tournure d'esprit caustique[15]. Cependant, ce tempérament de feu paraît avoir été contrebalancé par une forme de discrétion et de grand sens du devoir.

À cet égard, il faut mentionner un épisode très frappant, qui une nouvelle fois est lié à Huygens. Christian Huygens avait rencontré Vernon à Oxford en 1661, mais les deux hommes se retrouvèrent à Paris à la fin de la décennie et eurent tôt fait de renouer. Or, en février 1670, le savant hollandais tomba gravement malade, au point que ses jours furent en danger. C'est dans cette circonstance qu'il voulut remettre certains de ses travaux entre des mains sûres et qu'il se tourna non vers un de ses collègues de l'Académie des Sciences, non vers un compatriote ami, mais vers Francis Vernon lui-même. Il vaut alors la peine d'écouter un instant le récit laissé par ce dernier :

> Je vous ai fait chercher [lui avait dit Huygens alité], afin [...] de pouvoir vous communiquer une partie de ma volonté et vous laisser quelque chose entre les mains. En cela, je désire votre fidélité, une exécution soigneuse, et

---

[12] Voir sa lettre à sa mère datée de Rome, du printemps 1667 : *British Library*, ms. Harley 6.444.

[13] Edward Browne, cité d'après C.D. Van Strien, *British Travellers in Holland During the Stuart Period*, Leyde, Brill, 1993, p. 259.

[14] Joseph Piton de Tournefort, *Relation d'un voyage du Levant fait par ordre du Roy*, Paris, Imprimerie royale, 1717, vol. II, p. 280-281.

[15] Edward Maunde Thompson (éd.), *Letters of Humphrey Prideaux, Sometime Dean of Norwich, to John Ellis, Sometime Under-Secretary of State*, Westminster, Camden Society, 1875, p. 60.

> l'accomplissement de ce que je requerrai de vos mains, avec une gravité qui n'implique aucun doute : j'ai fait choix de vous entre les nombreux amis que j'ai pour confier cette charge à vos soins et à votre intégrité[16].

Peu importe ici la nature précise des papiers dont il est question – il s'agissait de travaux de mécanique –, l'intérêt de ce passage est de montrer que Vernon possédait une grande qualité pour servir de véhicule de communication, celle d'inspirer confiance. D'autres indices le confirment. En attendant, pour achever de planter le décor, une dernière touche reste à ajouter : il convient de bien préciser les conditions de l'engagement diplomatique de notre homme à Paris.

En réalité, il se trouve d'abord que Vernon n'était pas seul comme secrétaire attaché à l'ambassade. Un second clerc, nommé William Perwich, était chargé de toutes les tâches de renseignement et d'écriture les plus routinières. D'autre part et surtout, un précédent secrétaire, nommé Peter Du Moulin, venait de se brouiller avec le chef du poste, l'ambassadeur Ralph Montagu, si bien qu'il fut prestement disgracié et que Vernon, qui était arrivé à Paris dans la suite du diplomate, parmi ses familiers comme l'on disait, fut recruté au pied levé pour le remplacer[17]. Ralph Montagu était lui-même un homme d'esprit, proche de milieux intellectuels, notamment de La Fontaine. Il transparaît aussi qu'il prit d'autant plus plaisir à patronner Vernon qu'il le connaissait de longue date, ce dont témoigne la lettre qu'il adressa au gouvernement anglais pour appuyer son engagement :

> J'ai mentionné [...] un certain Mr Vernon, qui était l'un de mes camarades d'école et qui se trouve être, sans le flatter, l'homme le plus spirituel, modeste et perspicace que j'aie jamais connu, parmi ceux d'une telle éducation et instruction. Il a parcouru le monde entier et parle le français, l'espagnol et l'italien mieux que les Anglais d'ordinaire ne font. Il n'a jamais été encore dans aucun emploi car, ayant quelque fortune personnelle, il n'a

---

16 Vernon à Oldenburg, le 25 février 1670, dans *The Correspondence of Henry Oldenburg*, *op. cit.*, vol. VI, p. 503.

17 La correspondance de Perwich a été publiée, voir Minnie Beryl Curran (éd.), *The Despatches of William Perwich, English Agent in Paris, 1669-1677, Preserved in the Foreign State Papers of the Public Record Office*, Londres, Royal historical Society, 1903. Ralph Montagu ne supportait pas les manières prétentieuses de Du Moulin et le soupçonnait de trahir la couronne anglaise : ce en quoi d'ailleurs la suite suggère qu'il avait probablement vu juste, puisque le serviteur disgracié passa bientôt au service de Guillaume d'Orange. À ce sujet, voir Kenneth Harold Dobson Haley, *William of Orange and the English Opposition*, Oxford, Clarendon Press, 1953.

jamais voulu en occuper avant que de s'en être d'abord rendu parfaitement digne[18].

En somme, tous les détails livrés jusqu'ici ne font qu'affirmer le caractère inhabituel du recrutement d'une personnalité comme celle de Vernon au poste de secrétaire d'ambassade[19]. Peut-être a-t-il voulu saisir l'occasion qui s'offrait à lui d'entamer une carrière administrative. En tout cas, les quelque 250 dépêches conservées signées de sa main, à l'adresse du secrétariat d'État britannique, montrent qu'il se consacra à sa nouvelle fonction avec application. Mais ces documents, ainsi que les débris de ses autres correspondances, témoignent tout autant du fait qu'il profita de son séjour prolongé à Paris d'une part pour fréquenter au maximum les savants – en dehors de Huygens nous relevons pêle-mêle, parmi ses relations, les astronomes Cassini, Picard et Boulliau, l'amateur touche-à-tout Justel, les Mauristes de l'abbaye de Saint-Germain-des-Prés, le physicien Rohault et le médecin Bourdelot –, tandis que d'autre part il se mit à jouer les intermédiaires épistolaires entre ces milieux français qu'il côtoyait tous les jours et ses connaissances en Angleterre. Pour citer là aussi quelques noms, nous trouvons celui de l'orientaliste Pococke à Oxford, ainsi que, dans la même université, ceux des scientifiques Edward Bernard et John Wallis, et encore à Londres ceux de Robert Hooke, John Collins et bien sûr Henry Oldenburg, sans compter le mathématicien James Grégory en Écosse.

Pour finir, un passage précis d'une de ses lettres à Oldenburg mérite d'être rapporté, car il révèle la façon dont Vernon regardait sa position diplomatique à Paris, ou du moins ce qu'il lui plaisait d'en dire :

> Comme vous le savez, mon emploi est plus séculier que savant, et pourtant, s'il devait entièrement me priver des quelques circonstances fortuites et occasions volées que je saisis pour retourner de temps en temps à mes vieilles inclinations et mes délices les plus authentiques – je veux dire la Science –, je le haïrais plus que je ne fais. Aussi les moments de loisir que me laissent

---

18 Historical Manuscripts Commission, *Report on the Manuscripts of the Duke of Buccleuch and Queensberry*, Londres, 1899-1926, vol. I, p. 425 (Montagu à Arlington, le 22 mai 1669).

19 L'idée assez répandue que la diplomatie offrait des perspectives « naturelles » de carrière à des hommes de Lettres ou des artistes doit être nuancée. À ce sujet, voir Alexandre Tessier, *Réseaux diplomatiques et République des Lettres. Les correspondants de Sir Joseph Williamson (1660-1680)*, Paris, H. Champion, 2014.

mes affaires, je les passe en conversation avec ceux qui sont savants ici, et je les passe avec satisfaction[20].

Tout bien considéré, Vernon n'incarnait donc absolument pas le secrétaire d'ambassade typique. Son recrutement, fruit d'un concours de circonstances, fut sans doute assez vite vécu comme une expérience transitoire – et d'ailleurs, sitôt l'ambassade de Montagu terminée, il ne tarda pas à repartir en Orient, jusqu'en Perse, où malheureusement il mourut des suites d'une rixe[21]. Enfin, ses études, son grand savoir, ses expériences de voyageur et même certains traits de caractère, le rendaient à même de pénétrer les milieux intellectuels, notamment scientifiques, mais aussi d'être reconnu par eux. Autrement dit, il ne faut pas se méprendre : la fonction de secrétaire d'ambassade de Vernon fut très bienvenue pour son rôle d'intermédiaire scientifique, mais uniquement parce que lui-même possédait intrinsèquement les qualités requises à cette fin. C'est ce qu'illustre, en pratique, l'examen de son intervention dans l'affaire du *Diophante* de Fermat.

L'affaire du transfert outre-Manche du *Diophante* de Fermat

Les amoureux des mathématiques ont deviné qu'il va être question ici d'un livre qui fit date dans l'histoire de la discipline : l'édition par Pierre de Fermat du mathématicien grec Diophante, enrichie de ses commentaires personnels, le tout publié de façon posthume à Toulouse en 1670 par les soins de son fils Samuel. C'est dans cet ouvrage que Pierre de Fermat laissa son fameux dernier théorème, sans indiquer la solution. Tel fut le point de départ d'une énigme qui allait passionner les savants pendant trois siècles, jusqu'à ce qu'une démonstration soit enfin formulée au cours des années 1990. Cependant, le livre contenait bien d'autres

---

20 Vernon à Oldenburg, le 29 novembre 1670, dans Alfred Rupert Hall et Marie Boas Hall (eds.), *The Correspondence of Henry Oldenburg*, Madison, 1965-1986, vol. VII, p. 271.

21 Sur les circonstances de cette mort, voir Edward Maunde Thompson (éd.), *Letters of Humphrey Prideaux, Sometime Dean of Norwich, to John Ellis, Sometime Under-Secretary of State*, Westminster, Camden Society, 1875, p. 60. Voir Joseph Piton de Tournefort, *Relation d'un voyage du Levant fait par ordre du Roy*, Paris, Imprimerie royale, 1717, vol. II, p. 280-281 et Anthony à Wood, *Athenæ Oxonienses*, Londres, F. C. & J. Rivington, 1813-1820, vol. III, p. 1133.

sujets d'intérêt et sa renommée s'était rapidement répandue dans le petit monde des mathématiciens. La difficulté était qu'il demeurait extrêmement rare. Les débris de la correspondance de John Collins, sorte de factotum de la communauté scientifique britannique, et celle d'Henri Justel, dont le cabinet parisien servait de point de passage ordinaire pour les relations savantes avec l'Angleterre, permettent d'observer à la fois les difficultés qui se présentèrent pour l'obtenir et l'intervention décisive de Vernon pour les surmonter[22]. Que s'était-il passé ?

Dès le départ, un gros problème s'était présenté : le fait que la publication ait été réalisée à Toulouse dans le sud-ouest de la France, à l'écart des cercles intellectuels les plus dynamiques et des circuits les plus habituels du savoir, n'avait pas favorisé sa diffusion. En outre, les lettres adressées à Samuel de Fermat par son interlocuteur parisien, Henri Justel, nous renseignent sans équivoque sur le fait que les libraires considéraient le commerce de livres de mathématiques comme très peu rentable ; à plus forte raison, pense-t-on, quand il s'agissait de la réédition d'un classique, dont la seule nouveauté tenait à l'ajout de commentaires sans valeur aux yeux des profanes. Justel avait beau mobiliser ses réseaux, ses paroles étaient tout sauf encourageantes :

> Je n'ai pu encore rien faire avec les libraires, qui ne sont pas raisonnables. Léonard m'a dit qu'on luy avoit envoyé de vos livres de Lyon et qu'il ne pouvoit pas en prendre davantage, parce que les traittés de mathématique sont longs à vendre. Il n'y a plus que M. Cramoisi avec lequel nous puissions traitter. Je manderai à M. Elzevir s'il en veut avoir et à M. Blaeu. L'Angleterre en pourra prendre quelques-uns. Nos libraires sont si misérables qu'il difficile de faire affaire avec eux[23].

En conséquence, le tirage de 1670 resta très restreint à Toulouse même et atteignit difficilement Paris, sans qu'il fût possible de trouver un imprimeur disposé à donner une nouvelle édition.

De l'autre côté de la Manche, John Collins avait commencé à se lamenter dès le mois de mai 1670 auprès de son ami, le mathématicien

---

22 Pour une orientation biographique et bibliographique sur Henri Justel et John Collins, voir *ODNB*.

23 Bibliothèque municipale de Toulouse, ms. 846, f° 124 (Justel à S. de Fermat, 25 septembre 1671). *Cf.* f° 98, 122 ou 130, pour des expressions similaires. Sur les difficultés rencontrées par S. de Fermat pour diffuser les œuvres de son père, voir aussi un article du célèbre voleur de manuscrits, Guglielmo Libri : « Fermat », *Revue des deux mondes*, vol. X, 1845, p. 679-707.

écossais Gregory : « Le *Diophante* de Fermat ne sera toujours pas disponible cette année[24]. » En octobre, il réitérait : « Je n'ai aucune nouvelle du *Diophante* de Fermat[25]. » Plusieurs voies durent être tentées avant de finalement l'obtenir.

La communauté des savants anglais croyait pouvoir compter en premier lieu sur Henry Oldenburg, le secrétaire de la *Royal Society*, et à bon droit certes, puisque celui-ci entretenait des liens étroits avec son correspondant parisien Justel, qui lui-même était en relation directe avec Samuel de Fermat à Toulouse. De fait, Justel fut gratifié de deux exemplaires vers le tout début de 1671, l'un pour lui-même, l'autre destiné à Oldenburg. Il le lui adressa sans tarder, en le confiant à un serviteur du comte d'Ailesbury qui s'en retournait outre-Manche[26]. Malheureusement, l'ouvrage n'arriva jamais à destination : la correspondance de Justel se contente d'en déplorer la perte, là où celle de Collins va plus loin et nous apprend que ledit serviteur se révéla être un coquin, qui « vendit le livre en chemin et dépensa la monnaie[27] ». Bel exemple des aléas qui pouvaient frapper la communication scientifique en ce temps.

---

24 Herbert Westren Turnbull (ed.), *James Gregory, Tercentenary Memorial Volume. Containing His Correspondence with John Collins and His Hitherto Unpublished Mathematical Manuscripts, Together with Addresses and Essays*, Londres, 1939, p. 100 (Collins à Gregory, le 20 mai 1670). Sur James Gregory, on trouve des références essentielles dans *ODNB*.

25 *Ibid.*, p. 105-106 (Collins à Gregory, le 9 octobre 1670).

26 Bibliothèque municipale de Toulouse, ms. 846, f° 140 (Justel à S. de Fermat, 30 janvier 1671) : « J'ay appris avec étonnement par la lettre que vous m'avez faict l'honneur de m'escrire que vous ne sçaviez pas encore que j'eusse receu les deux exemplaires du *Diophante* que vous avez eu la bonté de me faire envoyer. Je vous en ai remercié et vous ai mandé que j'en avois envoyé un en Angleterre à M. Oldenbourg, comme vous me l'aviez ordonné. Une personne qui est à M. le Comte d'Alisbury s'en est chargé. Tous les Anglois qui sont ici en cherchent. Vous m'obligerez de me faire scavoir où on en pourra trouver afin que je leur enseigne. Le nom de Monsieur votre père est en si grande vénération en ce pays-là que tout ce qui vient de luy est recherché avec empressement. »

27 Stephen J. Rigaud (éd.), *Correspondence of Scientific Men in the Seventeenth Century: Including Letters of Barrow, Flamsteed, Wallis, and Newton, Printed from the Originals in the Collection of the Right Honorable the Earl of Macclesfield*, Oxford, University Press, 1841, vol. II, p. 218 (Collins à Gregory, le 4 avril 1671). *Cf.* Bibliothèque municipale de Toulouse, ms. 846, f° 138 (Justel à S. de Fermat, le 14 mars 1671) : « Monsieur d'Oldenbourg n'a point encore receu l'exemplaire de votre livre, ce qui faict croire qu'il est perdu ». (Voir aussi *ibid.* f° 136.)

Cependant, une deuxième voie s'offrait, qui semblait prometteuse : elle consistait en un correspondant que Collins cultivait avec ardeur, le jésuite Jean Bertet, qui présentait l'avantage d'être un polyglotte remarquable – c'était alors l'un des rares Français à maîtriser l'anglais –, mais aussi un touche-à-tout versé dans les sciences et doté de nombreuses relations, au premier chef évidemment parmi ses frères de la Compagnie de Jésus[28]. Les lettres de John Collins trahissent le grand espoir qu'il plaçait en son interlocuteur, qu'il qualifiait volontiers « d'affable Père », « d'homme savant et excellent mathématicien », ou bien encore de « véritable Mersenne de la France », grâce auquel il avait reçu « de remarquables rapports sur les livres et la science, qu'il avait communiqués ensuite au Dr Wallis, à Mr Barrow, etc. ». Aussi n'avait-il pas manqué de lui réclamer un exemplaire du précieux *Diophante*[29]. Toutefois, malgré cet étalage d'éloges à l'égard du Père Bertet, il semble bien que ses services ne donnaient pas pleinement satisfaction et c'est ce constat qui, sans doute, précipita le recours à Vernon. Le brouillon de la première lettre que Collins adressa à ce dernier a été conservé et ce document est riche d'enseignements concrets.

Il suggère d'abord que l'élite scientifique anglaise commençait à s'impatienter de ne pas être bien approvisionnée en livres continentaux. Collins s'abrite ainsi derrière une brochette de célébrités, qu'il enrôle pour appuyer sa démarche auprès du secrétaire d'ambassade :

> M. Bernard [lequel serait bientôt promu professeur d'Astronomie à Oxford] m'assure que je pourrais, par son moyen, me promettre votre assistance et amitié en ce qui regarde tout ce qui concerne l'avancement du savoir et des mathématiques, et je n'en entends dire pas moins de la part de nos bons amis le Dr Wallis, le Dr Wren, Mr Hooke, Mr Kersey et Mr Gregory.

---

28 Claude-François ACHARD, *Dictionnaire de la Provence et du comté Venaissin*, Marseille, imprimerie de Jean Mossy, 1785-1787, vol. III, art. « Jean Bertet », p. 79-81.

29 Stephen J. RIGAUD (éd.), *Correspondence of Scientific Men in the Seventeenth Century: Including Letters of Barrow, Flamsteed, Wallis, and Newton, Printed from the Originals in the Collection of the Right Honorable the Earl of Macclesfield*, Oxford, University Press, 1841, vol. I, p. 139-141 (Collins à Vernon le 17 février [1671]). Noter que la lettre originale dont sont tirés ces extraits n'est connue que sous forme d'un brouillon conservé à l'*University Library* de Cambridge, dans la *Macclesfield Collection*, ms. Add. 9597/13/5, f° 70-71 : sur ce document, la date ne comporte pas d'année, de même que l'édition donnée par Rigaud, mais le contexte impose de restituer 1671, et non 1672, comme propose le catalogue en ligne actuel (voir http://janus.lib.cam.ac.uk/).

Et maintenant, Monsieur, je vais vous montrer en quoi vous pouvez nous témoigner votre bonté à nous tous ensemble[30].

Le mathématicien londonien explique ensuite très clairement ce dont il est question, en trois points, dont les deux premiers visent à trouver des solutions concrètes pour obtenir les objets désirés à partir de France, aussi bien lettres que livres :

> Ce que je voudrais vous demander serait de bien vouloir rendre visite [au Père Bertet] et d'entrer en discussion avec lui afin de l'informer que sa lettre en date du 15 janvier ne m'est pas parvenue avant le 14 février, [...] et cela est arrivé parce qu'il l'a envoyée à M. Legendre, à Rouen, pour la faire suivre à Mr Cowart, marchand à Londres, afin de me la faire délivrer, au lieu qu'elle serait arrivée bien plus vite s'il l'avait immédiatement confiée à la poste, et adressée à M. John Collins en son logis, près de l'enseigne des Trois Couronnes de Bloomsbury Market, à Londres. [...]
>
> Une autre demande serait que si vous entendez parler d'une bonne occasion qui pourrait lui permettre de m'envoyer un colis de livres qui sont déjà prêts, vous vouliez bien lui en donner avis. La solution que je lui ai précédemment indiquée était d'envoyer ceux-ci à M. Thomas Legendre, un éminent marchand de Rouen, pour les faire tenir à M. George Cowart, mais une telle voie peut se révéler plus longue que nous pourrions souhaiter[31].

Quant au troisième point, il s'agit d'arranger des modalités pour les paiements :

> J'ai écrit audit Père Bertet que je tiens les comptes des fermiers de l'alun ici [c'était en effet l'une des responsabilités professionnelles de Collins], qui ont en permanence une grande quantité d'alun à Rouen, entre les mains de M. Legendre, de même qu'ils y ont également de l'argent, en lui expliquant que ce Monsieur ferait en sorte que son chargé d'affaire à Paris paye à M. Verjus, ou à toute autre personne que ledit Père Bertet nommerait, une somme équivalente à celle qu'il lui manquerait ou qu'il devrait débourser pour acheter les livres que je désire, ce qui je présume ne peut excéder 60 livres. Il répond qu'il ne veut point recevoir l'argent pour l'instant, et que M. Dandy, qui se trouve chez M. Verjus, déboursera ce qui est requis. Mais Monsieur, si vous vouliez bien vous charger de ce tracas, et les rembourser lorsqu'il sera nécessaire, je ferai en sorte immédiatement qu'on écrive à

---

30 Stephen J. Rigaud (ed.), *Correspondence of Scientific Men in the Seventeenth Century: Including Letters of Barrow, Flamsteed, Wallis, and Newton, Printed from the Originals in the Collection of the Right Honorable the Earl of Macclesfield*, Oxford, University Press, 1841, vol. I, p. 139.

31 *Ibid.*, p. 140.

M. Legendre, afin qu'il ordonne à son chargé d'affaire à Paris de vous payer tout l'argent qui sera nécessaire[32].

À travers l'accumulation de ces détails, il ressort que les relations entre Collins et Bertet, pour être cordiales, n'en demeuraient pas moins complexes, et qu'elles supposaient tout un circuit de relais et de garants, non seulement pour les lettres échangées, mais plus encore pour les colis et les transferts de fonds. Or, ce qu'était en mesure de faire un secrétaire d'ambassade à Paris était techniquement d'alléger ces procédures et de les accélérer de façon considérable, par son accès privilégié au réseau postal et par les informations dont il disposait sur les va-et-vient de personnes et de marchandises entre l'Angleterre et le continent[33].

Mais une étude plus attentive des correspondances montre que les demandes de Collins allaient plus loin encore et suggère qu'il priait en réalité Vernon d'encadrer les services du Père Bertet et de canaliser un zèle qui n'aboutissait pas toujours aux résultats escomptés. Entre autres indices, un passage d'une lettre ultérieure de Collins à Vernon vient assez bien confirmer cette lecture :

> Nous sommes bien malheureux, car nous ne pouvons obtenir les livres qui sont communs à Paris, comme le traité de La Loubère *De geometria Veterum promota in septem de cycloide libris* et le dernier ouvrage de Léotaud, intitulé *Cyclomathia*, lesquels livres étaient parus six ans avant que le Dr Wallis en entendît parler, bien qu'il ne fût pas peu concerné par chacun des deux. Finalement, par mon biais, on réussit, après bien du tracas, à lui procurer un exemplaire de chaque, et je crois qu'il n'y en a pas davantage en Grande-Bretagne. Et quand je vous dirai qu'ici plusieurs personnes éminentes désirent que je leur procure le *Diophante* de Fermat, vous veillerez à ce que l'on emploie sans tarder l'argent que vous avez, afin d'acheter ces livres et payer le Père Bertet pour tous les livres qu'il a envoyés ou enverra[34].

Plus significatif encore, après plusieurs lettres et au bout de quelques mois, le malentendu entre le Père Bertet et Collins éclate enfin, lorsque ce

---

32 *Ibid.*, p. 141.

33 Il convient de rappeler que les systèmes postaux de cette époque ne prenaient en charge que les lettres. Il n'était pas permis de leur confier des colis, en particulier des livres.

34 Stephen J. Rigaud (ed.), *Correspondence of Scientific Men in the Seventeenth Century: Including Letters of Barrow, Flamsteed, Wallis, and Newton, Printed from the Originals in the Collection of the Right Honorable the Earl of Macclesfield*, Oxford, University Press, 1841, vol. I, p. 163 (Collins à Vernon, 14 avril 1671).

dernier en vient à informer Vernon que le jésuite a réussi à le mettre dans l'embarras, en écoulant auprès de lui tout un lot de livres scientifiques invendus. Il écrit en effet :

> Si vous voyez le Père Bertet, présentez-lui mes services et informez-le que je suis bien fâché qu'il s'affaire à m'envoyer des livres que je ne lui ai jamais demandés [...] comme les *Optiques* de Zucchi et l'*Arithmetique* de Léotaud, que j'avais déjà et qui sont communs ici. Il a envoyé 48 exemplaires des *Dialogues sur le mouvement* de Fabri et 43 de sa *Synopsis Geometricæ*, ce qui fait une quantité bien trop grande pour pouvoir être écoulée, par moi qui suis un particulier, mais aussi par aucun libraire. Il est vrai que je lui avais écrit en vue d'établir un commerce de troc entre leurs libraires et les nôtres, en nommant les savants et les plus susceptibles d'échanges, mais pas pour acheter un tel chargement de livres sur mon propre compte, et pas pour en faire expédier plus d'une demi-douzaine de ceux-là en particulier (dont il m'écrit qu'il en a en quantité et qu'il ne peut les écouler à moins que je ne les vende), outre le fait que cette façon d'expédier à l'étranger de tels colis par transporteur coûte très cher[35].

À lire ces mots, non seulement Bertet s'était montré incapable de fournir le *Diophante* et les autres livres explicitement réclamés, mais, si l'on reprend les trois noms qui viennent d'être cités – ceux de Zucchi, Léotaud et Fabri –, il avait profité de l'aubaine pour inonder son correspondant anglais de productions jésuites qui lui restaient sur les bras. C'est au milieu de ces circonstances que Vernon avait été amené à se charger lui-même du fameux *Diophante*.

Il fallait avant toute chose qu'il eût l'habileté de se procurer un certain nombre de volumes. Il est difficile de savoir comment il procéda, mais comme certaines de ses lettres attestent qu'il fréquentait le cercle d'Henri Justel, il y avait là une filière toute trouvée pour joindre Samuel de Fermat à Toulouse[36].

---

35 Alfred Rupert Hall, « John Collins on Newton's Telescope », art. cité, p. 75 (Collins à Vernon, 5 janvier 1672). L'édition fournie par A.R. Hall transcrit un brouillon de Collins conservé à la *Royal Society* (sous la cote *Commercium Epistolicum MSS* n° 13), en respectant avec soin la capitalisation et la ponctuation d'origine, qui ne sont pas toujours très claires. Aussi nous avons été amené à procéder à quelques choix d'interprétation dans la version que nous proposons.

36 Sur les liens entre Vernon et Justel, voir par exemple Alfred Rupert Hall et Marie Boas Hall (eds.), *The Correspondence of Henry Oldenburg*, Madison, 1965-1986, vol. V, n° 1138, et *National Archives*, SP 78, vol. 126, f° 58 et 73. Le problème demeure que ce que nous gardons de la correspondance de Justel à S. de Fermat n'évoque jamais explicitement le rôle de Vernon. Il est certes tout à fait logique de

La suite est mieux connue, grâce à la correspondance échangée entre John Collins et l'Écossais James Gregory. Elle témoigne que Vernon profita tout d'abord d'un bref séjour à Londres pour le service de l'ambassade, vers la mi-mai 1671, afin d'accomplir une première distribution, destinée à quelques privilégiés. Collins, tout comme Oldenburg, eut l'honneur de faire partie des élus. Il put alors mettre en appétit son ami du nord : « À la vérité, le *Diophante* de Fermat est très apprécié ici par Pell et Kersey[37]. » Quant au reste des volumes, ils arrivèrent pour ainsi dire au compte-gouttes, non sans se faire désirer. En juillet 1672, Collins expliquait à Gregory :

> Aucun exemplaire n'est parvenu en Angleterre, à l'exception de ceux que M. Vernon a donnés en présents à ses amis, et d'un autre que j'ai eu de lui, et que j'ai gardé pour Lord Brereton qui l'avait recommandé à l'usage du Dr Pell. Je m'attendais à ce qu'il y en eût davantage ici, autrement je ne m'en fusse pas séparé, sauf pour vous-même. Mais Mr Vernon me dit qu'il lui en reste deux à Rouen, dont il attend l'arrivée incessamment, et il m'a promis de m'en laisser l'un d'eux, qui sera en conséquence pour vous[38].

---

penser que Justel s'associe à ce dernier dans une lettre datée du 19 avril 1671, où il écrit laconiquement : « Nous avons eu ici de vos livres que nous avons envoyez en Angleterre. » (Bibliothèque municipale de Toulouse, ms. 846, f° 130, nous soulignons.) Mais dans une lettre du 23 juillet suivant, il précise : « J'envoirai la lettre que vous avez écrite à M. Oldenbourg, à qui il n'est pas nécessaire d'envoyer aucun exemplaire du Diophante. Il en a un, c'est pourquoy je n'en prendrai point de M. Raynaud. » (*Ibid.*, f° 128.) Ceci suggère que Justel avait pleinement été au courant du transfert du *Diophante* en Angleterre réalisé grâce aux bons soins de Vernon, mais que pour autant la voie d'approvisionnement qui le reliait à Fermat par l'intermédiaire de M. Raynaud n'avait pas été utilisée.

37 Herbert Westren Turnbull (ed.), *James Gregory, Tercentenary Memorial Volume. Containing His Correspondence with John Collins and His Hitherto Unpublished Mathematical Manuscripts, Together with Addresses and Essays*, Londres, 1939, p. 185-186 (Collins à Gregory, le 16 mai 1671). L'extrait cité est tiré de la lettre au propre effectivement reçue par Gregory. Stephen J. Rigaud (ed.), *Correspondence of Scientific Men in the Seventeenth Century: Including Letters of Barrow, Flamsteed, Wallis, and Newton, Printed from the Originals in the Collection of the Right Honorable the Earl of Macclesfield*, Oxford, University Press, 1841, vol. II, p. 221-223 où a été publié le texte du brouillon conservé par Collins, qui présentait plusieurs différences notables et, en particulier, ne contenait pas ce passage.

38 Herbert Westren Turnbull (ed.), *James Gregory, Tercentenary Memorial Volume. Containing His Correspondence with John Collins and His Hitherto Unpublished Mathematical Manuscripts, Together with Addresses and Essays*, Londres, 1939, p. 239 (Collins à Gregory, le 26 juillet 1672).

Finalement, c'est seulement en octobre 1672, soit près de deux ans et demi après les premiers signalements du livre dans sa correspondance, que le mathématicien Gregory, dans sa lointaine université de Saint-Andrews, reçut à son tour un paquet contenant son exemplaire. Cet acheminement n'alla d'ailleurs pas sans une ultime mésaventure, dont il fit part aussitôt à Collins :

> Le colis était si petit qu'il fut presque négligé, car il resta plus d'un mois dans la maison d'un particulier sur le chemin, si bien que j'ai été obligé de m'informer auprès des transporteurs à son sujet [...] Dorénavant, quand vous m'envoyez quelque chose, veillez à le placer dans quelque paquet de marchandise pour un marchand ou un libraire d'Édinbourg[39].

Plus révélatrices paraîtront cependant les remarques qu'il ajoute peu après, à l'égard de la personne à laquelle il devait ce présent :

> Je suis extrêmement obligé envers M. Vernon pour le *Diophante* de Fermat. J'aimerais pouvoir lui rendre quelque service ici. C'est une personne que j'ai toujours admirée pour son grand savoir en de nombreuses sciences et maintes langues. Je pense que ce me serait un honneur de contribuer en quoi que ce soit à la satisfaction d'un homme d'une si grande valeur[40].

En fournissant gracieusement un livre fort convoité, Francis Vernon, selon les modalités d'échanges classiques de la République des Lettres, avait réussi du moins à recueillir beaucoup de reconnaissance et de considération en retour. Et n'était-ce pas là tout le but recherché ?

De ces péripéties découlent deux enseignements. Tout d'abord, elles illustrent la persistance de difficultés de communication, très concrètes encore, à la fin du 17e siècle, alors que la République des Lettres passe souvent pour une mécanique parfaitement huilée dont les scientifiques pouvaient pleinement profiter, alors que la *Royal Society* et l'Académie des Sciences entament leur essor et que Newton réalise ses premières grandes découvertes. Dans les faits, cependant, les temps d'acheminement demeurent longs, les livres se perdent, les libraires sont rétifs à imprimer ou échanger des ouvrages scientifiques dont le débit n'est pas jugé suffisant et les correspondants étrangers les plus recommandables

---

39 Stephen J. Rigaud (ed.), *Correspondence of Scientific Men in the Seventeenth Century: Including Letters of Barrow, Flamsteed, Wallis, and Newton, Printed from the Originals in the Collection of the Right Honorable the Earl of Macclesfield*, Oxford, University Press, 1841, vol. II, p. 243 (Gregory à Collins, le 3 octobre 1672).

40 *Ibid.*

poursuivent parfois leurs objectifs sans égard aux désirs de ceux qui s'adressent à eux : en témoigne l'attitude d'un Père Bertet, assez enclin à écouler ses propres stocks ou ceux de ses amis, mais moins ardent à transmettre d'autres objets.

En second lieu, concernant Vernon lui-même, il est apparu que sa position de secrétaire d'ambassade le mettait à même de servir de garant et d'accélérer techniquement les communications entre milieux savants français et anglais, en particulier parce qu'il était capable de se procurer des livres introuvables, de connaître les occasions de transport les plus efficaces et les plus sûres et de simplifier les procédures de paiement. Mais ces grands avantages seraient restés à l'état de virtualités, si, d'une part, il n'avait pas été doté lui-même des qualités personnelles nécessaires et si, d'autre part, il n'avait pas été motivé par un certain désir d'obtenir l'estime du monde savant, ce que tend à montrer sa conduite généreuse, mais aussi quelque peu restrictive, dans la distribution du fameux *Diophante.*

La carte au prisme d'un périodique mondain

Les textes sur la carte dans le *Mercure de France*, 1672-1771

Nicolas Verdier
CNRS, Épistémologie et histoire de la géographie (EHGO)

Si l'on tente un rapide panorama de la presse périodique française[1] sur un long 18e siècle, quatre titres s'imposent, tant par leur durée que par leur diffusion. La *Gazette*, qui publie sous les ordres du gouvernement les nouvelles politiques et militaires. Le *Journal des Savants*, qui se concentre sur les sciences et les arts[2]. Les *Mémoires de Trévoux* se placent sur le terrain de la défense du catholicisme et si des textes de toutes natures s'y retrouvent, ils servent souvent d'abord à introduire des discussions religieuses[3]. Enfin, le *Mercure de France*, qui, s'il traite des nouvelles politiques et militaires de la *Gazette*, y ajoute un carnet mondain, souvent très détaillé ainsi que de très nombreux textes relatifs aux belles-lettres qui dépassent 50 % du total[4]. Une revue comme le *Mercure* est considérée, avec ses 7 000 abonnés répartis dans l'Europe entière en 1755, comme le titre le plus répandu de son temps[5]. Les éléments qui composent cette revue participent à la fois de la description d'un groupe social et d'une

---

1 Pour une vision d'ensemble : Nicolas Verdier, *La carte avant les cartographes, l'avènement du régime cartographique en France au XVIIIe siècle*, Paris, Presses de la Sorbonne, 2015.

2 Jean-Pierre Vittu, « La formation d'une institution scientifique : le *Journal des Savants* de 1665 à 1714 », *Journal des Savants*, n° 1, 2002, p. 179-203.

3 Marie-Hélène Froeschlé-Chopard et Michel Froeschlé, « "Sciences et Arts" dans les *Mémoires de Trévoux* (1701-1762) », *Revue d'Histoire moderne et contemporaine*, tome 48, 1/2001, p. 30-49.

4 François Moureau, *Le* Mercure Galant *de Dufresny 1710-1714, ou le journalisme à la mode*, Oxford, The Voltaire Foundation, 1982, p. 15.

5 Jean-Pierre Perret, *Les imprimeurs d'Yverdon aux XVIIe et XVIIIe siècles*, Genève, Slatkine, 1981, p. 207 ; Gilles Feyel, « Presse et publicité en France (XVIIIe et XIXe siècles) », *Revue Historique*, n° 628, 4/2003, p. 837-868 ; Stephen Botein, Jack R. Censer et Harriet Ritvo, « La presse périodique et la société anglaise et française

forme de culture qui lui serait associée correspondent trait pour trait aux pratiques de la mondanité dans les salons du 18e siècle[6]. Ils font de ce journal un périodique essentiellement mondain. Relativisons cependant, dès maintenant, cette structuration nette de la presse de l'époque qui comprend d'abord bien d'autres titres, à la longévité plus restreinte et au lectorat plus réduit. En outre, il existe une forme de continuum entre ces publications qui reprennent les articles des uns ou des autres et dont les rédacteurs peuvent tour à tour être les mêmes.

L'histoire du *Mercure* est complexe ; elle correspond à la lente mise en place du rythme mensuel entre 1672 et 1680, puis à son dépassement puisque l'on a jusqu'à 16 numéros par an. Le nom du journal, *Mercure Galant* à l'origine, change cinq fois entre 1710 et 1724, pour devenir enfin le *Mercure de France*. En 1772, il est racheté par Panckoucke et fortement remanié. À ces changements s'en ajoutent d'autres, qui jouent sur la structure et les équilibres de la publication et qui sont liés à la succession des rédacteurs. Pour résumer, il s'agit d'une valse-hésitation entre spécialisation littéraire et artistique, et maintien d'un équilibre généraliste.

De façon à tenter de comprendre la place d'un périodique mondain dans la communication sur la carte, nous suivrons d'abord les évolutions de la présence de la carte dans cette revue, avant que de nous concentrer sur un cas de dispute scientifique qui permettra d'articuler ce périodique à d'autres, ainsi qu'à d'autres formes de publication.

La carte dans le *Mercure*

Le rapide descriptif qui vient d'être fait montre que le *Mercure* n'est pas *a priori* le lieu où l'on devait retrouver la carte. Pourtant, durant la centaine d'années que couvre l'enquête, soit de 1672 à 1771, et cela en ne tenant compte que des 877 numéros dépouillés, on compte 1 875 pages dans lesquelles la carte est traitée, pour une raison ou pour une autre qui

---

au XVIIIe siècle : une approche comparative », *Revue d'Histoire moderne et contemporaine*, tome 32, 2/1985, p. 209-236 ; François MOUREAU, *Le* Mercure Galant *de Dufresny 1710-1714, ou le journalisme à la mode*, Oxford, The Voltaire Foundation, 1982 ; Jacques WAGNER, *Marmontel journaliste et le* Mercure de France, Grenoble, Presses universitaires de Grenoble, 1975.

6 Antoine LILTI, « Sociabilité et mondanité : les hommes de lettres dans les salons parisiens au XVIIIe siècle », *French Historical Studies*, n° 28, 3/2005, p. 415-445.

va de la publicité à la polémique savante. En moyenne, on a donc deux pages par numéro, soit entre 0,5 et 1 % de chaque volume. Cette présence finalement faible doit cependant être relativisée. On sait, en effet, que dans le même temps les belles-lettres représentent 50 %, l'histoire 15 %, le droit et la théologie chacun 5 %, soit pour ces quatre thématiques 75 %. Il faut ajouter à cet ensemble les 10 à 15 % (disons 12 %) du « Journal de la cour » et des annonces officielles – qui peuvent dépasser 100 pages dans un numéro. S'y ajoutent les informations internationales qui apparaissent au travers d'extraits de lettres de voyageurs – 4 à 5 % du total – et au moins 1 % de jeux, très présents dans le *Mercure*. Il ne reste pour l'ensemble des autres curiosités que 7 à 8 % du total. Présentée ainsi, la carte occupe près de 10 % de la place disponible pour des connaissances très diverses, qui vont de la médecine à la mécanique en passant par l'astronomie. Apparaît alors l'impression d'un journal dans lequel la carte n'a rien de nécessaire, mais fait partie des informations possiblement intégrables au recueil des curiosités. On doit en revanche insister sur l'idée que deux pages par mois pendant 100 ans signifient dans le même temps la construction d'une habitude du discours sur la carte. Si on passe du côté du nombre de textes, on en compte 645 sur 877 numéros soit 0,75 %. Les proportions sont donc assez proches.

L'augmentation hachée du nombre des pages concernant la carte dans le Mercure

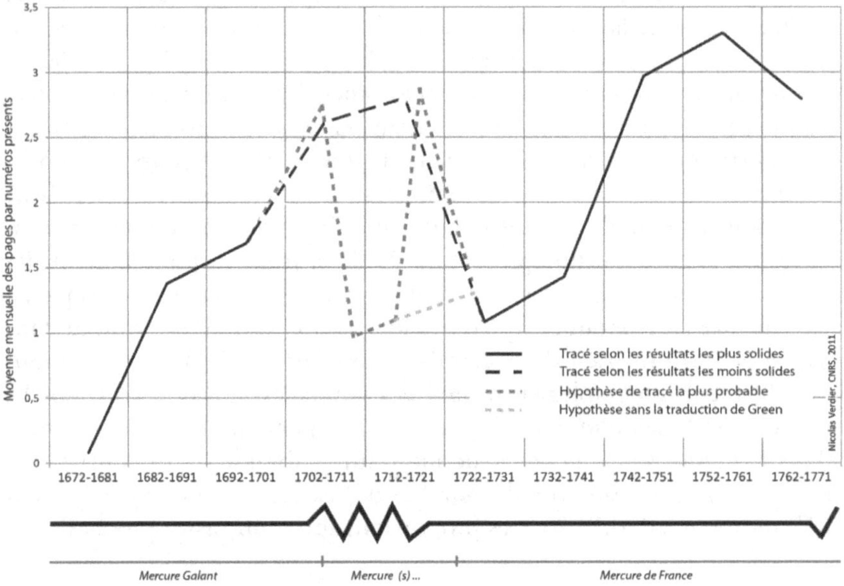

Pour aller plus loin, il convient ici de dépasser les moyennes et de tenter de voir un peu plus précisément quand et avec quelle régularité on parle de la carte. Quant au nombre de pages, on passe de 0 à 360 pages par décennie entre 1672 et 1771 et cette croissance semble se produire principalement en deux temps, d'abord dans les années 1680 puis dans les années 1740 et correspond à un peu plus du doublement du nombre de pages pour dix ans - on passe de 150 à 360 pages ensuite. Mais ces chiffres ne tiennent pas compte des manques importants dans la série des *Mercures*, surtout entre 1707 et 1718, ce qui ici correspond aux décennies 1701-1721.

Si l'on tente en partant de ces éléments de réfléchir à la présence de la carte dans le *Mercure*, ce qui se dégage est que le journal ne peut jamais s'abstraire durablement de la carte. Ainsi pendant la période du *Mercure Galant*, de 1672 à 1710, les premières années (1672-1681) ne traitent quasiment jamais de la carte. Les années qui suivent voient cependant une belle croissance qui, en fin de période, mène à une présence de la carte si ce n'est importante, du moins pas nulle – 3 pages sur 250 par numéro. Cette première période est suivie de dix années difficiles pour la revue qui change plusieurs fois de mains. Le haut niveau d'intérêt pour la carte qui semble se maintenir dans la décennie 1712-1721 tient dans les faits principalement à la publication entre mars et septembre 1721 de la traduction d'une partie du livre de Bradock Mead[7] : *The Construction of Maps and Globes*[8]. Au-delà de son intérêt, il est intéressant de noter que ce texte qui commence à être publié dans le *Nouveau Mercure* continue à l'être au-delà de la rupture du changement de nom et de rédacteur, dans le *Mercure de France*. Malgré les réorientations, les héritages existent.

Le second cycle se joue après 1740. Le *Mercure* qui reste de 1721 à 1744 dans les mains d'Antoine de la Roque, longtemps proche de Watteau, connaît alors une nette orientation vers la peinture, ce qui fait de ces années un moment de moindre présence de la carte[9]. La mort de De la Roque et son remplacement par un consortium mène à un retour de la carte : sa présence double entre 1740 et 1770.

À cette première information sur la présence de la carte – qui voit varier le nombre moyen de pages par mois par rapport aux orientations impulsées par les directeurs successifs – il faut en ajouter une deuxième. Celle-ci n'aborde pas la question du côté des quantités, mais de celui des fréquences. Le changement de rythme observé est un passage d'une présence d'un quart à trois quarts des livraisons annuelles entre 1672 et 1771. On retrouve la rupture des années 1710-1730, sur laquelle nous ne revenons pas. L'important semble surtout ici être la croissance forte de la présence de la carte dans la revue après 1730. Sur les douze numéros de 1686, neuf n'ont pas une seule mention de carte. En revanche, sur les 16 numéros de 1745, 13 traitent de la carte. D'une présence résiduelle à une présence persistante donc.

---

7 Gerald R. Crone, « Further Notes on Bradock Mead, alias John Green, and Eighteenth Century Cartographer », *Imago Mundi*, n° 8, 1951, p. 69-70.

8 Anonyme [John Green], *The Construction of Maps and Globes*, Londres, T. Horne, 1717.

9 François Moureau, *La plume et le plomb. Espaces de l'imprimé et du Manuscrit au siècle des Lumières*, Paris, Presses universitaires Paris-Sorbonne, 2006, p. 597-608. La signature la plus courante de La Roque est MDLR.

L'augmentation de la présence de la carte par numéro dans le Mercure

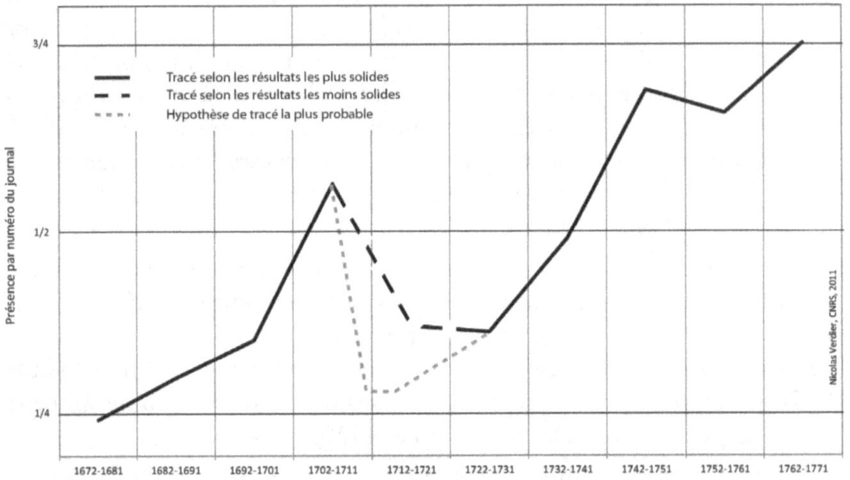

Dans les 877 numéros consultés, on ne compte que trois numéros dans lesquels il existe une carte. La première, que je n'ai pas vue, daterait de 1678 et fournirait une carte utopique de l'Empire de la poésie[10] ; la deuxième, en 1682, est un plan de l'attaque d'Alger, fourni dans la « relation de Mr de Poincti »[11] ; la troisième est une carte de l'océan septentrional publiée en mai 1749.

Face aux 1 875 pages de texte traitant de la carte, ces trois cartes ne représentent donc qu'une très faible quantité de figures, cela alors que dans le même temps le *Mercure* publie très régulièrement des partitions musicales ainsi que des gravures de mode, pliées, montées sur onglet, dans le corps du livre. Un choix a donc été fait entre diverses figures, ce qui sous-entend une différence entre ces images. Publier une partition ou une gravure de mode n'est pas la même chose que publier une carte. Peut-être que, comme le cas du procès pour plagiat entre Delisle et Nolin

---

[10] Jean-Marc Besse, « Cartographier les lieux de nulle part », *Notre Histoire*, n° 233, 2005, p. 18-22.

[11] « Relation de Mr de Poincti », *Mercure Galant*, octobre 1682, p. 133-171.

(1699-1706), la question de la propriété intellectuelle de la carte aurait précocement posé des interdits.

Ces éléments posés, il semble intéressant de s'appuyer sur un cas de dispute scientifique pour replacer l'ensemble de ces discours sur la carte à l'intérieur d'une arène bien plus vaste.

L'affaire du Kamchatka : une dispute scientifique itinérante[12]

Jacques Nicolas Bellin (1703-1771) signe en apparence sa première carte en tant qu'ingénieur au dépôt de la Marine en 1735. Le premier texte du *Mercure de France* qui fasse mention de son nom et dont il est l'auteur date de mars-avril 1738. Il s'y décrit comme « Ingénieur aux Cartes et Plans de la Marine »[13]. Il est donc hydrographe. Ce texte est avant tout une démonstration d'autorité. Il s'agit pour Bellin d'affirmer son statut de géographe face au géographe ordinaire du roi, un temps professeur de géographie du jeune Louis XV, Jean-Baptiste Bourguignon d'Anville (1697-1782).

L'origine du débat est à rechercher dans la publication à peu de temps d'intervalle de deux ouvrages. D'abord, en 1735, celui de Jean-Baptiste du Halde (1674-1743) qui est une *Description Géographique, Historique… de l'Empire de la Chine et de la Tartarie Chinoise*[14]. C'est d'Anville qui est chargé des deux cartes générales publiées dans les volumes I et IV. La carte de la Tartarie chinoise du quatrième volume propose de considérer qu'il existe deux terres différentes au nord du Japon, l'une de Yesso et l'autre du Kamchatka. Le second ouvrage est celui de Pierre François-Xavier de Charlevoix (1682-1761) et porte sur une *Histoire et*

[12] Nicolas Verdier, « Des cartes en situation d'incertitude : la controverse sur le Kamtchatka entre 1737 et 1738 comme révélateur d'une crise de la cartographie française », dans Evgenij Rytchalovsky (dir.), *География эпохи Просвещения: между воображением и реальностью*, Moscou, Naouca, 2015, p. 100-120.

[13] *Mercure de France*, mars 1738, p. 449-464 et avril 1738, p. 613-626.

[14] Jean-Baptiste Du Halde, *Description géographique, historique, chronologique, politique et physique de l'Empire de la Chine et de la Tartarie chinoise*, Paris, P. G. Lemercier, 1735, 4 vol. *in folio*.

description générale du Japon…, publié en deux volumes *in*-4°[15]. Si l'édition est de belle qualité, elle reste en dessous des quatre volumes *in-folio* de Du Halde. Les cartes générales de l'ouvrage sont cette fois-ci confiées à Jacques-Nicolas Bellin. La carte du Japon qu'il propose considère que l'île d'Yesso et la presqu'île du Kamchatka ne forment en réalité qu'une seule et même terre. Deux livres nouveaux publiés sur l'Extrême-Orient, deux niveaux de luxe, deux géographes aux niveaux de reconnaissances différents, deux séries de cartes qui ne s'accordent que difficilement.

La dispute, telle qu'elle apparaît dans le *Mercure de France,* naît une année avant dans les *Mémoires de Trévoux* et correspond à une attaque d'un tiers contre les deux géographes. En juillet 1737, le Père jésuite Louis Bertrand Castel (1688-1757)[16] publie une « dissertation sur la célèbre Terre de Kamschatka & sur celle d'Yeço » qui occupe 70 pages des *Mémoires…*[17] L'auteur, que rien ne semblait destiner à publier sur ce thème, cite tant les textes de Charlevoix et Du Halde que le voyage de Behring ainsi que de nombreux auteurs ayant publié sur le Kamchatka. Le point qui pose problème est que les dimensions de la Russie s'en trouvent augmentées vers l'Est :

> les voilà par les Cartes de la nouvelle Histoire du Japon avancées à l'Orient de 40 degrés de plus, jusqu'au 175 [e degré] c'est-à-dire, de 600 ou 700 lieuës : ce qui double à peu près leur étenduë […]. Cela passe le merveilleux, & n'atteint

---

15 Pierre-François-Xavier de Charlevoix, *Histoire et description générale du Japon, où l'on trouvera tout ce qu'on peut apprendre de la nature et des productions du pays… avec les fastes chronologiques de la découverte du Nouveau-Monde*, Paris, chez E.-G. Giffart, 1736, 2 vol. *in*-4°, et J. M. Gaudouin, 1736, 9 vol. *in*-12. Au-delà, Bellin travaille à nouveau avec Charlevoix sur la question de la carte de l'Acadie. Sur ce point : Sandrine Boucher, « L'Acadie vue par Jacques-Nicolas Bellin, Ingénieur hydrographe du dépôt des cartes, plans et journaux de la Marine. Sources et enjeux de la représentation d'une colonie perdue », dans Isabelle Laboulais (dir.), *Les usages des cartes (XVIIe-XIXe siècle). Pour une approche pragmatique des productions cartographiques*, Strasbourg, Presses universitaires de Strasbourg, 2008, p. 121-136.

16 Louis-Bertrand Castel, *Mathématique universelle abrégée à l'usage et à la portée de tout le monde […]*, Paris, Pierre Simon, 1718 ; Louis-Bertrand Castel, *Traité de physique sur la pesanteur universelle des corps*, Paris, Cailleau, 1724, 2 vol. ; Louis-Bertrand Castel, « Clavecin pour les yeux, avec l'art de peindre les sons, et toutes sortes de pièces de musique », *Mercure de France*, novembre 1725, p. 2252-2577.

17 Louis-Bertrand Castel, « Dissertation sur la célèbre Terre de Kamschatka & sur celle d'Yeço : Sur l'étendue de la domination Moscovite : sur les Tartarie Moscovite et Chinoise ; & sur la communication, ou non communication des contiens de l'Asie & de l'Amérique, & le passage dans les Mers de l'Orient », *Mémoires de Trévoux*, juillet 1737, p. 1156-1226.

pas encore au vrai, la nouvelle Histoire du P. *du Halde* étendant plus loin la Tartarie Chinoise, & plus encore la Moscovie [...][18].

Ce à quoi Castel s'attaque, c'est non seulement aux travaux de Bellin, mais aussi à ceux de d'Anville. L'argumentaire de Castel est construit sur une dénonciation de la faiblesse des preuves de l'un et de l'autre pour produire leurs cartes. En outre, Castel produit une contre-proposition cartographique qui est insérée à la fin de sa dissertation dans les *Mémoires de Trévoux*.

Ce texte est suivi, en août 1737, dans les *Mémoires de Trévoux*, d'une « réponse de M. Bellin, Ingénieur au Dépôt des Plans de la Marine à la Dissertation du R. P. Castel [...] contre la carte qu'il a faite du Païs de Kamtshatka pour la nouvelle Histoire du Japon par le P. de Charlevoix »[19]. En même temps que cette réponse pose les relations hiérarchiques entre producteurs de cartes, elle montre bien les difficultés à prouver un tracé sur la carte dans un sens ou dans un autre[20]. Après avoir évoqué les cartes de d'Anville, Bellin écrit que :

> l'autorité d'un aussi célèbre Géographe, qui a travaillé sur les Mémoires d'un habile homme, (Behring) n'est que trop suffisante pour former un préjugé légitime contre moi. Aussi l'Auteur de la Dissertation imprimée depuis peu dans les Mémoires de Trevoux n'a-t-il point balancé à prononcer que ma Carte est fausse[21].

Les arguments développés sont d'abord érudits – tels voyageurs, telles cartes ont inspiré la carte –, mais, dans un deuxième temps, la critique se tourne contre d'Anville en affirmant que celui-ci n'a « pas exactement suivi » la relation du capitaine Behring (1681-1741), relation qui est par

---

18 *Ibid.*, p. 1162-1163.

19 Jacques-Nicolas Bellin, « Réponse de M. Bellin, Ingénieur au Dépôt des Plans de la Marine à la Dissertation du R. P. Castel, Jésuite, imprimée dans le Journal du mois de Juillet de cette année, contre la carte qu'il a faite du Païs de Kamshatka pour la nouvelle Histoire du Japon par le P. de Charlevoix », *Mémoires de Trévoux*, août 1737, p. 1383-1396.

20 Sur ce point, on lira Emmanuel Marthe, *La France et l'exploration polaire*, Paris, Nouvelles éditions latines, 1969, p. 139-155.

21 Jacques-Nicolas Bellin, « Réponse de M. Bellin, Ingénieur au Dépôt des Plans de la Marine à la Dissertation du R. P. Castel, Jésuite, imprimée dans le Journal du mois de Juillet de cette année, contre la carte qu'il a faite du Païs de Kamshatka pour la nouvelle Histoire du Japon par le P. de Charlevoix », *Mémoires de Trévoux*, août 1737, p. 1383-1384.

ailleurs fortement critiquée, ce qui n'empêche pas Bellin d'affirmer que d'Anville « n'a pourtant pas tirée de cette relation toutes les lumières qu'elle pouvoit lui fournir ». Sans développer l'argumentaire, je n'en prendrai que deux points. Le premier est simple : d'Anville s'est trompé :

> [...] Beerings dit en termes formels que les Kurilsks sont au Sud de Kamischadalis. Le sçavant Géographe ne les a point marqués sur sa Carte, ils l'auroient embarrassé. En effet les Kurilskis tributaires des Japonois & leurs voisins ne peuvent être qu'où je les place [...][22].

Le deuxième argument se situe dans un registre proche de celui utilisé par Castel et refuse la binarité carte vraie/carte fausse, en se déplaçant du côté de l'intuition. Il s'agit dans ce cas de déterminer la distance entre deux rivières. La carte de d'Anville les places assez proches l'une de l'autre.

> Mais il n'en est pas de même sur la mienne ; il s'agissoit d'une navigation, qui ne le cédoit guères à celle, que Beerings venoit de faire. Il falloit tourner tout autour du païs de Kamtschatka en tirant au Sud, & traverser un Détroit semé de plusieurs Isles. J'avouë que pour le suivre dans cette route il faut un peu deviner ; mais il a fallu que M. d'Anville devinât aussi pour lui en faire tenir une autre[23].

D'Anville autant que Bellin ne produisent donc que des cartes probables et non des cartes vraies. L'important réside ici dans la publicité accordée à ce doute dans un journal. Même ceux qui n'ont ni cartes ni Mémoires savent grâce à des textes comme celui-ci que la carte n'est pas un produit sûr. On comprend mieux dans ce cadre l'intervention d'un amateur comme le Père Castel.

Le débat connaît un premier déplacement à la fin de l'année 1737 puisque d'Anville, plutôt que de répondre dans les *Mémoires de Trévoux*, le fait dans une brochure[24], annoncée *a posteriori* par les *Mémoires de Trévoux* en février 1738[25]. La brochure en question contient non seulement l'argumentaire de d'Anville, mais encore une carte dressée pour

---

22 *Ibid.*, p. 1390-1391.

23 *Ibid.*, p. 1394-1395.

24 Jean-Baptiste Bourguignon d'Anville, *Lettre de Monsieur d'Anville, Géographe ordinaire du Roy au R.P. Castel, Jésuite, au sujet des Pays de Kamtchatka & de Jeço, et réponse du R.P. Castel*, s.l., 1737.

25 « Nouvelles littéraires de Paris », *Mémoires de Trévoux*, février 1738, p. 357-358.

l'occasion. La discussion érudite qui va servir de réponse à d'Anville s'appuie sur des questions de savoir-vivre : le texte attribué à Bellin est un faux. Entre collègues qui se parlent régulièrement, on ne se permettrait pas ce type de choses. Il met ensuite en cause les arguments utilisés, surtout celui relatif à l'auteur réel de la carte.

> Cet auteur ne me charge, que parce qu'il m'attribuë la Carte du Voyage de Béerings. Cependant je n'y ai d'autre part que celle de l'avoir réduite d'une Carte originale beaucoup plus grande, dont j'ai tiré une copie en papier huillé, que je suis prêt de montrer à ceux qui auront la curiosité de la voir. Ainsi quand on dit dans cet Ecrit, que j'ai *dressé cette Carte sur la Relation du Capitaine Béerings*, on se trompe bien fort, puisque cette Carte fait elle-même partie de l'ouvrage de Béerings [...][26].

En outre, d'Anville insiste sur la médiocrité de la carte de Behring qui sert de pis-aller. Pourquoi fournir une carte dans cette brochure ? « J'ai pensé que la discussion qui en résultoit serviroit à éclaircir plusieurs points Géographiques assez considérables. Et pour qu'il fût aisé d'en suivre le détail, j'ai crû devoir y joindre une petite Carte. »[27]

La question qui occupe d'Anville dans son argumentaire est celle de l'extension et de la forme de l'Asie vers l'Est, postulant une plus grande étendue pour le continent asiatique, ou plus précisément un globe terrestre plus petit. Il conclut : « En voilà assez pour analyser ce qu'il y a d'essentiel dans notre petite carte par rapport à ce qui a été agité »[28]. C'est là qu'intervient la réaction de Bellin. Celle-ci paraît dans le *Mercure de France* de mars 1738. La « Lettre de M. Bellin... à M. d'Anville » qui réfute l'accusation de ne pas avoir suivi les règles du savoir-vivre, tout en critiquant les méthodes de d'Anville qui, à l'en croire, flirte avec le plagiat :

> Vous avez sans doute oublié la conversation que nous eûmes à ce sujet lorsque vous vintes m'en faire des plaintes. "Et quant à la carte de Behrings" je crois, puisque vous le dites, que vous n'y avez d'autre part que celle de l'avoir copiée ; il est cependant vrai qu'elle se trouve à la suite de plusieurs Cartes

---

[26] Jean-Baptiste Bourguignon d'Anville, *Lettre de Monsieur d'Anville, Géographe ordinaire du Roy au R.P. Castel, Jésuite, au sujet des Pays de Kamtchatka & de Jeço, et réponse du R.P. Castel*, s.l., 1737, p. 4-5.

[27] *Ibid.*, p. 35.

[28] *Ibid.*, p. 37.

sorties de vos mains, qu'on n'y voit point le nom de Béerings à qui vous la donnez aujourd'hui, et que ce Capitaine n'en parle pas dans sa Relation [...]. Vous sçavez, M. qu'un Géographe ne voit rien par lui-même ; Copiste perpétuel, il ne peut que suivre avec fidélité les Voyageurs ; toutes les Relations ne méritent pas une égale confiance, aussi tout son Art ne consiste que dans le choix[29].

Il ne sert à rien ici de développer tel ou tel argument, il s'agit plus simplement de voir en quoi l'article du *Mercure* devait être inséré à l'intérieur d'un jeu complexe de textes qui font du journal l'un des lieux de la discussion.

Multiplication des lieux de publication et concurrences entre cartographie savante et faiseurs de cartes

La présence dans les journaux laisse donc apparaître un continent de débats qui mène à la production de « paracartes », qui accompagnent l'ensemble des discours et commentaires. Dans une fiction parfaitement entretenue, ce continent de textes et de cartes est d'ailleurs intégralement rendu accessible aux lecteurs de ces journaux dont les articles décrivent les lieux et les moments de la controverse. C'est ainsi le cas de cette copie sur papier huilé, dans les mains de d'Anville. Mais au-delà, il est toujours possible de savoir où le texte précédent a été publié. Bellin par exemple cite précisément le texte de Castel dans les *Mémoires de Trévoux*. D'Anville, comme Bellin, renvoie aux ouvrages de du Halde et de Charlevoix faisant comme si tous les lecteurs avaient accès à tous ces livres et mémoires, ainsi qu'à tous ces journaux.

Le survol de la dispute entre Castel, Bellin et d'Anville permet donc de préciser le rôle du journal dans une controverse[30] tout en attribuant

---

29 Jacques-Nicolas Bellin, « Réponse de M. Bellin, Ingénieur au Dépôt des Plans de la Marine à la Dissertation du R. P. Castel, Jésuite, imprimée dans le Journal du mois de Juillet de cette année, contre la carte qu'il a faite du Païs de Kamshatka pour la nouvelle Histoire du Japon par le P. de Charlevoix », *Mémoires de Trévoux*, août 1737.

30 Christophe Prochasson & Anne Rasmussen, « Du bon usage de la dispute. Introduction », *Mil neuf cent. Revue d'histoire intellectuelle*, n° 25, 1/2007, p. 5-12 ; Antoine Lilti, « Querelles et controverses, les formes du désaccord intellectuel à l'époque moderne », *Mil neuf cent. Revue d'histoire intellectuelle*, n° 25, 1/2007, p. 13-28.

une place au *Mercure de France* dans ce panorama. Le journal peut être à la fois le lieu où la controverse se noue et où elle semble s'éteindre, cela sans pour autant que les différentes interventions s'y placent toutes. Le passage du livre à l'article, de l'article à la brochure, de la brochure à l'article ou au mémoire, offre ainsi tout le spectre des lieux possibles du discours sur la carte. Au-delà, deux éléments semblent organiser ces textes aux lieux de publication disparates. Le premier est la fiction épistolaire qui pose que les journaux publient des lettres qui ne seraient pas destinées au public et qui se trouveraient presque par hasard dans les mains des différents rédacteurs. Le maintien de cette fiction permet de dépasser la question de la localisation. Le second, qui peut être vu soit comme une conséquence, soit comme un prérequis, est le fait qu'il semble normal de pouvoir passer d'un journal à un autre dont tous les exemplaires sont imaginés être à disposition des lecteurs. Cela permet de relativiser considérablement l'idée de journal scientifique, voire de journal mondain. L'absence de journal spécialisé ferait que pour la carte l'ensemble des journaux est le paratexte de chaque journal, sans distinction de destinataire. Cet ensemble de critères permet de faire des salons le cénacle de réception de ces discussions. D'abord parce qu'ils font partie des rares lieux à avoir tous les journaux à leur disposition, ensuite parce que certains des savants qui s'expriment dans la presse se retrouvent dans ces mêmes salons. On remarque cependant qu'en dehors de la fiction épistolaire ou de l'hypothèse d'une communication généralisée, qui restent peu probables, la recomposition des débats n'est pas donnée à tous. On doit alors se demander quel est l'intérêt pour le lecteur extérieur aux salons de ces morceaux de débats, en dehors de l'illusion qu'ils offrent de connaître les discussions en cours dans les salons parisiens ?

De là découle une hypothèse qui, si elle ne contredit pas cette stratégie de communication permettant l'acculturation d'un public large, enrichit le raisonnement sur la fonction que peut avoir l'explicitation d'une érudition inaccessible pour la très grande majorité des lecteurs. Qui ira voir la carte de Vitus Béring chez d'Anville, en dehors peut-être de Bellin ? L'objectif serait alors tout autre et ces textes seraient l'indice de leur stratégie de mise en place d'une expertise. En donnant à voir une érudition d'autant plus forte qu'elle relève d'une situation exotique, ce que D'Anville et Bellin font serait de conjointement s'imposer comme des producteurs de cartes dignes de ce nom face à une concurrence de faiseurs de cartes[31].

Car des « faiseurs de cartes », pour reprendre la traduction de *mapmakers* du texte de Bradock Mead, traduit dans le *Mercure* de 1721, il y en a. Et malgré cette traduction, ainsi que la publication des textes de Bellin, de d'Anville, voire de Delisle, ce qui semblerait pouvoir sous-entendre que le *Mercure* est un lieu de valorisation d'une norme cartographique, les cartes de ces faiseurs sont également présentes dans le journal, ce qui complexifie fortement les choses. En effet, à côté de ces textes qui articulent érudition et technique, on rencontre de très nombreuses annonces de publication qui s'apparentent à des publicités. Sur les 21 annonces de cartes publiées entre 1730 et 1740, 14 sont de ce type. Ainsi en août 1730, l'éditeur Guillaume Danet, gendre de Nicolas de Fer (mort en 1720), fait paraître une nouvelle *Carte de l'Europe* dite « mise au jour » très probablement sur une carte de son beau-père de 1716. La description qui en est faite renvoie plus à l'esthétique et à une utilité postulée qu'aux qualités de construction.

> Le sieur *Guillaume Danet*, vient de mettre au jour une nouvelle *Carte de l'Europe*, dressée sur les dernières Observations Astronomiques, sur les Itinéraires anciens modernes, divisée en ses principales parties, exactement conforme aux possessions des Rois Princes d'aujourd'hui ; ornée outre cela d'une bordure d'un pouce de large, utile curieuse, représentant les armoiries des Royaumes, Républiques et Cantons, autres États Souverains. Cette Carte est de la dernière utilité pour toutes sortes de personnes, particulièrement pour le soulagement de la mémoire des jeunes personnes qu'on veut instruire dans la Géographie ou dans la connoissance de l'usage de la Carte. Elle se vend à Paris, chez ledit sieur *Danet*, Pont Notre Dame, à la Sphère Royale[32].

Il ne s'agit aucunement ici de dévaloriser cette carte, mais bien plus simplement de noter qu'il ne s'agit que d'une mise à jour et non de la refonte d'une carte et que, par de nombreux aspects, dont l'utilisation d'une frise de blasons, elle se rattache plus au passé que des productions contemporaines, comme la carte d'Europe de Delisle qui date de 1724.

---

31 Sur cet aspect, Theodore M. Porter, *Trust in Numbers, The Pursuit of Objectivity in Science and Public Life*, Princeton, Princeton University Press, 1995.

32 *Mercure de France*, août 1730, p. 1830-1831.

On pourrait ici multiplier les exemples, insister sur le discours du beau, du varié, de l'agréable, voire de l'utile ou de la nouveauté. On pourrait tout autant insister sur les dédicaces, à tel ou tel grand du Royaume qui renvoie à une forme de légitimité issue de la société de cour. Ce à quoi on aboutirait *in fine*, c'est à un discours sur la carte autre que celui valorisé par les représentants d'une cartographie dite scientifique, mais qui s'expriment, comme les autres, dans le *Mercure*. On devrait, de même, étendre bien au-delà des années 1730 cette cartographie, dans laquelle les critères géométriques, astronomiques et d'érudition restent au second rang. On évoquerait alors les publications d'un faiseur de cartes comme Georges Louis Le Rouge (1707-1790) qui publie 60 annonces dans le *Mercure* entre 1741 et 1764, soit plus à lui seul que Bourguignon d'Anville, Bellin, Buache et Cassini réunis ; ce n'est que son orientation vers les plans de jardins[33] qui le fait ensuite quitter le devant de la scène cartographique du *Mercure*.

Au total donc, le *Mercure* en tant que journal mondain contient un nombre croissant de textes relatifs à la cartographie. On l'a vu, les disputes savantes, si elles ne s'y cantonnent pas, y trouvent cependant leur place, permettant d'une part de voir l'ensemble de la presse d'Ancien Régime, si ce n'est comme un *continuum*, du moins comme un espace finalement assez homogène malgré les orientations attribuées aux différentes publications. Dès lors c'est la question du rôle de ces différentes revues qui se met en place, faisant de ce périodique mondain, non le lieu de la validation par les pairs, mais celui de la validation par le public savant et, au-delà, par les potentiels mécènes. La difficulté réside ici dans le fait que ce lieu de validation ne répond pas aux mêmes critères que celui, par exemple, du *Journal des Savants*. Dès lors, d'autres cartes peuvent également y trouver une publicité et donnent un aperçu de la concurrence entre cartes géométriques et érudites, d'une part, et cartes commerciales d'autre part. Il n'en reste pas moins que l'analyse du *Mercure* permet d'observer la diffusion du discours sur la carte au 18e siècle.

---

[33] Véronique Royet (éd.), *Inventaire du fonds français, graveurs du XVIIIe siècle*. 15 : Georges Louis Le Rouge, *Jardin anglo-chinois*, Paris, BnF, 2004.

Journals and the sciences in the provinces of the Kingdom of Naples, 1780s–1790s

Maria Conforti
Unità di Storia della Medicina e Bioetica, Sapienza Università di Roma

Learned and scientific journals underwent many changes between the end of the 18th and the beginning of the 19th centuries. Specialized journals multiplied. Popularization for the lay, not necessarily for the scientifically minded or educated, public became one of the aims of a meaningful part of periodicals. The notion of 'periodical' itself changed, and began including dictionaries and encyclopaedias, as well as other documents published in periodical instalments and by means of subscription.[1] The exchanges between these different media, including their ancestor, the printed book, became the norm, and may leave the historian rather dumbfounded, when she tries to reconstruct the devious paths along which news, information and texts moved. Authorship was still in many ways a weak notion, and tracing the true author of an opinion, of a notion, or even of a written text may become extremely difficult today, as it was at the time.[2]

Moreover, when discussing specific areas or specific cases of the interaction between journals—or periodicals—and the sciences, chronology and geography must be taken into account, often at a very small scale. The importance of journals at a 'local' level, that is, in specific geographic areas and for specific audiences/communities, is a widespread phenomenon all over Europe, and beyond. In fact, this conclusion is one of the results

---

1 See *e.g.* the introductory remarks to the *Giornale de' letterati di Pisa*, 1, 1771, p. VII: "Non si può negare che questo non sia il secolo de' giornali, delle novelle letterarie, de' dizionarj e di simili opere".

2 Mario Biagioli & Peter Galison (ed.), *Scientific Authorship. Credit and Intellectual Property in Science*, New York and London, Routledge, 2003, especially the chapters in part I, *Emergence of Authorship*.

of a collection of studies on learned journals and their meaning and uses for scientific research.[3] While not wholly unexpected, this phenomenon is nonetheless striking in its dimensions. Journals enable a close and in many ways different—that is, from current historiographical models or reconstructions—appraisal of how, and which, scientific and technical knowledge circulated and was appropriated in specific European areas and during specific chronologies, loosely belonging to the Early Modern period and the Enlightenment. Thence their crucial role in helping trace a more detailed map of the circulation of scientific knowledge and its uses.

Some of these areas and/or communities—such as Sweden, Bohemia, Portugal or Russia, 17th century German mathematicians, 18th century lay public in Lausanne, to mention a few examples—have not been deemed central to the history of sciences, nor of the printing press. Nevertheless, in working at our volume we have come to believe that examining the way those 'remote' (or at least largely unknown) areas and savant groups and communities developed their own patterns of scientific communication within a larger European space may help better define a larger and more nuanced image of what we call, with an anachronism, early modern to modern scientific knowledge. Local journals, and journalists, were busy using, transforming and even refusing celebrated models, such as the *Journal des Savants*, the *Philosophical Transactions*, the *Acta eruditorum*.

In what follows, I will examine learned journals in a specific European local context, the Kingdom of Naples, and in a rather brief chronology—just a decade at the end of the 18th century, the 1780s and early 1790s. The political and social context in the Kingdom at the time was charged with tensions, both political as social and cultural. Moreover, journals in Naples show a very different pattern of development than might be expected if one looks at the European situation in general. They were born later, also bearing witness to the backwardness of the Kingdom and of the efficacy of its censorship. What I will argue, however, is yet another aspect: journals reflected the ambivalent relationship between the capital of the Kingdom, Naples—a city that despite all its shortcomings had been in the past, and in many ways still was, one of the important cultural

---

3 Jeanne Peiffer, Maria Conforti, Patrizia Delpiano, *Learned Journals as Agents of Communication and of the Construction of Knowledge (17th-18th centuries)*, special issue of *Archives internationales d'histoire des sciences*, n° 63, fasc. 170–171, 2013.

centres in the Italian peninsula—and the provinces of the Kingdom. The latter were diverse in their social and economic standing, but mostly drained of 'brains' and intelligences by the powerful attraction of Naples University and cultural institutions and life.[4] I will use scientific cases and journal articles from the 1780s and the early 1790s in order to show how the provinces became important in the last decades of the 18th century, both as *loci* of scientific observation and experiences as in their quality of recipients of foreign news.

Naples, Tahiti and the provinces

Between the end of the 18th and the first decades of the 19th century a number of learned journals, most of them not specialized, was published in Naples. While being a centre for learning and also, to a certain extent, for scientific knowledge and practice, Naples had had no learned journals until quite late in the 18th century. This represents a remarkable difference with almost any medium-sized to large town or city in Italy at the time.[5] Throughout the century, journals had been published in Lucca and Palermo, in Parma and Genova, in Turin and Catania, to mention just a few centres seemingly less central to the history of Italian culture than Florence, Venice or Rome. In the decades preceding the 1780s, the city of Naples had been one of the Italian centres for Enlightenment, also becoming independent after centuries of Spanish (and briefly Austrian) rule.[6] The journals I am taking into account are in fact among the first to be

---

4 The provinces included Abruzzo Ultra, Abruzzo Citra, Terra di Lavoro, Capitanata, Principato Ultra, Terra di Bari, Terra d'Otranto, Principato Citra, Basilicata, Calabria Citra, Calabria Ultra. For a reliable map of the Kingdom see the *Atlante geografico del Regno di Napoli delineato per ordine di Ferdinando IV re delle Due Sicilie & C. & C. da Gio. Antonio Rizzi-Zannoni geografo di Sua Maestà e terminato nel 1808*, Napoli, s.n.t., 1788–1812, available online: http://www.bibliotecauniversitarianapoli.beniculturali.it/index.php?it/342/atlante-geografico-del-regno-di-napoli (accessed September 3, 2018). Rizzi Zannoni's achievement is itself a further proof of the new interest in the provinces.

5 On Italian journals at the end of the 18th century see Renato Pasta, "Introduzione," in *Giornali del Settecento fra Granducato e Legazioni*, Roma, Ed. di Storia e Letteratura, 2008; a list of periodicals in Jean Boutier, Brigitte Marin, Antonella Romano (ed.), *Naples, Rome, Florence : une histoire comparée des milieux intellectuels italiens (XVIIe-XVIIIe siècle)*, Roma, École française de Rome, 2005, p. 709.

6 On Naples in the Late Enlightenment, Girolamo Imbruglia (ed.), *Naples in the Eighteenth Century. The Birth and Death of a Nation State*, Cambridge University

published in the Kingdom. Founded in the 1780s, a crucial decade for the Kingdom as for the whole of Europe, they were followed by others in the 1790s. However, their publication came to an abrupt end in 1799, the year of a revolutionary self-styled 'Jacobin' upheaval in Naples. The Revolution caused the provisional end of monarchic rule by the Bourbons in Southern Italy (the King and court fled to Sicily), and the proclamation of a short-lived Republic. In many ways, the journals of the 1780s and 1790s mirror the political and social disquiet of late Enlightenment in the Kingdom, the engagement of intellectuals with the 'public good' and the reaction it elicited from the government.

The belated publication of learned journals in Naples is a paradox, and it calls for an explanation. For centuries, in fact, the city had had a thriving printing industry. And the local intelligentsia had even enjoyed a comparative freedom—helped by geography and by a vocation for smuggling—in book trade and collecting, while also being traditionally allergic to too strict a control by ecclesiastic or political censorship. The Spanish, and after them the Bourbons, had had their troubles in controlling the output of the printing press in the city. However, an effective system of censorship was in place by the 18th century; and it was backed by a system of printing licences that did not encourage the entrepreneurship in this field.[7] In my opinion, and in the perspective of scientific communication, another explanation of the belated beginning of periodical publishing in Naples may be added to those already brilliantly presented by historians as Franco Venturi, Anna Maria Rao, Giuseppe Ricuperati.[8] I will briefly quote from the *Prefazione*, the introductory remarks to one of the journals I am referring to, dating from the 1790s:

> Naples does not have a journal. We do not want to say that it deserves one, nor that it needs one. The Provinces of the Kingdom do indeed need one: since they are composed by very small towns, the curious and the learned there are extremely isolated. They can only communicate with the rest—not of Europe, nor of Italy, but of the Kingdom itself—by means of a Journal. Our

Press, 2007; see also John Robertson, *The Case for the Enlightenment. Scotland and Naples 1680–1760*, Cambridge University Press, 2005.

7 For an overview: Anna Maria Rao (ed.), *Editoria e Cultura a Napoli nel* XVIII *secolo*, Napoli, Liguori, 1998.

8 See in particular Anna Maria Rao, "Dotti gazzettieri e 'fogliettanti': il giornalismo letterario e scientifico a Napoli alla fine del Settecento," in Gianni Oliva (ed.), *Giornali e riviste in abruzzo nell'Ottocento*, Roma, Bulzoni, 1999, p. 25–46.

Journal will thus be the means to transmit to our people what is foreign; our news to our people, and to the foreigners.[9]

There are at least three crucial geographical and cultural elements here: Naples, the capital of the Kingdom; the Provinces; and the foreign European world (a fourth and interesting is Italy itself, now emerging as a space not exactly new, but rich in new possibilities). As the journalists underline, the city of Naples and its intellectuals are less in need of a learned journal than the learned or *curiosi* living in the small provincial towns, where they are extremely isolated (*isolatissimi*). They need them in order to communicate—arguably, not only in order to receive news, but also to spread them.[10] Naples does not need a journal; provinces and provincials do. As Annamaria Rao has underlined, the journals in the 1790s contained many information from the provinces.[11] This process, it may be argued, had already begun in the 1780s.

One of the reasons why Naples did not have, or indeed need, a journal was that members of the scientific or learned élite in the city were used to read and publish in journals in Italy or abroad, as well as to turn to them for information. In fact, they looked at the larger European and Italian space as at their own, contemplating with some snobbishness the cultural backwardness of the Kingdom at large, and priding in their own cosmopolitanism. The members of the élite thus had a rather ambivalent perception of their own relationship with the 'foreign' world, that is, with Italy (a political entity that did not yet exist, but a strongly defined cultural space) and with foreign countries. Naples could be described as Europe's extreme border, an *ultima Thyle* of learning and science.[12] At the

9 "Napoli non ha un Giornale. Noi non vogliamo dire né che lo meriti, né che ne abbia bisogno. Ne han bisogno certamente le Province, nelle quali siccome non si trovano se non picciole città, i dotti e gli amatori che vi sono isolatissimi, non possono comunicare col rimanente non diremo dell'Europa, non dell'Italia, ma del Regno istesso, se non per mezzo di un Giornale. Sia dunque il nostro Giornale destinato a servir di mezzo da trasmettere lo straniero ai nostri, il nostro ai nostri stessi, ed agli stranieri," *Analisi ragionata de' libri nuovi*, Tomo I, Ottobre 1791, Napoli, Presso Angelo Coda, *Prefazione*, p. 7.

10 I'm using here the word 'news' to cover both original essays and articles as other materials, such as reviews or others (*notizie scientifiche, libri nuovi, notizie accademiche*).

11 Anna Maria Rao, "Dotti gazzettieri e 'fogliettanti': il giornalismo letterario e scientifico a Napoli alla fine del Settecento," in Gianni Oliva (ed.), *Giornali e riviste in abruzzo nell'Ottocento*, Roma, Bulzoni, 1999, p. 33–35.

12 Nicola Cirillo, "In ea enim vivimus Mundi regione, in qua ea bonarum Artium egestate, ut nec Artificem habeamus, a quo vel simplicissimae Machinae constructionem

same time, it prided in its learned tradition and refused to see itself as a mere outpost of the European learned world, being a capital and the centre of a large, if backward, Kingdom – the latter being, in the opinion of many intellectuals, the true periphery. To put it simply, the enlightened élite had long been almost aggressively cosmopolitan, and had not much turned its gaze to the Kingdom and to its multifarious problems.

However, this almost complete lack of interest in what happened in the provinces was ending with the 18th century. As one of the protagonist of this revival of interest in the forgotten provinces of the Kingdom, the learned voyager, economist and historian Giuseppe Maria Galanti (1743–1806) polemically wrote in the 1780s, "the state of the island of Tahiti is better known in Naples than the condition of our own provinces."[13] This was no easy joke, nor was ignorance limited to geography. Michele Torcia (1736–1808), a Calabrian, in 1784 expressed the following opinion on his fellow-citizens: "two races have descended from the men who were formerly the most ingenious in Italy: one of villains, the other of idiots; both afflict, more than inhabit, this beautiful region."[14] In fact, the provinces were often deemed as foreign to the centre as the most remote countries; and one often gets the impression that they were more or less internal colonies. However, they were still perceived as useful, from the point of view of agriculture, mineralogy, and economy in general. When the renewal of these activities, promoted by the élite both in Naples as in the rest of the Kingdom, finally reached them, provincial journals—both in the sense of journals containing a wealth of reports from the provinces, as in the sense of journals published in the provinces—flourished.

---

sperare possimus: ut sane nostra haec Italiae extremitas, Eruditi Orbis ultima Thule vere dicenda videatur," *Journal of the Weather* (Napoli, 1725), Royal Society Archives, London, Cl. P. V 27.

13 "In Napoli si conosce forse più lo stato dell'isola di Otaiti che quello delle nostre provincie," Giuseppe Maria Galanti, *Della descrizione geografica e politica delle Sicilie,* t. I, Napoli, presso i soci del Gabinetto Letterario, 1793 [1777–1778], p. xiv.

14 "Des hommes autrefois les plus ingénieux de l'Italie il en est issu maintenant deux races, une de scélérats, l'autre d'hébétés qui désolent plutôt qu'elles ne peuplent cette belle région," Michele Torcia, *État de la navigation nationale sur toute la côte orientale du Royaume de Naples, présenté à l'Académie des Sciences et Belles Lettres*, s.n.t. [1784], p. 4–5.

Earthquakes, caves and anatomies: sciences in the provinces of the Kingdom in the 1780s

The development of a renewed interest in the provinces, as the awareness of the economic and scientific opportunities they could offer, was reflected in some of the journals published in the 1780s. Two of them, the *Scelta miscellanea* (1783–5), edited by Giovanni De Silva, and the *Giornale Enciclopedico di Napoli* (1785–6), edited by Giuseppe Vairo Rosa, were connected to the group of intellectuals, noblemen and professionals who gathered in the late Enlightenment *salon* of the two di Gennaro brothers, Antonio, duca di Belforte, and Domenico, duca di Cantalupo. Besides its reformist, if pro-Bourbon, stance, this was also a well-known centre of freemasonry.[15] Both journals were issued monthly and belonged to the genre of 'encyclopaedic', or generalist, journals. Specialized scientific and technical periodicals were still lacking in Naples.[16]

The editor, or 'journalist', of the *Scelta miscellanea*, Giovanni De Silva, dei marchesi della Banditella, was born in Tuscany, in Livorno.[17] Today the *Scelta Miscellanea* is mainly remembered because it published a first version of the *Saggi politici* by the Enlightenment savant, and a close friend of the di Gennaro brothers, Francesco Mario Pagano (1748–1799), a provincial himself, as many ambitious intellectuals were—he was born in the small village of Brienza, in the province of Basilicata[18]. The *Scelta Miscellanea* also contained a timely celebration, in the form of

---

15 Luca De Samuele Cagnazzi, *La mia vita, Memorie inedited*, ed. by Alessandro Cutolo, Milano, Hoepli, 1944, p. 8; see also Franco Venturi, "Tre note sui rapporti tra Diderot e l'Italia," in John Nicholas Pappas, *Essays on Diderot and the Enlightenment in Honour of Otis Fellows*, Genève, Droz, 1974, p. 348–362.

16 Maria Conforti, "Medicine and life sciences in learned journals in Naples between the end of the *Ancien Régime* and the French decade," in Jeanne Peiffer, Maria Conforti, Patrizia Delpiano, *Learned Journals as Agents of Communication and of the Construction of Knowledge (17th-18th centuries)*, special issue of *Archives internationales d'histoire des sciences*, n° 63, fasc. 170–171, 2013, p. 455–474.

17 Nino Cortese, *Eruditi e giornali letterari nella Napoli del Settecento*, Napoli, Ricciardi, 1921, p. 97–103; Maria Cristina Cafisse, *Il giornalismo letterario del '700 nel Regno di Napoli: la 'Scelta Miscellanea' di Giovanni De Silva*, *Esperienze letterarie*, V, 1980, p. 45–75; Elvira Chiosi, "La 'Scelta miscellanea' (1783–1784)," in Antonio Garzya (ed.), *Le riviste a Napoli dal XVIII secolo al primo Novecento*, *Quaderni dell'Accademia Pontaniana*, 53, 2008, p. 47–62.

18 Dario Ippolito, *Mario Pagano. Il pensiero giuspolitico di un illuminista*, Torino, Giappichelli Editore, 2008.

a translation, of the revolutionary Constitution of the United States, as well as some small works, hitherto unpublished, by Gian Battista Vico. A number of articles were devoted to scientific questions, especially to medicine, but their percentage is overall strikingly smaller than in other contemporary journals, and literature and history are prevailing among the topics deemed interesting for the readers. All in all, despite its interest as one of the first learned journals published in Naples, the *Scelta Miscellanea* does not show a marked interest in the city itself, let alone in the wider provincial space of the Kingdom. Paris and France, despite the rather anti-French bent of the di Gennaro, who advocated a monarchic and local form of reformism, still loom large in the landscape of foreign localities whence interesting learned news (*novelle letterarie oltramontane*) could be gathered.[19]

Beginning with the years of publication of the *Scelta*, however, something quite new happened: the provinces of the Kingdom came to the fore as it had never happened before, also thanks to the reactions to a devastating natural phenomenon. In 1783–4 a series of violent earthquakes almost completely destroyed a great part of the provinces of Calabria.[20] Sadly, as it often is the case with natural catastrophes, this was also an extraordinary opportunity for scientific observation.[21] The Calabrian earthquake triggered a new interest in geological phenomena in the Kingdom outside the areas immediately near the city, those of the Vesuvius and the Phlegraean Fields, whose phenomena and peculiarities had been for centuries the focus of inquiries by natural philosophers, physicians and obviously antiquarians.[22] There were reasons for this interest in Calabria other than scientific curiosity. The Kingdom badly needed natural resources; its territory was extremely troublesome (generally neglected, rich in marshes, poor in roads, with a difficult, if

---

19 Maria Conforti, Patrizia Delpiano, "Circulation des livres et des nouvelles en Italie à la fin du xviiie siècle", in Pierre-Yves Beaurepère, *La communication en Europe. De l'âge classique au siècle des Lumières*, Paris, Belin, 2014, p. 113–122.

20 Augusto Placanica, *Il filosofo e la catastrofe. Un terremoto del Settecento*, Einaudi, Torino, 1985.

21 A. Borrelli, "Il terremoto in Calabria del 1783 e la Reale Accademia delle scienze e belle lettere di Napoli," in Maria Rosaria Ghiara (ed.), *La meraviglia e la passione. Un secolo di scienze della natura nel Mezzogiorno*, Roma, CNR Edizioni, 2015, p. 35–41.

22 Luca Ciancio, *Le colonne del Tempo. Il 'Tempio di Serapide' a Pozzuoli nella storia della geologia, dell'archeologia e dell'arte (1750–1900)*, Firenze, Edifir, 2009.

non-existent, control of waters[23]), but this region at least promised to be rich in iron and other minerals, whose exploitation, already lasting centuries, the monarchy wanted to improve.

In the same years, a major mineralogical surprise, also raising strong expectations, came from an altogether different province of the Kingdom, the Puglie. In 1783, a large niter cave was discovered in the Pulo (a *dolina*, a large cavity in a karst stretch of territory) near the town of Molfetta, in the province of Terra di Bari. Its existence was signalled to the Court by the natural historian and mineralogist, the Paduan Alberto Fortis (1741–1803). For some years he had been in contact with scientists and savants in the Kingdom, and was visiting Puglia after a scientific tour in Dalmatia.[24] niter (saltpetre, potassium nitrate) was employed in a number of industries, but it was crucial for the production of gunpowder. The monarchy and the scientific community in Naples encouraged the efforts of Fortis and of his friend Giuseppe Melchiorre Vairo, arguably the best chemist in the Kingdom at the time, to begin a modern and efficient exploitation of the Pulo.[25] However, while the Calabrian iron industry flourished—even if on a comparatively small scale—with the establishment of a *ferriera* (iron foundry) at Mongiana, the exploitation of the Pulo never materialized; by the beginning of the 1790s the project was seen as a downright failure.[26] In the same years, the government had shown its awareness of the importance of mineralogy by promoting the training of a group of young mineralogists, sending them abroad (in Austria, Germany, and as far as Scotland) in an ominous year, 1789.[27]

The short-lived *Giornale Enciclopedico di Napoli* (1785–6) came from the same group that had given life to the *Scelta Miscellanea*. Its editor, or 'journalist', the lawyer Giuseppe Vairo Rosa (1741–1795) was a true provincial himself: he was born in Piaggine, in the remote, mountainous and

---

23 Costanza D'Elia, *Bonifiche e stato nel Mezzogiorno (1815–1860)*, Napoli, Edizioni Scientifiche Italiane, 1994.

24 Maria Toscano, *Alberto Fortis nel Regno di Napoli : naturalismo e antiquaria 1783–1791*, Cacucci, Bari, 2004.

25 Corinna Guerra, *Lavoisier e Parthenope. Contributo ad una storia della chimica del Regno di Napoli*, Napoli, Società napoletana di Storia Patria, 2017.

26 Maria Conforti, "Immagini della Calabria scientifica nei periodici napoletani tra Sette e Ottocento," in Germana Ernst & Rosa M. Calcaterra (ed.), *'Virtù ascosa e negletta'. La Calabria nella modernità*, Milano, Angeli, p. 199–214.

27 Fabio D'Angelo, *Dal Regno di Napoli alla Francia. Viaggi ed esilio tra Sette e Ottocento*, Napoli, Dante e Descartes, 2018.

rather wild area of Cilento, and had subsequently moved to Salerno, the capital of the province of Principato Citra.[28] The comparison between the *Scelta* and the *Giornale* is striking. The *Giornale Enciclopedico di Napoli*, in fact, reflected a new interest in, and expectations of novelties from, the provinces of the Kingdom, as well as a new awareness of the importance of scientific disciplines such as mineralogy and chemistry. It is thus not surprising that the Calabrian earthquake of 1783, as well as the scientific and economic value of the Pulo, occupy centre stage in the *Giornale*.

In its very first issue, published in January 1785, the *Giornale Enciclopedico* contained a report on the earthquakes, coming from Calabria.[29] The heading under which the article was published was *Scienze*, the sciences, a section of the journal mainly containing medical articles. Medicine was in fact traditionally interested in the environment, and this may explain the focus on the geological catastrophe, traditionally linked with exhalations and the healthiness of airs. It is striking that most reports on medical cases published in this issue were communicated by physicians or possibly surgeons active in different provincial locations. They are sent from in Troja (Capitanata)[30] and Sora and Arpino (Terra di Lavoro).[31] In the section the journal devoted to history, an article from Bonito (Principato Ultra) described an ancient inscription found in this locality, while meteorological observations, a staple of the learned journals and again a topic of medical interest, came from Bari (Terra di Bari), one of the major cities in the Kingdom. Medics—both surgeons and physicians, not to mention pharmacists—often were the best, and only, professionals that were living and working in outside of the main centres, with the notable exception of learned members of the clergy. The scientific education received by medics made them ideal observers of natural and geological phenomena, connected or not to medicine; but they proved invaluable also as antiquarians and as promoters of agricultural technical innovations.

In the same first issue, the physician and chemist Giuseppe Vairo, not to be confused with the editor of the journal, published a report on scientific phenomena he had observed while travelling, by order of the King,

28 Lorenzo Giustiniani, *Memorie istoriche degli scrittori legali del Regno di Napoli*, t. III, Napoli, Stamperia Simoniana, 1788, p. 223–224.

29 *Giornale Enciclopedico di Napoli*, Napoli, Perger, I, 1785, gennaio, p. 20.

30 *Ibid.*, p. 37.

31 *Ibid.*, p. 44.

in order to examine the Pulo cave.[32] En route, he had taken the time to visit the salterns in Barletta, where, in the company of a local physician, Costantino Procacci, he had experimented a new technique for the production of salt. Back in Naples, he had repeated his experiments, in order to verify the results, he had obtained: laboratories and other facilities were arguably lacking in Barletta. The minerals from Pulo were examined again in the second issue of the *Giornale*, in February 1785, this time in an article by the pharmacist and chemist Antonio Pitaro. Reports on the Calabrian earthquakes are still there, as also happens in the third issue.

The interest in the two episodes shown by the journalists, as well as their hopes in the enhancement of curiosity and scientific life they were likely to bring in the most remote regions of the Kingdom, is by no means superficial or ephemeral, nor limited to chemistry and mineralogy or to the first issues of the *Giornale Enciclopedico*. Reports of medical cases, mainly concerning pathological anatomy and medical topography—the description of diseases and health in a given locality—increasingly came from areas that were slowly emerging from neglect. In the following months the journal published reports from the hospital in Sansevero (Capitanata); medical observations from Montauro (Calabria Ultra) and from Sarno (Principato Citra) and again from Sora (Terra di Lavoro) and from Troja (Capitanata). The same happened for other sciences and arts: in Molfetta (Terra di Bari), for instance, a bizarre meteorological phenomenon, a flame in the sky, surprised and scared the people, while the anonymous author attributed it to an electric fluid.[33] Accounts on agriculture dealt with the fertile plain of Nocera and with Abruzzi, as well as with olive and opium cultivation in the Puglie, with the industry of liquorice in Corigliano (Calabria Citra) and with experiments in sugar production in Piaggine (Principato Citra). Antiquarian observations came from Calvi (Terra di Lavoro). The geography of this small sample, less than one year for a journal whose life did not reach its second, is in itself meaningful: news was mainly from the Puglie, arguably the richest region in the Kingdom, and from Calabria, whose emergence was a novelty in the landscape of learned and scientifically minded Neapolitans, but whose iron industry nevertheless dated to the Greek period. A sizeable number of articles also came from those provinces that were nearest

32 *Ibid.*, p. 83. It is remarkable that Vairo's report is not in the section on the sciences, but in the historical part of the journal.

33 *Giornale Enciclopedico di Napoli*, I, Napoli, Perger, 1785, marzo, p. 77.

to the capital, Terra di Lavoro and Principato Citra. The two provinces that receive no attention or provide no news for the *Giornale* are Molise and Basilicata (with the possible exception of a short mention of a book published in the latter, in Brienza or Picerno: the print itself being not a small feat in this remote mountainous region). In 1785, however, the flow of news from provincial correspondents decreased and finally stopped; news and articles were increasingly translated from foreign publications, possibly a sign of the difficulties of the periodical, whose publication ended in 1786.

The two journals published in Naples in the 1780s, the *Scelta miscellanea* and the *Giornale Enciclopedico di Napoli*, thus show a decided rise in the interest from news coming from within the Kingdom, with the second openly offering an arena to provincial men of learning and science, or to intellectuals and technicians based in Naples but travelling to the provinces. Accordingly, news from abroad were deemed interesting, but not as much as local information. This may well have been a conscious choice on the part of the group of reformers gathering in the di Gennaro salon, who shared an interest in the provinces, whence they often came, and strong hopes in a new and enlightened government on the part of the Bourbon monarchy. These hopes would be tragically crushed in the next few years, and a new and more radical attitude is visible in the following years. As underlined by Maria Toscano, the *Giornale Enciclopedico* considered the Pulo in Molfetta as a promising scientific and economic enterprise.[34] On the contrary, one of the most interesting journals published in Naples in the following decade, the *Commercio scientifico d'Europa col Regno delle due Sicilie,* published in 1792–1793 by Vincenzo Comi in Teramo (in the province of Molise) gave voice to the strong feelings of disappointment its failure had provoked.[35]

---

34 Maria Toscano, *Alberto Fortis nel Regno di Napoli: naturalismo e antiquaria 1783–1791*, Cacucci, Bari, 2004, p. 153–154.

35 Mario Cimini, "Il giornalismo illuministico-romantico in Abruzzo," in Gianni Oliva, *Giornali e riviste in Abruzzo nell'Ottocento*, Roma, Bulzoni, 1999, p. 17–43 and 19–27.

Conclusions: enlarging the space of learned communication

In the 1790s the 'promotion' and self-promotion of the Provinces and of provincials becomes even more evident, even if more and more news is reported from European and Italian 'nations'. This is apparent in journals such as the *Analisi Ragionata de' Libri nuovi* (1791–93) edited by Giovan Leonardo Marugi (1753–1836), which was continued by the reactionary *Effemeridi enciclopediche* (1794–6) and by the progressive *Giornale letterario di Napoli* (1793–1799), edited by Luigi Targioni (1751–?). The *Analisi* does not show a real interest in the sciences; only approximately 30 % of the articles deal with scientific and technical news; the others concern history, politics, and philology. One gets the impression that in this case 'foreign' science has a slightly redundant or decorative function—in fact, what seems really important is the way the journal publishes and promotes scientific information from the provinces and from Naples itself. This process is much more evident in the *Giornale Letterario di Napoli,* arguably the most scientifically minded and rich periodical of its time in the Kingdom. It was published by an intriguing figure, the Tuscan Luigi Targioni. In the *Giornale* geography becomes an important part of the very typographical setting of the page: locations gain great evidence, being the first part of the heading of each article. Here again there is a striking mixture of reports coming from Vienna or Zara and from S. Marco in Lamis; from Venice or London and from Altamura or Grottaminarda—small provincial centres, often isolated and unknown to many inhabitants of the Kingdom's capital.

Information, especially scientific or technical, was not circulating evenly or constantly; it was often more 'announced' than explained, and many articles, or translations or excerpts, were in fact simply presenting technical or erudite details of some kind—often also in relation with movements in the book trade and in networks of booksellers, or of the publishers of the period, whose activities were also expanding in the provinces and looking for fresh markets. As recent literature on the subject well shows, journals are not growing in isolation; they are the product of what could be anachronistically called information 'cloud'. The late 18th century 'cloud' was composed by journals, but also by encyclopaedias, dictionaries, academic acts, booklets, pamphlets, translations and so on and so forth. When defining geography or contents of the circulation of scientific information in this period the 'cloud' and the way the press is used at a local level becomes crucial; it may also become a nightmare for the historian trying to reconstruct the circulation of texts and to find out who is the author of what. In fact, the hypothesis on the role of provinces and provincial intellectuals and scientists in the birth and development not only of journals, but also of a current of 'fresh air' in the sciences in the Kingdom of Naples should be tested by examining means of communication other than journals themselves, which offer a limited, if extremely rich, wealth of names and texts.

In fact, what was actually circulating was what was deemed useful for the common good, meant in a rather matter-of-fact, plain way. By far the two best represented disciplines in the journals of the 1780s and 1790s in the Kingdom of Naples are medicine and agriculture, later on botanic, in this order, and this arguably points to the fact that, as already mentioned, medics were likely to be the public, as well as the authors, of the articles and reports. Chemistry and mineralogy also were strongly represented, and this again points to the diffusion of educated technicians, such as experts in pharmacology, that were also likely to be interested in observing and describing terrestrial natural phenomena.

Learned journals (and the scientific information they contained) in the Kingdom of Naples in the late 18th century certainly reflected the changing attitude towards the provinces. However, the circulation of scientific information itself helped create a new awareness of the existence, importance, and 'exploitability', in economic terms, of the larger space outside the limited borders of the Kingdom's capital. In fact, information on foreign science were largely meant for provincial learned readers, who might have needed them, as well as for people living in the capital, who preferred to consider themselves as already informed. In the course of time, communicating and receiving scientific news also acquired a strong political meaning, as in Vincenzo Comi's short-lived provincial journal. The journals, in fact, show that there was a conscious, at times even brave, effort to 'advertise' provincial science in the capital and beyond, that is, in the larger, and usually more developed, Italian space. The peninsula had not yet reached political unity, nor were projects in this sense yet in place, but Italy was perceived as one from the point of view of language and culture, and mapping Italian natural phenomena and intellectual life became a political act many decades before the actual beginning of the Risorgimento.

Communication and civilization between Republic and Empire

Intellectual and political questions about scientific communications, 1795–1808

Jean-Luc Chappey
University of Paris 1 Panthéon-Sorbonne, IHMC

Since a few years, the topic of "scientist communication" is the key element of my research on learned societies or scientific newspapers during French Revolution. A precise reading of the official reports of the Société d'histoire naturelle de Paris between 1790 and 1798, shows the relation which exists between the choice of specific modes of communication and the nature of the accomplished scientific work: the work of collection and nomenclature conducted by the members during the first years, privileges the correspondence and the publication of a newspaper; since 1792, the more utilitarian orientation of their works (to agronomic activities, for example) justifies the choice of other means of communication, like public lessons.[1] Thus, the scientific communication could never be regarded as a secondary or an additional activity. On the contrary, the communication is completely related to the forms and the methods of the scientific production. I don't want to do an inventory of the forms or tools of scientific communication during French Revolution, but I try to understand how the question of "communication" has emerged as a central object of political and intellectual debates, especially during the period of 1795–1808.[2] If it's known for a long time that the French

---

1 Jean-Luc Chappey, *Des naturalistes en Révolution. Les procès-verbaux de la Société d'histoire naturelle de Paris (1790–1798)*, Paris, Éditions du CTHS, 2010, 345 p.

2 Jean-Luc Chappey, "Entre communication et civilisation Les langues et les dynamiques politiques entre République et Empire (1795–1808)," Colloque *Le XIXe siècle et ses langues*, Société des études romantiques et des dix-neuviémistes, http://etudes-romantiques.ish-lyon.cnrs.fr/wa_files/Langues-Chappey.pdf.

Revolution can be regarded as one moment of revolution of the communication (political societies, newspapers, spokesmen…), I would like to try to release the intellectual stakes of this question. I will draw on researches conducted in continuation of my study on the Society of Observers of Man and the institutional and social dynamics across the scientific world between the Directorial and the Empire. In a word, I would like to reverse the traditional prospect showing how the question of communication could determine a particular type of sciences organization. This presentation is organized in three times: first, I will recall how the organization of sciences in 1795 is founded on a "imperative of communication"; then, I will evoke the anthropological project of the Observers of Man and will end up presenting the role played by a periodical, the *Archives littéraires de l'Europe*, in the debates on the concept of civilization and the conditions of its progress under the Imperial regime.

The Republic and the imperative of communication

Immediately after the fall of Robespierre, the members of the National Convention inherit a particularly delicate issue: how to explain the Terror and prevent it from returning? If political repression conducted against supporters of the Constitution of Year I after the popular days of the spring of 1795, allows Thermidorians to consolidate their power, their political legitimacy is largely built from an anthropological and scientific explanation: The Terror and its violence are indeed presented as a product of individual isolation and collective selfishness. Insulation is thus presented like a disease or a plague, which can lead to the worst atrocities.[3] One can say that the topic of the communication, related to that of civilization, is crucial for the republican project on the following days of Terror. To save the Revolution and the Republic, it is then necessary to communicate!

[3] Michel Biard (ed.), *Les politiques de la Terreur 1793–1794*, Rennes, PUR, 2008; Guillaume Mazeau, "La Terreur, laboratoire de la modernité," in Jean-Luc Chappey *et alii*, *Pour quoi faire la Révolution*, Marseille, Agone, 2012, p. 83–114 ; Jean-Luc Chappey [en collaboration avec Pierre Serna], "L'invention du barbare sauvage et du sauvage barbare : un coup d'État sémantique contre la Révolution," " Barbarie et sauvagerie," *Dix-Huitième Siècle*, n° 52, 2020, p. 199–219.

Explaining the Terror

Terror is thus presented as the product of passions, which "insulates" the people and leads them to clash. Violence or political insanities are still explained by the isolation. The fortuitous use by the deputies of the metaphors of electricity, fluid or Enlightenment is well justified: The National Convention must now work to restore communications and bonds of reciprocity between members of the Republic to prevent a return to the Terror and Barbarism. This imperious requirement justifies the attention given to the questions of language (general grammar, universal language…) during the Directory. In this perspective, the organization of science(s) established by the revolutionary government (between 1793 and 1794) is the target of many criticisms… often by the ones who put it in place. Criticisms relate to the individualism, which would have led to the specialization or erudition and to the enclosure of sciences in black boxes. Journalists or lampooners don't hesitate to compare the official scientists with new mysterious priests. The time has come to open up encyclopaedic knowledge as the editors of the *Décade philosophique* or the *Magasin encyclopédique* do claim it.[4]

It's therefore understandable that the political authorities have favoured the reconstruction of a scholarly community, embodied by the National Institute founded on October 1795. With the periods of Thermidor and the Directory, there was a reaction against this personalization of science by a desire to recreate a community of writers, artists and scientists. The revival of the ideal of "Republic of Sciences or Letters" illustrates clearly this phenomenon. This creation isn't a simple return to the academic institutions of the *Ancien Régime* but an answer to the fear of new possibilities of degradation of civilization.

L'Encyclopédie vivante [The Living Encyclopaedia], Cabanis

In the National Institute, a new model of citizenship was developed: a model that was important to construct in harmony with all its members

---

4 Vincent Bourdeau, Jean-Luc Chappey, Julien Vincent (ed.), *Les encyclopédismes en France à l'ère des révolutions (1789–1850)*, Besançon, Presses universitaires de Franche Comté, 2020 ; Patrice Bret, Jean-Luc Chappey, "Les enjeux de l'encyclopédisme dans la presse savante entre les xviiie et xixe siècles," *La Révolution française*, n° 2, 2012, https://doi.org/10.4000/lrf.481.

as opposed to factionalized and fractionalized individualism or selfishness that had, in members' view of the new republican elites, characterized the Terror. Besides, the Directorial years from 1795 to 1799, saw the development of a multitude of learned societies modelled on the rules and regulations of the National Institute, all expected to be active collaborators in the great work of social regeneration and civic reconstruction. Collective work must be favoured and the members of the Institute must become models for rebuilding the "great family", a metaphor used by the republicans.

In spite of the claims of liberty that characterized this period, the Directory aspired to control the different societies as the best way of promoting and ultimately managing intellectual life, which if allowed too much liberty of expression would paradoxically undermine liberty. The political authorities' do all that they can to reappear and promote the various forms of the scientific paper (newspapers, public lessons and learned societies…). In an atmosphere of mutual cooperation and exchange, the members of the Institute participated in the advancement of knowledge centred on the development of a « science of man » as a collective project aiming at the regeneration of society as a whole.

It was during this period that a group of associated thinkers collectively known as the Ideologues, proposed a general scientific project to unite the entire intellectual community behind a common republican goal, a project that would mobilize and categorize knowledge to consolidate the ideal of a Republican State. Forming what Cabanis called the "living encyclopaedia", all scientists, writers or artists must participate in the construction of the "general science of man".[5] Using the pensions or the gratifications, public authorities impose this collective intellectual programme that is linked to the ideal of social perfectibility and political regeneration. Founded on the interaction of Science and Politic, this ideal has been considered as dangerous by contemporaries themselves: many of them criticized the « empire of science » and the pretension of scientists to heal political and social diseases. Nevertheless, those who refused to collaborate to this project were considered as enemies of the Republic.

---

5 Jean-Luc Chappey, "Les Idéologues et l'Empire. Étude des transformations entre savoirs et pouvoir (1799–1815)," in Antonino De Francesco (ed.), *Da Brumaio ai Gento Giorni. Cultura di governo e dissenso politico nell'Europa di Bonaparte*, Milano, Ed. A. Guerini, 2007, p. 211–228.

Communication and republicanism

Scientists are thus mobilized to "reconstitute" the relationships within a society whose coherence has been destroyed by the Terror. Treating or caring the social and political body, is above all restoring broken links between members of society. One must restore all forms of communication in order to re-establish the political coherence and social harmony. Philippe Pinel and his "moral treatment" of insanity are erected as symbols of this mission assigned to all scientists by the Republican regime. They are mobilized to work on the inclusion of all citizens in the nation.

This ideal is still used to justify military conquests both during the expedition in Egypt and the formation of the sister republics in Holland or Italy: war and republican conquests are then presented as tools to facilitate communications between peoples and thus to promote the progress of civilization. Forfeitures of naturalistic and artistic collections, which were sent to the Natural History Museum or the Louvre's Museum, must serve as well as instruments of communication between the peoples of Europe and France and thus enable social and political progress.[6]

The « science of man », then, embraced a political no less than a scientific agenda. Its fundamental ideology is the Enlightenment notion of the perfectibility of mankind or the regeneration of man and society. By studying such objects as domestic hygiene, madness, universal language, anatomy or pedagogy, it was hoped that a greater knowledge of the private lives and habits of men and women could be improved to make them less susceptible to the excesses of violence. The Science of man was supposed to prevent the return of barbarians and vandals. To control the passions was an animated preoccupation of the writers and politicians of Thermidorian and Directorial periods. Science was to be put at the service of government whose ultimate aim was to civilize and socialize man for the betterment of society—again the notion of regeneration at the same time social and political. The perfecting of man was in this theory the indispensable prerequisite of the improvement of society; it was a way, perhaps the most lasting way, of ending the Revolution.

---

6 Virginie Martin, "Du modèle à la pratique ou des pratiques aux modèles : la diplomatie républicaine du Directoire," in Pierre Serna (dir.), *Républiques sœurs*, Rennes, PUR, 2009, p. 87–102; Bernard Gainot, "La Décade et la « colonisation nouvelle", *Annales historiques de la Révolution française*, 339, 2005, p. 99–116.

This intellectual project is shared by the members of the Society of Observers of man despite the fact that they often distanced themselves from Ideologues.

La Société des observateurs de l'homme/The Society of Observers of Man (1799–1804): anthropology as a science of communication?

This learned society was the first scientific institution devoted exclusively to the study of Man. The most enduring contribution of this society was to establish and institutionalize the science of anthropology as a discipline in France. To a very large extent, this anthropological project can be considered as a science communication at work. One knows their role in the theoretical preparation of the captain Baudin's expedition to Australian lands. One knows less than all their work rest on the project to reinforce the possibilities of communication between individuals and societies of the world.[7]

The philosophic traveller

In his *Considérations sur l'observation des peuples sauvages*, Joseph-Marie Degérando introduces sailors like true missionaries. According to Degérando the philosophical traveller, the one who goes to meet the savages should behave as a "brother" and a "friend" who must live among the wild populations and communicate with them. The travellers must thus learn the language from the foreign populations and, if needed, used the language of the deaf and dumb to be able to come into contact with them. Whether to review them, he must above all get these people out of their isolation and make them enjoy the "benefits" of civilization, thanks in part to the expansion of trade relations.

This conception deals with a more general theory founded on the concept of civilization. The voyage considered as a mean of communication is presented like a travel in time. The more one moves away from

---

7 Jean-Luc Chappey, *La Société des Observateurs de l'homme (1799–1804). Des anthropologues sous Bonaparte*, Paris, Société des études robespierristes, 2002 ; Id., *Entre sauvagerie et civilisation. Une histoire politique de l'enfant sauvage de l'Aveyron*, Paris, Fayard, 2017.

France, the more one progresses in the childhood of civilization. Wild populations must climb the stages of civilization while opening oneself to more civilized companies. The possibilities of communication are thus necessary to the progress of civilization. Civilization returns to a process, which connects wild nations and civilized nations in a common history. This theory is also applied to the savages of the interior.

Observers in front of infirmes de la communication

By 1800 and the discovery of the wild child of Aveyron, a dual approach guides Observers: a cognitive approach and a civilizing process which can't be separated. Thus, knowing the man in all its dimensions and its varieties is a way to rescue, care for or educate individuals and societies. From the consideration of what constitutes the social and political mission assigned to the members of the Society of Observers, we can better understand their interest in the "wild" or the "infirms of communication" (an expression borrowed from Gladys Swain[8]), generic terms that include children, but also deaf and dumb, insane and savage people: in all cases, knowledge of rights is a way to get these "miserable" state of isolation where they find themselves in through education, care or trade. One could say that Observer's anthropology finds its coherence in a philanthropic perspective.

The Observers' attitudes were also in line with the Universalist and optimistic Enlightenment discourse, and they were firmly opposed to the doctrine of polygenism. Indeed, anthropology, like the civilizing mission, was the result of equilibrium between practical and theoretical aspects. The 'moral' treatment of Pinel, or the abbé Sicards' language of the deaf and dumb, was predicated upon a general project of universal inclusion, and therefore regeneration. Mention should be made not only of Victor of Aveyron or the young Chinese Tchong-A-Sam and the savage populations—all of these were isolated and unfortunate. After Terror, and more generally after the Revolution, the role of anthropology must precisely be to allow the emergence of a harmonious and plain society, *i.e.* a society in which insulation (desired or undergone) would be impossible. Between the traveller who needs to learn the language of the Indians, the teacher who learns to talk to the child, the psychiatrist who

---

8 Gladys Swain, *Dialogue avec l'insensé*, Paris, Gallimard, 1993.

tries to rebuild a dialogue with the mad and the teacher of the deaf-mute, the same approach is followed. It is always to provide access to civilization considered as a space of exchange and reciprocity. Therefore, we understand the special role assigned to communication and language issues in the work of observers. The interest in sign language or the project of writing a dictionary of all known languages always refers to the desire of strengthening ties between individuals and peoples and to construct a space of universal brotherhood.

The practical anthropology of Observers

One can understand what Observers grant to the means of communication: they played an important part in the creation of newspapers supporting the circulation of ideas between France and Europe; they wanted to transform the room of the Society into a space of knowledge popularization. In this perspective, it's possible to understand the properly anthropological nature of the walks in the countryside organized in the summer 1801 in the woods surrounding Paris by Louis-François Jauffret. These walks which often gather nearly 60 people and who acquires an official character marked by the presence of representative of the State like the prefect, can be regarded as true propaedeutics of the social relations: occasion to popularize science, it especially acts to build, through walks, songs, banquets, a community pacified founded on the principles of friendships and filial devotion. We can see the specific communication function it allows: an alternative scientific communication by the means of a diverting and sensual pedagogy.[9] There still, the image of the "joined together family" is used as a metaphor of a social and political order for the construction of which the Observers and their anthropological project are mobilized.

The Observers of man and the Ideologues were altogether different from their social composition to their scientific project. Yet, both groups have shared the same idea that they named "anthropology" and "general science of man": they wanted to regenerate men and society and defended the idea of progress. This programme is based on the need for supporting the intellectual communications between the individuals and the societies. Under the Directory and the Consulate, they all work to

9 Jean-Luc Chappey, "La science de l'homme du Consulat à l'épreuve de la sociabilité," *Hypothèse 1997*, Publications de la Sorbonne, 1998, p. 157–164.

place scientists in the central position of the political and social order. The Society of Observers achieved great success from 1801 to 1802, but totally disappeared after 1803, only to be resuscitated in spirit if not in form during the 19th century middle decades. Another institution, like a periodical named *Archives littéraires de l'Europe*, seems to fit into the continuity of such projects.

The *Archives littéraires de l'Europe* (1804–1808)

Established in 1804, the *Archives* occupied an important place in the world of Parisian press until 1808. This newspaper must not only be considered as a simple medium. It has established itself as a veritable laboratory for Communication. The presentation of its editors and its editorial project still allows greater emphasis on the role played by the communications issue.[10]

A European salon

It's around the need for reinforcing and opening new lines of communication between the various parts of Europe that the writers of the *Archives* gather between 1804 and 1808. Following other periodicals like the Millin's *Magasin encyclopedic* or the Ideologue's *Décade philosophique*, this project, largely anchored in the heritage of the cosmopolitanism of the 18th century Republic of the Letters, proposes a truly original political and intellectual project. The list of the collaborators can make think of a true European salon bringing together members of the European administrative and cultural elite.

One of the supervisors of the periodical is no other than Joseph-Marie de Degérando who, after his activities undertaken within the Society of Man Observers, was elected member of the national Institute. In December 1804, a few months after the launching of the newspaper, Degérando becomes secretary general of the Minister of Interior Department Champagny. He is then placed in a key position in the direction and logics of protection of the administrative and intellectual world. The presence of the lawyer and former deputy on the Council of the Five

---

[10] Jean-Luc Chappey, "Les Archives littéraires de l'Europe (1804–1808)," *La Révolution française*, n° 4, 2011, https://journals.openedition.org/lrf/284.

Hundreds, Joseph de Bernardi, head of division to the Ministry of Justice or that of Jean-François Bourgoing, great figure of the French diplomacy, marks the quasi-official character of this company. By their sides, members of the national Institute (Morellet, Quatremère de Quincy, Sainte-Croix), including two of the perpetual secretaries, Suard (second class) and Dacier (third class), the personalities to which the imperial regime grants its favours, such as Pierre-Samuel Dupont de Nemours, Claude-Emmanuel Pastoret or Pierre-Victor Malouet, do nothing but confirm the privileged relations between this leading company and the dynamic ones, of recombining the political world which characterize the imperial period. One can moreover note that this group joins together personalities with heterogeneous political sensitivities. If the counter-revolutionaries miss, one finds representatives of the political currents most various, from liberals joined around the group of Coppet (Charles Vanderbourg, Jacques-Henri Meister) to more preserving tendencies, embodied this "fusion" of the elites celebrated Napoléon Bonaparte.

This heterogeneity of the political networks is also found in the choice of the foreign collaborators, particularly active in the drafting of the periodical. The selection of these correspondents, chosen in and out of the Empire, often relies on the individual bonds woven by the various collaborators, the majority indeed having known a period of more or less long exile out of France. Remaining in Rome, Guillaume de Humboldt is thus solicited by Degérando so that he puts *Archives's* collaborators in liaison with Italian Booksellers likely to send them works: then, the company presents itself in the form of a space of meeting of the intellectual productions coming from the various parts of Europe. The ideal around whose *Archives's* redactors meet would be to incarnate what Degérando present as a "public opinion, which is opposed like a dam to the overflow of the corruption" [*opinion publique qui s'oppose comme une digue au débordement de la corruption*]. Besides the ideal of the sociability of the 18th century is the subject of several contributions devoted to the salons of ladies Deffand and Genlis. By its leading composition and the public of readers to which it is addressed, the *Archives* must symbolize this meeting of the European elites, made up on the cosmopolitan model of the Republic of the Letters on which, must be pressed this project of civilization.

The editorial aim

The leading project is presented by Joseph-Marie Degérando in the first volume of the *Archives* in a long text having for title *Des communications littéraires et philosophiques entre les nations d'Europe*, text written at the time when Degérando publishes his *Compared History of the philosophical systems* [*Histoire comparée des systèmes philosophiques*]. The main idea of this last essay is to think of the conditions allowing the progress of civilization within the French Empire. According to him, this progress cannot be possible on the one hand, without reinforcing the relations between the various parts of the Empire and, on the other hand, without leaving the Empire its insulation. It is thus necessary to allow the installation of relationships and the densest possible communications between the different nations and other empires from Europe. The construction of a European space by a dense communication network and exchanges must indeed allow the progress of the civilization which will still reinforce the superiority of the French Empire, this last point not being incompatible with the defence of the ideal of civilization. So progress within the Empire could not be thought without a general progress of European civilization. Actualizing the Scottish Enlightenment theories discovered during his travelling in Germany, Degérando denounces the effects of "the selfishness of the nations".

According to Degérando, it's necessary to struggle against confinement to oneself, individualism, and even more against national selfishness. It is consequently advisable to support the relations between the various nations and empires which make European space. As others political victims having lived one moment of exile out of France (let us think of Jean-Etienne Portalis), Degérando considers that this period of insulation was particularly harmful for the progress of civilization in France. During the Revolution, France would have to some extent "retrogressed", the England or German States playing, with the eyes of these authors, the role of deposits of civilization. Consequently, taking part in propaganda in favour of Napoleon Bonaparte, they present French Empire like one moment again favourable to the progress of French and European civilization. The idea of a superiority of France on the other European nations, could not thus justify the indifference, even the contempt, for the foreign people, or the feelings presented, by Degérando, like the products of ignorance.

Feeling interested in the others and communicating with the foreigners could not only lie on one simple "curiosity" or a taste for the picturesque one. The interest for the other and the capacity to enter in relation with the different societies are presented like the necessary conditions to progress. The idea that communications are necessary at all scales of human societies organization (of the relations within the families with the relations between the various empires), constitutes one of the major topics presented at the wire of the various contributions published in the *Archives.* Consequently, even the more civilized society may find it beneficial not to be insulated. Far from behaving like individuals "crossing the human society like foreign travellers at its institutions" [*traversant la société humaine comme des voyageurs étrangers à ses institutions*], it is thus advisable to multiply relations and exchanges. There is undoubtedly for the *Archives's* collaborators the will to standardize the relations between "revolutionized" France and the others European states, a standardization which will have then to allow progress of civilization. It is from this point of view that the newspaper must become a tool likely to give a meaning to this European project and to fight against "these national antipathies whose exaggeration makes scorn with people all that did not germinate on its own territory" [*ces antipathies nationales dont l'exagération fait dédaigner à un peuple tout ce qui n'a pas germé sur son propre territoire*].

Translating and writing the History of Europe

For its writers, the periodical must be considered like a space of meeting and provisioning of the European productions, intended not only for French, but also foreign readers. The "encyclopaedic" character of this periodical reflects the will to draw the most exhaustive possible picture intellectual and artistic productions of Europe. The first volume thus contains articles on Kant and Herder, information on archaeological discoveries in Turin, articles on accounts of voyages, advertisements concerning publications of new novels… A significant part of the contributions are translations criticized by Degérando for the very poor quality in France. The priority given to the translation justifies the presence and provided work, within the periodical, by specialists recognized for their competence in the field of sciences of the language, the history and the translations. One can particularly highlight the privileged place occupied by the members of the École nationale des Langues orientales (like Saint-Croix, Jean Geoffroy Schweighaeuser and Charles-Anasthase Walckenaer). These specialists work with Adrien Morellet, Charles Vanderbourg, Charles de Villers, Jean-François Bourgoing, Isabelle de Montolieu or René Tourlet who were already well known in the Parisian world of translators.[11]

If the principal characters of the intellectual mediation between France and Germany created under the Directory and the Consulate occupies a central place, one would be wrong to reduce this company to a simple Franco-German space of mediation. One finds indeed among the collaborators, some specialists in the English language, and among the correspondents (the majority being present in Paris), several Italian, Portuguese, Dutch and Greek personalities, the ambition of the promoters of this periodical being to offer a largest table of the European intellectual productions and to allow the broadest diffusion of the periodical. Admittedly, one should not neglect the fact that this promotion of the translation and the need for exceeding the France's borders, unquestionably returns to commercial stakes: indeed, it's a question of conquering a public of European subscribers in a context where the market of the Parisian book undergoes a major economic and financial crisis. Translating some books, presenting works of foreign academies, informing the readers of the recent productions, draw on the will to make the exchanges and the trade between the various parts of the Empire and Europe possible. A survey carried out starting from the reading of the heading "literary gazette" (advertisements of publications, reports of the meetings of the learned societies) makes it possible to draw the lines of this geography of Europe made by the redactors of the *Archives*. One sees thus as the translator is set up out of material collector having to be joined together in the columns of the *Archives*, a true museum of paper.

Through this collection of literary, philosophical, artistic productions of the various nations of Europe by the means of translations, the collaborators of the *Archives* indeed confer a broader ambition with the project, seeking to join together in the columns of the newspaper the contributions having allow to draw a picture general of progress of the knowledge considered on a European scale. By the sides of the collaborators of the *Archives*, members of the national Institute, who are engaged in the work of writing of the famous reports on the advances in knowledge, arts and letter in France presented at the Emperor in 1808, the part played by the foreign collaborators is crucial here because each

11 *Ibid.*

one of them is, in echo with the image of a traveller naturalist, charged to bring back the materials to know which will be thus joined together in the columns of the periodical. The writing of History must indeed make it possible to understand the reasons of progress, but also the possibilities of degradation and the process of civilization. It is thus through the implementation of this writing of a European history, made possible, within the *Archives*, by the juxtaposition of contributions devoted to the intellectual productions of each nation, that is thought the possibility of starting again progress of the European civilization.

Deviating from the national prospects, History is thus presented like the means of understanding and interpreting European political and intellectual phenomena. The aim of the writers of the *Archives* appears particularly ambitious: it's indeed a question of making emerge the executives of comprehension and interpretation of the transformations of the human societies considered on a European scale. Europe is not defined any more like a simple natural environment (relief, climate…) but like a political, and cultural entity made up of several nations and empires which, if they must be distinguished, do not share one common history. Making the history of progress of the European civilization is trying to account for the factors and the common conditions which acted on manners of the various societies. The theories of the Scottish's thinkers take part directly in the writing of this philosophical history of manners and the human societies who's the writers of the *Archives* claim themselves to be part of. According to them, it's now necessary to build a European history of the national cultural productions in order to make them possibly progress. This will, to allow the emergence the writing of History on a transnational and European scale, must be used for the political reconciliation and religious pacification.

It's through this important work of writing the European history, that the *Archives* seems a true deposit or museum for the "treasures" of all Europe. The title of the periodical must be heard with a clear meaning: newspaper could be considered as real Louvre of paper ("*Louvre de papier*"). It's still noted that it's not incompatible for the redactors of *Archives* to promote Paris with the statues of a true intellectual and political capital of Europe while defending the idea of progress of European civilization. If this meeting can be viewed as an enterprise of propaganda, it also comes to the will to defend the idea according to which progress of the Empire cannot be done without the relations woven with the other people located inside and outside the Empire. However, this idea seems gradually to be erased involving the disappearance of the *Archives* in March 1808.

This *Archives'* disappearance is difficult to interpret. If one could see a relation between the disappearance of the *Archives* and this, former (1807), of the famous *Décade philosophique*, it's perhaps through the obliteration of this ideal of scientific communication that it would be advisable to seek it. Undoubtedly the military context, and more surely, the ratio of force within the imperial elites are transformed, making gradually increasingly contestable the idea of "communication" and civilization. The object of confrontations within the imperial elites is summed up by this question: communicating with or dominating defeated people? Against the idea of a process of civilization in which all the nations take part, other logics, more coercive, are put at work largely justifying the "authoritative turn" of the Empire. After a phase of expansion, the imperial regime enters in 1808, in a phase of stabilization of the borders and fold particularly marked by the continental blockade and the various treaties passed between the France and others "satellite" states.

Within a part of the elite and official speech, the matter is less to communicate and to think the progress of a European civilization conceived like a dynamic space, than to maintain political, military and cultural hegemony of France in Europe. In the world of sciences, the processes of specialization and institutional polarization upset in-depth the circuits and the methods of the scientific communications set up under the directorial Republic, thus burying the political and social ideal of which scientists might have been the symbols. From geographers to anatomists or statisticians, the civilizing project gradually seems to leave the place for a will of naturalization the national, sexual or racial identities, which ruin the project of transforming human societies resulting from the French revolution, and legitimate the new dominations.

Two early modern examples of 'popular science'

The role of scientific societies for Georg Philipp Harsdörffer and Charles Sorel

Daniel Syrovy
University of Vienna

Preliminaries

It should be clear that the notion of 'popular science' is necessarily approximate. The more so, if it is used for phenomena which arose in the intellectual climates of the French *Ancien Régime* and in what wasn't yet Germany, from the 1630s through the 1660s. But it is as good a term as any to describe the aim of two writers who—somewhat in contrast to their contemporaries—had similar goals regarding the education of a broader public, and who intended to offer help in the shape of encyclopaedic works they themselves wrote or compiled.

What my paper will explore, however, is not so much the similarity of these volumes, as the dissimilarity of two career trajectories. Georg Philipp Harsdörffer (1607–1658) is known even today for his concept of learning (and teaching) known as the *Nürnberger Trichter* (Nuremberg funnel), but he was very famous in his day as a theoretician of language, a bucolic poet, and overall polymath. Charles Sorel (1602–1674) on the other hand wrote treatises, works of history, and, most famously, several anonymously published novels, at least one of which (*L'histoire comique de Francion*) is still easily available today. Yet, he was all but forgotten during the 18th and 19th centuries.[1] In 1735, the Abbé Niceron in his *Histoire*

---

[1] A bibliography, the *Kritisches Verzeichnis der Werke Sorels*, was published by Thiessen as part of her study on Sorel (Sigrun Thiessen, *Charles Sorel. Rekonstruktion einer antiklassizistischen Literaturtheorie und Studien zum "Anti-Roman"; mit einem*

des hommes illustres dans la République des Lettres treated him quite mercilessly and recalled above all caricatures by Furetière and Molière. Sorel was rediscovered toward the end of the 19th century, but despite a growing number of specialist publications, his status even as a novelist is still at the margins of 17th century French literature. As a theoretical writer, he is almost completely unknown except to scholars.[2]

While there is no precise accounting for the fate of a writer in posterity, the neglect in this case cannot be ascribed to a lack of quality as such. In fact, both Sorel's and Harsdörffer's respective works are fascinating, and one might say (with a nod to Thomas Kuhn) that their valuable new insight unfortunately did not come into contact with the scientific mainstream at the right moment (we will return to this issue). More importantly, however, learned societies at the time seem to have played a major role for the very different outcomes of theotherwise quite similar careers of Harsdörffer and Sorel.

The first of these societies is well known, and we can limit ourselves to a quick overview: In 1635, cardinal Richelieu founded, or rather, institutionalized the *Académie française.* Of course, its role for the literary history of France is central: The *Académie*—much like the *Accademia della Crusca* in Florence half a century earlier—was intended to regulate the French language and its literature. Its members considered themselves guardians of style, and they famously compiled a large dictionary, finally published in the 1690s. The actual purpose of their reforms, however, was as much political as it was literary, with its view toward the linguistic unification of France. In addition, the *Académie* paved the way for other

kritischen Verzeichnis von Sorels Schriften, München, Fink, 1977). It includes almost eighty titles. Among his numerous novels, the so-called *histoires comiques* are the most important. *Francion* was published in three editions in 1623, 1626, and 1633. *Le Berger extravagant* was published in 1627–28 and again as *L'Anti-roman* in 1633–34, *Polyandre* in 1648.

2 For Sorel's general fate: Pierre Lepape, *La disparition de Sorel,* Paris, Grasset, 2006. The most important publications to cover a variety of Sorel's writings are Fausta Garavini, *La Casa dei Giochi. Idee e forme nel seicento francese*, Torino, Einaudi, 1980; Gabrielle Verdier, *Charles Sorel,* Boston, Twayne, 1984; Mariassunta Picardi, *Le libertà del sapere. Filosofia e 'scienza universale' in Charles Sorel,* Napoli, Liguori 2007; Isabelle Moreau, *'Guérir du sot.' Les stratégies d'écriture des libertins à l'âge classique*, Paris, Honoré Champion, 2007; and several of the papers included in Emmanuel Bury & Éric Van der Schueren (ed.), *Charles Sorel polygraphe*, Québec, Presses de l'université Laval, 2006.

more properly scientific academies in France organized mainly during the 1660s by Jean-Baptiste Colbert.[3]

Less well known is the *Fruchtbringende Gesellschaft* (Fruit-Bearing Society) in the German countries, which was founded in 1617 by a group of people including Prince Ludwig I. of Anhalt-Köthen and remained active for at least a hundred years. Even at first glance, both quite obviously have in common their status as institutions sanctioned by the political elites of the time, on the one hand cardinal Richelieu and later Louis XIV, on the other the important Prince of Anhalt-Köthen. To their contemporaries, the importance of both was undoubtedly of the first order.

Charles Sorel's *Science universelle*

I have already indicated that after his death, Charles Sorel was mostly neglected, with the exception of his novelistic production. Nevertheless, modern scholars such as Fausta Garavini have for some time been pointing out that all of his writings—the novels and the theoretical work—are connected in some form: "*tout se tient* nell'opera [di] Sorel."[4] Not only are his treatises mostly meant for the education of the public, but the novels, too, are part of Sorel's quest to educate his audience, even if their fictional aspects in some ways contradict this purpose.[5] But in fact, Sorel was never content with his 'merely' novelistic work—"do they think that's all I've been doing?", we find him exclaiming at one point ("mais croient-ils que cela m'ait occupé tout entier?").[6] Looking at his written work, we

---

3 It should be pointed out that 'scientific' in this paper does not refer to our concept of the hard sciences, but indicates any systematic form of knowledge.

4 Fausta Garavini, *La Casa dei Giochi. Idee e forme nel seicento francese*, Torino, Einaudi, 1980, p. 96.

5 I have extensively treated this issue in Daniel Syrovy, *Tilting at Tradition. Problems of Genre in the Novels of Miguel de Cervantes and Charles Sorel*, Amsterdam, New York, Rodopi, 2013. Sorel's general tendency is apparent from the very subtitles of the novels, *e.g. Histoire comique de Francion. En laquelle sont descouvertes les plus subtiles finesses et trompeuses inventions* [...] *Non moins profitables pour s'en garder, que plaisantes à la lecture* ; *Le Berger extravagant, où parmy des Fantaisies amoureuses on void les impertinences des Romans & de la Poësie* [...].

6 Charles Sorel (as Iean de la Lande Poitevin), *L'anti-roman ou l'histoire du Berger Lysis, accompagnee de ses remarques*, Paris, chez Toussainct du Bray, 1633–34, vol. 2, p. 1123.

find that Sorel not only held a position as royal historiographer from the 1630s onward (following in the footsteps of his uncle[7]) and published a number of historiographical works, but he also laboured away on his project of an encyclopaedia—ultimately called the *Science universelle*—for more than thirty years. Despite the long publication time, the complete structure of the work was announced and described various times from very early on, and—as a humorous aside—the title of the work apparently even came to be used as a nickname for the writer himself.[8]

This massive treatise is practically unknown today, even though it was called "one of the most interesting fruits of the extraordinary encyclopaedic production of the 17th century" by none other than Cesare Vasoli.[9] In its 1668 edition, the *Science universelle* amounts to around 2,300 pages in quarto format, all words and no illustrations. There are no modern reprints of the various redactions, and even though digitization has recently become accessible, the encyclopaedia's textual history has not been studied in any depth.

We do know about its (intermittently) fascinating content, though. What strikes one most about Sorel's scientific work is the often surprising

7 Pierre Lepape, *La disparition de Sorel*, Paris, Grasset, 2006, p. 52 f, makes sense of the complicated background. For more information on Sorel as royal historiographer, cf. Orest Ranum, *Artisans of Glory. Writers and Historical Thought in Seventeenth-Century France*, Chapel Hill, Univ. of North Carolina Press, 1980, esp. p. 129–147.

8 This is reported by Isabelle Moreau, *'Guérir du sot.' Les stratégies d'écriture des libertins à l'âge classique*, Paris, Honoré Champion, 2007, p. 263 f. The publication history of the work is very complex, starting with *La Science des choses corporelles. Premiere partie de la Science humaine* [...] in 1634, which corresponds to the first volume of the later *Science universelle*. In 1636 followed *Des Talismans, ou Figures faites sous certaines constellations, pour faire aymer et respecter les hommes* [...] which would become part of *Science universelle*, vols. 2 and 3. *La Science des choses spirituelles* [= *SU*, vol. 2] followed in 1637. *La Science universelle de Sorel* was finally published in 3 vols. in 1641. Vol. 3 was called *De l'usage et de la perfection de toutes les choses du monde*. That same year, an excerpt of the first vol. of *SU* called *De la confusion et des erreurs des sciences*, was issued. As the fourth volume for the *Science universelle*, *La perfection de l'âme* appeared in 1644. This was followed by a four-volume *La Science universelle où la vraye philosophie* [...] in 1647, then by *De la perfection de l'Homme* in 1655 which in turn was included in vol. 3 of the last ed. of *SU*, the four-volume *La Science universelle* in 1668.

9 In his preface to Mariassunta Picardi, *Le libertà del sapere. Filosofia e 'scienza universale' in Charles Sorel*, Napoli, Liguori 2007, p. xii: "la *Science universelle*, che è certo uno dei frutti più interessanti della straordinaria produzione enciclopedica del XVII secolo."

manner of his reasoning. The few larger studies dedicated to his theoretical writing—Mariassunta Picardi's *Le libertà del sapere* among others—tend to emphasize the modernity of Sorel's philosophy. Despite his old-fashioned titles, he is not writing an encyclopaedia in the scholastic tradition. In fact, he is explicitly interested in new thinkers who challenge Aristotelian philosophy, and he seems to be quite familiar with both Francis Bacon and René Descartes. His own method certainly shows their influence, as he combines deductive reasoning and more hands-on research.[10] Sorel emphasizes both ideas and concrete objects as central concerns of science, and he makes the two the major branches of his encyclopaedia (the "science de l'être des choses" and the "science de l'usage des choses").[11] There are some passages where Sorel might cautiously be compared to Pierre Bayle, and perhaps even to the enlightenment philosophers. A surprisingly lucid historicising element informs his views of antiquity, for example, and he is adamant that the ancient poets had no scientific knowledge, which was why they had to recur to myth. But even though his results are sometimes new, he still tries to fit them into old schemes of explaining the world, which makes for a reading sometimes as frustrating as it is absorbing. Yet, this is not the only problem.

Linked to Sorel's encyclopaedic project are a number of volumes best described as bibliographical commentaries in which the writer sorts through a large amount of French-language books and recommends everything that is good, while condemning what is bad.[12] In one of them, Sorel sketches the purpose of his major enterprise:

> The natural Order of Sciences and Arts was attempted in *Sorel's Science universelle*; also to be found there is a refutation of some vulgar opinions and deceitful disciplines; this means that those Sciences that have clear rules, which are not contested, are treated very briefly, because the author did not want to write down what could be found anywhere.[13]

---

10 Mariassunta Picardi, *Le libertà del sapere. Filosofia e 'scienza universale' in Charles Sorel*, Napoli, Liguori 2007, p. 153 (for the 'new thinkers'), and p. 94–96 (for the method).

11 *Ibid.*, p. 99 f.

12 Those are *La bibliotheque françoise de M. C. Sorel, premier historiographe de France* (1664, [2]1667); *De la connoissance des bons livres, ou examen de plusieurs autheurs* (1671), and a *Supplément des Traitez de la Connoissance des bons Livres* (1673).

13 Charles Sorel, *La bibliothèque françoise* […], Paris, 1664, p. 34: "L'ordre naturel des Sciences & des Arts a esté tenté dans *la Science Vniuerselle de Sorel*; On y trouue aussi la refutation de plusieurs opinions vulgaires & de quelques Arts trompeurs; de sorte

Unfortunately, there are so many 'bad' ideas in the world that Sorel ends up mainly refuting errors. He dedicates most of his pages to negative criticism, a method made worse by the fact that he rarely names any names. It is hard to say how these formal choices fit in with his purpose of educating a broader public, a purpose that is otherwise apparent in many aspects of his work, including his writings on history.

Generally speaking, Sorel has no interest in legitimistic historiography. Instead, he emphasizes the value of archival work for writing history. But he also has judgment enough to know the good sources from the bad. He searches for truth which "he does not fear to oppose to the fables of the official historians,"[14] explicitly intending to write the "histoire de la nation" instead of that of the Kings. And this is hardly all there is: For instance, we find some striking passages in his *Anti-Roman* where novels are defended as the ultimate source of instruction for women, who are unable to attend schools like men.[15] That his writings were in fact directed at a larger public is visible from the fact that he used French instead of Latin (unlike, say, Giorgio Valla or Robert Fludd[16]), although we also know little about his facility in Latin. Yet, his decision to write mainly against error, and not for instruction, stood firmly in the way of a broad reception: One would have had to be familiar with a whole library of books in order to put his writings to use. This knowledge of good books was in part what he supplied with his bibliographic work, but to little effect. However, it must be said that only the much later *Encyclopédie* of D'Alembert and Diderot would finally invent a form that successfully solved the problem of this kind of public education.

---

que les Sciences qui ont des regles certaines, & qui sont sans contestation, y sont traittées fort briefuement, parce que l'Autheur n'a pas voulu écrire ce qui se trouuoit par tout".

14 Émile Roy, *La vie et les œuvres de Charles Sorel, sieur de Souvigny (1602–1674)*, Paris, Hachette, 1891, p. 333.

15 "Ie ne sçaurois souffrir que Clarimond blasme les Romans iusques à ce poinct, que si l'on le croyoit l'on les ietteroit tous au feu. Que sera ce si l'on en deffend la lecture à toute sorte de personnes ? Nous autres femmes qui n'allons point au college, & qui n'auons point de precepteurs comme les hommes pour nous apprendre les diuerses choses qui se passent au monde, c'est seulement dans les Romans que nous auons le moyen de nous rendre sçauantes" (Charles Sorel, *Anti-Roman*, vol. 2, p. 889).

16 Mariassunta Picardi, *Le libertà del sapere. Filosofia e 'scienza universale' in Charles Sorel*, Napoli, Liguori 2007, p. 154.

Harsdörffer and the *Fruchtbringende Gesellschaft*

At the age of thirty-five, Georg Philipp Harsdörffer had travelled through Europe, to France, the Netherlands, England and Italy,[17] where he met scholars and learned men. He commended himself to the *Fruchtbringende Gesellschaft* (*FG*) by dedicating to them (in 1641, at the height of the Thirty Years' War) the first volume of an eventual eight of his collection of parlour games in dialogue form, *Frauenzimmer Gesprächspiele*, a work intended, as its title suggests, mostly for women.[18]

In writing it, Harsdörffer excerpted many volumes by French, Italian, and Spanish writers. Some of his sources are named, many others are tacit. Two rather large bibliographies are included in his work, but their content is at times rather erratic. The real number of sources for Harsdörffer is supposedly much higher than the 430-odd titles he indicates. He treats everything from grammar to emblematics, from heraldry to astronomy, and does so in a peculiar manner: "Because of his universal knowledge, the character of Harsdörffer's work is encyclopaedic, cosmopolitan, didactic. As a mediator of world literature, his aim is to teach."[19] Like Sorel, Harsdörffer is not a traditional encyclopaedist. His goal is not complete but practical knowledge. He is familiar with Bacon, Descartes and other modern European thinkers, whose books he had access to at Nuremberg, a centre of trade and scholarship at the time. Unsurprisingly, the didactic yet playful *Gesprächspiele* were not Harsdörffers only learned work. His famous "Poetischer Trichter," the source for the concept of the Nuremberg funnel, was begun in the late 1640s. In the 1650s, he re-edited his teacher Daniel Schwendter's *Delitiae physico-mathematicae* (1636), supplementing it with two volumes of his own. But it was the

---

17 Renate Jürgensen, *Utile cum dulci. Die Blütezeit des Pegnesischen Blumenordens in Nürnberg 1644 bis 1744*, Wiesbaden, Harrassowitz, 1994, p. 14.

18 The full title is: *Frauenzimmer Gesprechspiele, so bey Ehr- und Tugendliebenden Gesellschaften, mit nutzlicher Ergetzlichkeit, beliebet und geübet werden mögen. Erster Theil. Aus Italiänischen, Frantzösischen und Spanischen Scribenten angewiesen, und jetzund ausführlicher auf sechs Personen gerichtet, und mit einer neuen Zugabe gemehret, durch einen Mitgenossen der Hochlöblichen Fruchtbringenden Gesellsc[h]aft.* The work was published at Nuremberg in the following sequence: vol. I: 1641, 1644; vol. II: 1642, 1657; vol. III: 1643; vol. IV-VIII: 1644–1649.

19 Richard Van Dülmen, "Sozietätsbildungen in Nürnberg im 17. Jahrhundert," in Richard Van Dülmen (ed.), *Gesellschaft und Herrschaft. Forschungen zu sozial- und landesgeschichtlichen Problemen, vornehmlich in Bayern. Eine Festgabe für Karl Bosl zum 60. Geburtstag*, München, Beck, 1969, p. 153–190, here p. 171 f.

Gesprächspiele that made Harsdörffer famous. As indicated above, he applied for membership to the *Fruchtbringende Gesellschaft* with the first volume in 1641. Georg Will's *Nürnbergisches Gelehrten-Lexicon* (1751–58) states that he was admitted only about a year later in 1642 as "the gamer", his pseudonym in the Order of the Palm, as the *FG* was alternatively called.

In the course of his travels, Harsdörffer had been to Siena, Venice and Naples, where he had visited several *Accademie*, specifically the Intronati, the Incogniti, and the Oziosi.[20] These Italian academies had inspired Ludwig von Anhalt-Köthen to create the *Fruchtbringende Gesellschaft* in the first place. Harsdörffer witnessed how they worked, and what such societies might accomplish for their members. Back in Germany, he attempted his luck and succeeded. This is of course no accident: the *Fruchtbringende Gesellschaft* was mainly interested in the advancement of the German language, so Harsdörffer made this one of the major themes of his parlour games.[21] He actively encouraged translations into German (a point also underscored by his bibliographies) and even the fact that he addressed the book to women readers was quite in line with the "ethical tendencies of the fruit-bearing society," as an early historian of the society put it.[22] Harsdörffer rose to fame, but at the same time he soon established a poetical society apart from the *FG*, the *Pegnesischer*

---

20 Italo Michele BATTAFARANO, "Vom Dolmetschen als Vermittlung und Auslegung. Der Nürnberger Georg Philipp Harsdörffer - ein Sohn Europas," in John R. PAAS (ed.), *Der Franken Rom. Nürnbergs Blütezeit in der zweiten Hälfte des 17. Jahrhunderts*, Wiesbaden, Harrassowitz, 1995, p. 196–212, here p. 201.

21 There is, however, a discussion among scholars whether the *FG* should be considered an *academy*. One scholar in particular explored this issue (Klaus CONERMANN, "War die Fruchtbringende Gesellschaft eine Akademie? Über das Verhältnis der Fruchtbringenden Gesellschaft zu den italienischen Akademien," in Martin BIRCHER & Ferdinand VAN INGEN (eds.), *Sprachgesellschaften. Sozietäten. Dichtergruppen. Arbeitsgespräch in der Herzog August Bibliothek Wolfenbüttel 28. bis 30. Juni 1977. Vorträge und Berichte*, Hamburg, Hauswedell, 1978, p. 103–130), concluding that while its program might be similar to the Italian models, there was a structural difference between the two forms of societies. A more recent critical view is Ingo BREUER, "Literarische Sozietäten," in Albert MEIER (ed.), *Die Literatur des 17. Jahrhunderts*, München; Wien, Hanser, 1999, p. 201–208. For the linguistic work in connection with the *FG*, *cf.* Markus HUNDT, *"Spracharbeit" im 17. Jahrhundert. Studien zu Georg Philipp Harsdörffer, Justus Georg Schottelius und Christian Gueintz*, Berlin; New York, De Gruyter, 2000.

22 Julius TITTMANN, *Die Nürnberger Dichterschule. Harsdörfer, Klaj, Birken*, Göttingen, Dieterich, 1847, p. 28.

Blumenorden (Flower Order of the Pegnitz), named for the river that flows through Nuremberg. It was founded together with Johann Klaj in 1644, a mere two years after Harsdörffer had first joined the *FG*.

It is not clear why the *Blumenorden* came into being, but in recent years, scholars have pointed out problems with the *Fruchtbringende Gesellschaft*. In fact—as one scholar says—there are "no achievements of the society other than the fact that it existed."[23] It was certainly a meeting ground for writers, but at the same time, many members were not actually men of letters, having never published a word nor achieved anything for the advancement of the language. The society was also associated with non-literary activities, appearing as a political institution with a partly military background. Membership in 1649 was as high as 527, but the members were dispersed over large areas of Germany, so anything resembling a full session was out of the question.[24] Yet, it was exactly the practice of sessions and collaboration that Harsdörffer had witnessed in Italy and tried to find also in Germany.[25]

It would be quite ungenerous to conclude that Harsdörffer merely profited from an already existing structure to advance his own causes, but on the other hand, he certainly used the *FG* and its widespread network of poets to his advantage.[26] As soon as he had become famous with the *Gesprächspiele*—a success certainly due to the influence of the *FG*—he founded a different kind of society with kindred spirits, poets working closely together, mostly in the pastoral mode, and who named themselves after characters in Sidney's *Arcadia*. Their activities in the

---

23 Klaus MANGER, "Teutschherziger Kulturpatriotismus in der Fruchtbringenden Gesellschaft," in Klaus MANGER (ed.), *Die Fruchtbringer, eine teutschherzige Gesellschaft*, Heidelberg, Winter, 2001, p. 79–104, here p. 82.

24 Georg SCHMIDT, "Die Anfänge der Fruchtbringenden Gesellschaft als politisch motivierte Sammlungsbewegung und höfische Akademie," in Klaus MANGER (ed.), *Die Fruchtbringer, eine teutschherzige Gesellschaft*, Heidelberg, Winter, 2001, p. 5–37, here p. 9, for the numbers. The observation on full sessions comes from Eberhard MANNACK, "Die Stellung der Pegnitzschäfer in der deutschen Barockliteratur," in John R. PAAS (ed.), *Der Franken Rom. Nürnbergs Blütezeit in der zweiten Hälfte des 17. Jahrhunderts*, Wiesbaden, Harrassowitz, 1995, p. 132–145, here p. 133.

25 A collection of letters (Gottlieb KRAUSE (ed.), *Der Fruchtbringenden Gesellschaft ältester Erzschrein* […], Leipzig, Dyk, 1855) includes several of Harsdörffer's suggesting to the *FG* that it establish official contact with Italian societies, an endeavor that was obviously unwanted, as we can see from the replies.

26 Unfortunately, there is still no large-scale study of the relationships between these writers, e.g. who wrote prefaces and commendatory poems for whom, etc.

"Dichterwäldchen" (poets' little forest), a stretch of wood alongside the Pegnitz, became famous in their own right. They collaborated on several books, and indeed worked to advance German as a literary language by publishing translations, poems, and other volumes. It is true that once again, Harsdörffer's interest in this sort of work was short-lived, but the *Blumenorden* itself remains active to the present day, having been revived by Sigmund von Birken after Harsdörffer's death in 1658.

Sorel and the *Académie*

Turning once again to Sorel after hearing Harsdörffer's success story with the *Fruchtbringende Gesellschaft* helps to put things into perspective. As indicated above, Sorel's emphasis of negative criticism over positive contributions to philosophy and science played a part in the cool reception his work met with. But it is quite striking that—even though he was official court historiographer—Sorel was not in any way affiliated with Richelieu's *Académie française* after 1635. In fact, there are quite a few details indicating Sorel's opposition to the *Académie*. The 1637 edition of the second volume of his *Science universelle* may have been dedicated to Richelieu, a sign of "drawing the attention of the cardinal to the new encyclopaedia of sciences and to obtain his approval."[27] But in the same year, Sorel also published a defence of Corneille's *Le Cid*, openly opposing the views of the *Académie*. In his *Bibliothèque française* of 1664, Sorel explained that Richelieu's criticism of *Le Cid* was not based on poetic criteria, but had a political background. Whether this pamphlet severed the remaining ties is unclear, but in fact, Sorel's troubles with Richelieu's position were established early on, and had much to do with Sorel's idea of objective historiography. Richelieu, of course, had different things in mind:

> Richelieu en personne prit la peine d'écrire à Sorel une lettre remplie de paternelle sollicitude dans laquelle il mettait en garde le neveu du premier historiographe de France contre les dangers de certains errements dans l'écriture de l'histoire. Le Cardinal [...] y exposait la manière dont il convenait d'écrire : 'L'histoire doit être une simple narration.' La leçon était faite et la messe dite.[28]

---

[27] Mariassunta Picardi, *Le libertà del sapere. Filosofia e 'scienza universale' in Charles Sorel*, Napoli, Liguori 2007, p. 74.

[28] Pierre Lepape, *La disparition de Sorel*, Paris, Grasset, 2006, p. 232.

On other occasions, too, Sorel's opposition to Richelieu's politics became apparent, nowhere more clearly than in a pamphlet published in 1654, *Discours sur l'Académie française*. This text is comparatively well known, because it was included in Livet's 1858 edition of Paul Pellisson's 1653 *Histoire de l'Académie française.* Sorel's criticism of the institution is threefold. Firstly, he considers the *Académie*'s linguistic program to be pedantic and precious. Secondly, he laments the fact that the *Académie* was merely a linguistic society, rather than an encyclopaedic society like its counterparts in Italy, and—this brings us to objection number three—even earlier academies in France, which the *Académie* moreover denied had even existed. Frances Yates called Sorel's criticism a "deliberate *exposé* of the deliberately ignored pre-history of the *Académie française.*"[29] She explains that there had been several French academies during the sixteenth century, as Sorel knew well, not only the *Pléiade*-group around Baïf, but also circles at the courts of Charles IX and Henri III. All of them were 'encyclopaedic societies,' like their model, the Italian Platonic Academy of the 15th century. In addition, a treatise by Flurance Rivault, published in 1612, had projected a scientific academy formally similar to what Richelieu instigated in 1635. Yet—as Yates puts it—"there is a curious silence concerning the earlier academies" which "enabled Richelieu's foundation to appear in the eyes of later generations as the first French Academy."[30]

Sorel in fact drew attention to these forerunners in his small book, but even his completely justified criticism of Richelieu and the *Académie* stood little chance against that institution. It would be simplistic to relate Sorel's later neglect only to his failure to adapt to the *Académie*, but he might have had more widespread acclaim had he been part of the *Académie*, since his achievements were, in themselves, remarkable.

Curiously, though, Sorel published one last edition of the *Science universelle*. The penultimate from 1647 had come out several years before Sorel's book on the *Académie*. Minister Colbert had in the meantime denied Sorel a pension as court historiographer, ostensibly for financial rather than personal reasons. But in 1668, two years after the foundation of the *Académie des Sciences*, "the 'débris' of a projected encyclopaedic

29 Frances A. Yates, *The French Academies of the Sixteenth Century*, London, Warburg Institute, 1947, p. 296.

30 *Ibid.*, p. 295.

academy,"[31] Sorel issued the *Science universelle* once more. It is probable that what Sorel had in mind was to remind the new learned society of his work. The *Académie des Sciences* in any case finally offered to France what Sorel had wished for in a serious official academy: a concern not only for language, but for all forms of knowledge. Sorel himself continued to publish throughout his remaining years, in particular the *Connoissance des bons livres*. Yet, although his books are important documents about the literary and scientific milieu of the time, they never reached a larger audience in France. It may be fitting, then, that the most striking echo of the *Science universelle*, a condensation of it, "a sort of abridgment, but also offering new material, especially concerning the various philosophical positions of his time,"[32] was to be found in German. Sorel's one-volume *De la perfection de l'homme* (1655) was translated into German in 1660 by Johann Wilhelm von Stubenberg, a member of the *Fruchtbringende Gesellschaft*, because, as the translator points out, "there are no, or but very few, books in our mother tongue," meaning of course German, "which treat of the sciences and arts described herein."[33]

---

31 *Ibid.*, p. 305.

32 Sigrun THIESSEN, *Charles Sorel. Rekonstruktion einer antiklassizistischen Literaturtheorie und Studien zum "Anti-Roman"; mit einem kritischen Verzeichnis von Sorels Schriften*, München, Fink, 1977, p. 359.

33 Charles SOREL, *Von menschlicher Vollkommenheit […] übersetzt durch ein Mitglied der hochlöblichen Fruchtbr. Gesellschaft Den Unglückseligen*, Nürnberg, Endter, 1660, p. a-vi^{v}: "Man findt keine oder wenig Bücher in unserer Muttersprache/ die von denen Wissenschaften oder Künsten/ so in diesen Werken beschrieben werden/ handleten."

1802, « l'invention des nuages » de part et d'autre de la Manche

Anouchka Vasak
Université de Poitiers

« Ce siècle avait deux ans ! Rome remplaçait Sparte,
Déjà Napoléon perçait sous Bonaparte,
Et du premier consul, déjà, par maint endroit,
Le front de l'empereur brisait le masque étroit. »
Victor Hugo, *Les Feuilles d'automne* (1831)

Victor Hugo est né en 1802. C'est l'année où Napoléon Bonaparte est proclamé Premier Consul à vie par le sénat. C'est aussi l'année de parution de *René* de Chateaubriand, dans le *Génie du christianisme* : début du romantisme français, sous la forme du « mal du siècle », quand en Grande-Bretagne Wordsworth (« I wandered lonely as a cloud »), Coleridge, Shelley n'en sont pas à leurs premières œuvres. Mais Shelley compose « The cloud » en 1819, après « l'invention des nuages »... *The invention of clouds* ; c'est le titre du livre que Richard Hamblyn écrivit sur Luke Howard[1]. Or, c'est en décembre 1802 que le Quaker Luke Howard, l'inventeur des nuages, prononce devant l'Askesian Society de Londres sa fameuse conférence « On the modifications of clouds ».

1802, c'est encore l'année où Jean-Baptiste Monet, chevalier de Lamarck, publie dans ses *Annuaires météorologiques* sa première classification de nuages : « Sur la forme des nuages ». Pourquoi la classification de Howard a-t-elle éclipsé celle de Lamarck ? C'est ce que nous allons

[1] Richard Hamblyn, *The Invention of Clouds, How an Amateur Meteorologist Forged the Language of the Skies*, Londres, Picador, 2001 ; Richard Hamblyn, *L'invention des nuages. Comment un météorologue amateur a découvert le langage du ciel*, traduit par Gérard Messadié, Paris, Jean-Claude Lattès, 2003.

essayer d'éclairer, par le contexte historique, politique, scientifique de cette année 1802, et ses entours.[2]

Mais avant de nous arrêter sur l'année 1802, regardons plus en arrière : comment voit-on les nuages avant Luke Howard ? Nous proposons donc d'abord une brève histoire de la classification des nuages.

Une brève histoire (de la classification) des nuages

Avant la classification : inventaires ou glossaires des « états du ciel »

Luke Howard a inventé les noms des nuages, ceux que nous utilisons encore aujourd'hui : cirrus, cumulus, stratus, nimbus. Il est « The Namer of Clouds », ainsi que le rappelle la *blue plaque* apposée sur sa maison de Tottenham, 7 Bruce Grove. Mais l'idée d'une typologie, voire d'un simple répertoire ou d'un glossaire, n'est pas nouvelle. Sans remonter à l'Antiquité, comme Richard Hamblyn, notre histoire part des premières années du 17e siècle, en Angleterre.

Même au pays de Shakespeare et des nuages, fixer dans la langue ces formes mobiles aux contours mal définis et changeants, les nommer, est une gageure : le nuage prête au fantasme, à la métaphore, au figuré plus qu'au propre.

Hamlet
Do you see yonder cloud that's almost in shape of a camel?
Lord Polonius
By th mass and 'tis, like a camel, indeed.
Hamlet
Methinks it is like a weasel.
Lord Polonius
It is backed like a weasel.
Hamlet
Or like a whale?

---

[2] Une première version de cet article a été publiée dans le dossier dirigé par Martine Tabeaud, « Le nuage », *Géographie et cultures*, no 85, 2013, p. 9-34, https://journals.openedition.org/gc/2713?lang=en

Lord Polonius*Very like a whale.*
(Shakespeare, *Hamlet*, III, 2)

Classer systématiquement ces « airy nothings », ainsi que les appelle encore Luke Howard[3], (*Seven lectures on meteorology*, 5th lecture) attendra le début du 19e siècle. Mais l'entreprise de classification des nuages peut être replacée dans celle, plus générale, de rationalisation du temps, telle qu'elle est mise en œuvre dès le début de la période « historical-intrumental » de la météorologie, à savoir le 17e siècle. Liée au perfectionnement des instruments, la constitution de réseaux d'observations météorologiques est fondée sur l'utilisation de formulaires plus ou moins standardisés qui parfois prennent en compte les aspects du ciel et des nuages.

En 1667, Robert Hooke, *first Curator of Experiments at the newly-founded Royal Society of London*, propose « A Method for Making a History of Weather[4] ». Son tableau mensuel récapitulatif « A Scheme at one View representing to the Eye the Observations of the Weather for a Month », exprime en chiffres la force du vent, la température, la pression barométrique et l'humidité ; et en mots simples, les « effets remarquables » (*Notable Effects*) et les aspects du ciel (*Faces or visible appearances of the Sky*)[5].

---

3 Luke Howard, *Seven Lectures on Meteorology*, Lecture fifth: *The Clouds*, Londres, Harvey and Dalton, 1843 [1837], p. 100.

4 Robert Hooke, « A Method for making a History of the Weather », dans Thomas Sprat, *The History of the Royal-Society of London. For the Improving of Natural Knowledge*, Londres, J. Martyn, 1667, p. 179.

5 *Ibid.*

A
SCHEME
At one View repreſenting to the Eye the Obſervations of the Weather for a Month.

Dayes of the Month and place of the Sun. Remarkable houſe.	Age and ſign of the Moon at Noon.	The Quarters of the Wind and its ſtrength.	The Degrees of Heat and Cold.	The Degrees of Dryneſs and Moyſture.	The Degrees of Preſſure.	The Faces or viſible apearances of the Sky.	The Notableſt Effects.	General Deductions to be made after the ſide is fitted with Obſervations: As,
14 ♊ 12.46 — 4 8 12 4 8 12	27 ♉ 9. 46. Perigeũ.	W. 2. 3 3½ W.SW. 1	9 ¼ 12 ½ 16 10 ⅛ 7 ½	2 5 2 8 2 9 2	29 1/10 29 ⅛ 29 ⅛	Clear blew, but yellowiſh in the N. E. Clowded toward the S. Checker'd blew.	A great dew. Thunder, far to the South. A very great Tide.	From the laſt quar: of the Moon to the change the weather was very temperate but cold for the ſeaſon; the Wind pretty conſtant between N. and W.
15 ♊ 13. 40 — 8 4 6 10	28 ♉ 24. 51.	N.W. 3 4 N. 2 1	9 8 ½ 7	2 8½ 2 9 2 10	29 ⅛ 29	A clear Sky all day, but a little checker'd at 4. P.M. at Sunſet red and hazy.	Not by much ſo big a Tide as yeſterday. Thunder in the North.	A little before the laſt great Wind, and till the Wind roſe at its higheſt, the Quickſilver continued deſcending till it came very low; after which it began to reaſcend.
16 ♊ 14. 37 — 10	N. Moon. at 7. 25' A.M. ♊ 10. 8.	S. 1	10	1 10	28 ½	Overcaſt and very lowring.	No dew upon the ground, but very much upon Marble ſtones,	
	&c.	&c.	&c.	&c.	&c.	&c.	&c.	&c

Par exemple, ce 14 février : « bleu clair, mais tirant sur le jaune au nord-est ; nuageux vers le sud ; bleu variable ». Le 15 février : « Ciel clair toute la journée, mais plus variable à 4 heures de l'après-midi ; rouge et brumeux au coucher du soleil ». Robert Hooke propose même un glossaire des états du ciel :

> Que clair désigne un ciel pur, sans nuages ni exhalaisons, mitigé, un ciel clair avec beaucoup de nuages ronds, comme on en voit ordinairement en été. Brumeux désignerait un ciel qui a l'air blanchâtre, en raison de l'épaisseur des hautes couches de l'air, causée par des exhalaisons qui ne sont pas

constituées en nuages. Epais désignerait un ciel blanchi par une grande quantité de vapeurs[6].

La mise au point de réseaux météorologiques avec formulaires adaptés émane en Europe de sociétés savantes comme en France la Société royale de Médecine fondée en 1778, ou bien d'individus éclairés, comme le père Cotte, ou Goethe dans le duché de Saxe-Weimar dans les années 1770[7] : les formulaires prévoient une entrée « état du ciel » à compléter comme d'autres critères jusqu'à trois fois par jour.

De ce point de vue, les *Éphémérides* de la Société météorologique palatine du prince-électeur du Palatinat, Karl Theodor, à Mannheim dans les années 1780, sont essentiels. La Société avait mis au point des formulaires uniformes et avait établi pour cela un système de symboles et d'abréviations auquel correspondaient des *coeli facies*, états du ciel. Rédigées en latin, langue de la communauté savante donc langue internationale, les *Éphémérides* de la Société météorologique palatine, à laquelle adhérait par exemple le père Cotte, ont été consultés par Luke Howard, mais seulement après qu'il eut publié *On the Modifications of Clouds*[8].

---

6 *Ibid.*, p. 177-178. Trad. française de Gérard Messadié dans Richard Hamblyn, *L'invention des nuages. Comment un météorologue amateur a découvert le langage du ciel*, traduit par Gérard Messadié, Paris, Jean-Claude Lattès, 2003.

7 D'après John Kington, *The Weather of the 1780s over Europe*, Cambridge, Cambridge University Press, 2009, p. 5.

8 D'après Richard Hamblyn, *L'invention des nuages. Comment un météorologue amateur a découvert le langage du ciel*, traduit par Gérard Messadié, Paris, Jean-Claude Lattès, 2003, p. 124-125.

Tabula barometrica I.

Menses.	Dies.	Altitudo maxima.	Ventus.	Coeli facies	Luna.	Dies.	Altitudo minima.	Ventus.	Coeli facies	Luna.	Differentia seu variatio.
Januar.	13 mane.	28. 4. 2	N N W	⊙	● ☾ 1 p.	28 mane.	27. 1. 4	S S W	= =	☾ 1 a. ☾ 2 p.	1. 2. 8
Februar.	27 meridie.	28. 3. 6	S S O	⊙	☾ ☾ 2 a. ☾ 2 a.	5 vesp.	27. 2. 9	W N W	= =	☾	1. 0. 7
Martius.	27 mane.	28. 1. 8	N N W	⊙	☾ 2 a. ☾ 1 a. ☾ 1 a.	23 meridie.	26. 7. 7	W N W	= =	☽ 1 p. ☾ 1 p.	1. 6. 1
Aprilis.	30 vesp.	27. 10. 3	O N O	✠	☾ 1 a.	2 mane.	26. 11. 8	S S O	<	☾ 2 a. ☾ 1 a.	0. 10. 5
Majus.	25 meridie.	28. 1. 1	W S W	=	☾ 1 a. ☾	5 meridie.	27. 1. 2	N N W	⊳	☾ 1 p.	0. 11. 9
Junius.	23 mane.	28. 2. 7	N N W	⊙	☾ 2 a. ☾ 1 p. ☾ 2 a.	10 vesp.	27. 7. 7	W	⊳	● 1 a. ☾ 2 p. ☾ 1 a.	0. 7. 0
Julius.	19 mane.	28. 1. 5	N	<	☽ 2 p. ☾ 1 a.	8 meridie.	27. 7. 7	S S W	⊳	● 2 a. ☾ 2 p. ☾ 1 a.	0. 5. 8
August.	26 meridie.	28. 0. 7	W N W	<	☾ 1 p.	8 vesp. 13 mane	27. 5. 0	W S W S W	= = = =	● 1 a. ☾ 1 p. ☾ 1 p.	0. 7. 7
Sept.	2 vesp.	28. 2. 3	N N W	⊳	☾ 1 p.	19 mane.	27. 5. 5	S O	= =	☾ 2 a. ☾ 2 a.	0. 8. 8
Octob.	17 vesp.	28. 1. 8	O S O	✠	☾ 1 a.	11 vesp.	27. 0. 0	W S W	= =	☽ 2 a. ☾ 1 p. ☾ 1 a.	1. 1. 8

Le rédacteur de la Société, Johann Hemmer, chapelain du prince palatin, avait mis au point également des abréviations et symboles pour décrire au mieux les nuages ; ces descriptions, qui peuvent être considérées comme une sorte de pré-classification – voir la colonne *coeli facies* de la *Tabula barometrica* ci-dessus[9] –, ont pour critères de distinction les couleurs (nuages blancs, gris, orange-jaune…), l'apparence (légers, épais, striés) ou la forme (en forme de rocs, discoïdes laiteux…)[10].

---

9 « Tabula barometrica », dans *Ephemerides Societatis Meteorologica Palatina, Observationes, Anni 1782*, Mannheim, C. Fr. Schwan, 1784.

10 D'après Richard Hamblyn, *L'invention des nuages. Comment un météorologue amateur a découvert le langage du ciel*, traduit par Gérard Messadié, Paris, Jean-Claude Lattès, 2003, p. 124 et Luke Howard, *On the Modifications of Clouds*, Londres, J. Taylor, 1803, p. 99 (édition originale en anglais).

Abréviation ou symbole	Spécification
a	Nuages blancs
cin	Nuages gris
n	Nuages sombres
l	Nuages orange-jaune
r	Nuages rouges
t	Nuages légers
sp	Nuages épais
fasc	Nuages striés
rup	Nuages en forme de rocs
lact	Nuages discoïdes laiteux
ɯɯ ɯɯ	Accumulation de nuages

La Révolution française interrompt les travaux de ces sociétés : la Société royale de médecine est supprimée en 1793. La Société météorologique palatine décline après la mort de Hemmer en 1790, puis l'occupation de Mannheim par l'armée française conduit à la fermeture de la Société[11]. Après la Révolution, la « nécessité de forger un nouveau langage des sciences » émerge en France, assortie de celui de la philosophie et de la politique : « The need for a new language for science, as well as for philosophy, and politics, was vociferously advocated and theorized by several actors of the revolutionary decades[12] ». Cette nouvelle nécessité dans la France post-révolutionnaire a des conséquences sur la question de la classification des nuages portée en France par Lamarck.

Mais auparavant, dans l'Europe des Lumières, le naturaliste Linné, en introduisant son système de classification binomiale, modifie en profondeur l'épistémè. La science française, la science anglaise ont-elles

[11] Theodore S. Feldman, « Late Enlightenment meteorology », dans Tore Frängsmyr, J.L. Heilbronn, Robin E. Rider (dir.), *The Quantifying Spirit in the 18th Century*, Berkeley, University of California Press, 1990, p. 173.

[12] Pietro Corsi, « After Revolution: scientific language and French politics, 1795–1802 », dans Margaret Pelling & Scott Mandelbrote (dir.), *The Practice of Reform in Health, Medicine, and Science, 1500-2000*, Aldershot, Ashgate, 2005, p. 223-245.

accueilli de la même façon le système linnéen ? Comment les classifications de Howard et Lamarck se situent-elles par rapport au modèle du grand Suédois ?

Linné et les Linnéens

Binaire ou binomial est le principe de la classification de Linné : chaque plante porte un nom et un prénom en latin, dénomination qui correspond au genre (*coryllus*) et à l'espèce (*avellana*). Linné décrit un système de la nature hiérarchique, organisé comme autant de tiroirs divisés en règnes, classes, genres, espèces, variétés : « Sans le système règne le chaos[13] ». Linné distingue trois règnes : *lapidum* (minéral), *vegetabile* (végétal), *animale* (animal) ; dans le règne végétal, il dénombre 24 classes, elles-mêmes subdivisées en genres, espèces et variétés. Ce système de la nature manifeste le plan divin et révèle « la structure fondamentale de la création[14] ». Dans le chapitre « Classer » des *Mots et les choses*[15], Michel Foucault montre comment la classification ressortit à une nomination du visible ; il s'agit de mettre de l'ordre dans le désordre, tant il est vrai que selon Linné « dans l'extrême confusion se découvre l'ordre souverain de la nature[16] ». Toute l'Europe savante est-elle alors linnéenne ? Pas tout à fait. En France, le débat est intense et ne cesse de s'intensifier après la mort de Buffon, plus encore entre Thermidor et le Consulat, entre 1795 et 1802, comme l'a montré Pietro Corsi[17]. Certains naturalistes des Lumières, en France, ne sont pas linnéens : Buffon, Adanson, Bonnet, Maupertuis puis… Lamarck. Ils refusent les frontières tranchées et considèrent « la grande chaîne de la nature ». « La nature, écrivait

---

[13] Jean-François Battail, « Un Suédois à la conquête du monde », dans Carl von Linné, *Carnets de voyage en Laponie*, Paris, éditions Michel de Maule, 2008, p. 206.

[14] *Ibid.*, p. 234.

[15] Michel Foucault, *Les mots et les choses*, Paris, Gallimard, 1966.

[16] Carl von Linné cité dans Michel Foucault, *Les mots et les choses*, Paris, Gallimard, 1966, p. 172.

[17] Suivant l'article cité de Pietro Corsi, on voit que le débat entre pro- et anti-buffoniens, lourd d'enjeux politiques autant qu'épistémologiques, s'amplifie après la Révolution : « [Buffon] disparagingly labelled the latter 'nomenclateurs', and accused them of giving away the language of tradition, of trades and pleasure in favour of telegraphic Latin binomial definitions, pathetically (in his eyes) meant to exhaust all that had to be known of a plant or an animal » (p. 9).

Buffon, n'a ni classes ni genres, elle ne comprend que des individus[18] ». Mais à Paris comme à Londres fleurissent les sociétés linnéennes. La Société linnéenne de Paris, future Société d'histoire naturelle, est fondée en 1787, année de la parution de la *Méthode de nomenclature chimique* de Lavoisier. Londres est, plus encore peut-être que Paris, un des grands foyers du linnéisme, notamment avec Sir Joseph Banks, président de la Royal Society. La Linnean Society of London est fondée en 1788 ; et c'est dans les *Transactions of the Linnean Society of London* (vol. 6, 1802) que Luke Howard publie, l'année même de la conférence sur les nuages, un article de botanique intitulé « Account of a Microscopial Investigation of Several Species of Pollen, with Remarks and Questions on the Structure and Use of that Part of Vegetables[19] ». Il est vrai que cet article était le texte d'une conférence prononcée deux ans plus tôt, le 4 mars 1800 : il avait alors 28 ans. Ce texte évoque joliment ce qui put être une promenade champêtre du printemps 1795, transformée en exercice botanique. Suit un examen minutieux d'une série de plantes nommées selon la nomenclature binaire de Linné : *Coryllus avellana*, *Erica carnea*, *Reseda odorata*, *Cactus flagelliformis*…

« Classer » est devenu un mode de conquête du réel, appelé alors « nature ». L'inverse est vrai aussi : quiconque prétend faire une classification, dans l'Europe de la fin des Lumières, passe nécessairement par Linné, qui a unifié la langue scientifique et promu la communication savante internationale par son système construit en latin. C'est dans ce contexte qu'en 1802, pourtant sans semble-t-il connaître leurs travaux respectifs, Lamarck et Howard s'emploient à classer les nuages, ces objets qui n'appartiennent à aucun des trois règnes identifiés par Linné. Avec la classification des nuages, le strict linnéisme vit paradoxalement ses dernières heures.

---

18 Georges-Louis Leclerc, comte de Buffon, cité dans Jean-François Battail, « Un Suédois à la conquête du monde », dans Carl von Linné, *Carnets de voyage en Laponie*, Paris, éditions Michel de Maule, 2008, p. 229.

19 Luke Howard, « Account of a microscopial investigation of several species of pollen, with remarks and questions on the structure and use of that part of vegetables », *Transactions of the Linnean Society*, vol. 6, 1802, https://en.wikisource.org/wiki/Transactions_of_the_Linnean_Society_of_London/Volume_6/Account_of_a_microscopical_investigation_of_several_species_of_pollen,_with_remarks_and_questions_on_the_structure_and_use_of_that_part_of_vegetables

1802, « The Invention of Clouds » : les classifications de Howard et de Lamarck

On the Modifications of Clouds de Luke Howard

La stricte chronologie exigerait d'évoquer d'abord Lamarck et sa première classification, « Sur la forme des nuages », publiée dans l'*Annuaire météorologique pour l'an X* (1802). Car c'est en décembre de cette année que Luke Howard prononça sa conférence « On the Modifications of Clouds » devant l'Askesian Society, fondée par trois Quakers. Mais c'est cette classification que nous décrirons en premier, comme étant, pour l'essentiel, encore la nôtre aujourd'hui, et la plus fidèle au système linnéen. Publiée l'année suivante, en trois livraisons et avec des gravures tirées de dessins de Luke Howard, dans le *Philosophical Magazine* d'Alexander Tilloch, la conférence de Howard connaît de nombreuses rééditions au cours du siècle, dont la dernière porte le titre de *Essay on the Modifications of Clouds*. Cette « nomenclature méthodique » (*methodical nomenclature*[20]) propose un « lexique universel » (*universal lexicon*[21]) qui réduit les formes nuageuses (*modifications*) et s'inscrit dans une large mesure dans une perspective linnéenne.

Comme Linné, Howard entend définir des identités à partir de la confusion apparente du visible. Comme Linné encore, Howard emploie le latin : langue, dit-il, transparente. Du moins l'est-elle aux savants et à la communauté éclairée, tous nourris des textes des Lumières ; l'emploi même du terme de « nomenclature » renvoie d'abord à la méthode de classement binomial de Linné :

> The nomenclature is drawn from the Latin. The reasons for having recourse to a dead language for terms to be adopted by the learned of different nations are obvious. If it should be asked why the Greek was not preferred, after the example of chemistry, the author answers, that the objects being to be defined by visible characters, as in natural history, it was desirable that the terms adopted should at once convey the idea of these, and render a recourse to definitions needless to such as understand the literal sense; which many more would, it is concluded, in Latin than in Greek words[22].

---

[20] David E. Pedgley, « Luke Howard and his clouds », *Weather*, n° 58, février 2003.

[21] Gerald Mills, « Luke Howard and *The Climate of London* », *Weather*, n° 6, vol. 63, juin 2008.

[22] Luke Howard, *Sur les modifications des nuages*. Suivi de *La forme des nuages selon Howard*, édition présentée par Anouchka Vasak, Paris, Hermann, 2012,

Même s'il ne hiérarchise pas les modifications en les subdivisant en classes, espèces, genres, Howard distingue alors, en latin et en les traduisant en anglais, trois modifications simples (cirrus, cumulus, stratus), deux intermédiaires (cirro-cumulus, cirro-stratus), trois composées (cumulo-stratus, et cumulo-cirro-stratus, ou nimbus).

Howard va jusqu'à créer un système d'abréviations très simple, encore partiellement en vigueur aujourd'hui, qui montre le chemin parcouru vers l'universalité de la classification des nuages depuis Robert Hooke et la Société météorologique palatine :

\ Cirrus.

∩ Cumulus.

– Stratus.

\∩ Cirro-cumulus.

_ Cirro-stratus.

∩_ Cumulo-stratus.

\∩_ Cirro-cumulo-stratus, or Nimbus[23].

Enfin, comme les naturalistes, Howard illustre sa nomenclature de dessins - crayons rehaussés à l'aquarelle. La première édition de *On the Modifications of Clouds* comporte trois planches ; même si Howard renonce aux planches dans la deuxième édition et dans *The Climate of London* qui reprend la classification, il y revient dans la troisième édition, posthume, mais qu'il a dirigée.

p. 86-87 : « La nomenclature proposée ici est empruntée au latin. Les raisons qui justifient ce recours à une langue morte pour définir des termes susceptibles d'être adoptés par les savants des différentes nations sont évidentes. Pourquoi n'a-t-on pas choisi le grec pour cet usage, comme on l'a fait pour la chimie ? À cela l'auteur répond que l'objet devant être ici défini au moyen de caractères visibles, comme en histoire naturelle, il était souhaitable que les termes adoptés en transmettent d'emblée l'idée et dispensent ceux qui comprennent le sens littéral de recourir à des définitions. Et l'intelligence littérale du latin est mieux partagée, assurément, que celle du grec », traduction de Anouchka Vasak, p. 127.

23 Luke Howard, *On the Modifications of Clouds*, Londres, J. Taylor, 1803, p. 99.

Luke Howard, *On the Modifications of Clouds*, 1803 © droits réservés

À gauche : Formes simples. De haut en bas : cirrus, cumulus, stratus. À droite : De haut en bas. Formes intermédiaires : cirro-cumulus, cirro-stratus ; forme composée : cumulo-stratus. En bas : forme composée : cumulo-cirro-stratus *vel* nimbus

En fait, la classification de Howard se distingue sur plusieurs points du système de Linné, révélant par là son originalité, signe aussi d'un tournant épistémologique que Lamarck négocie douloureusement, presque à son corps défendant. Sur le fond d'abord, appliquer le principe de la classification aux « formes d'eau en suspension dans l'atmosphère » marque bien le saut qualitatif opéré par Howard par rapport à Linné. Avec les nuages, nous quittons les trois règnes linnéens : ni minéral, ni végétal, ni animal, le nuage relevait jusque-là du royaume des cieux. Et ce, même si le texte de Howard retrouve ici et là les accents de ce que l'on a pu appeler « théologie naturelle » ou physico-théologie, si évidents chez Linné, comme chez un Bernardin de Saint-Pierre. Howard peut ainsi écrire à propos de l'orage qu'il est « la manifestation plus soudaine et sensible de ces énergies qui, conformément à l'ordre observé dans la création à d'autres égards, doivent œuvrer sans cesse à des fins plus générales et bénéfiques[24] ». Cette lecture théologique de l'univers comme manifestation d'un plan divin est bien celle d'un Quaker.

Mais d'autres aspects de l'essai de Howard le distinguent de la vision linnéenne du monde. Le seul choix de l'objet « nuage » témoigne d'une impossibilité à s'en tenir à un modèle « fixiste ». Même s'il n'est pas transformiste comme celui de Lamarck, le monde de Howard est autrement mouvant que celui de Linné. La deuxième partie de *On the Modifications of Clouds*, où Howard développe, avec les moyens du bord, ce que Jean Coulomb et Julien Loisel nomment beaucoup plus tard « la physique des nuages[25] », relève aussi de ce changement de perspective. Certes, la science howardienne est fondée sur des théories obsolètes, comme celles du calorique ; parfois aussi, sur des intuitions « écologiques » qui sont loin d'être inexactes – la transpiration des animaux comme « respiration de la terre » par exemple. Du moins Howard s'efforce-t-il de dépasser la simple description, le pur visible, pour proposer une explication, informée par ses lectures scientifiques (Dalton, Cavallo, Lavoisier dans une certaine mesure), des « principes, de la production, suspension et destruction » des nuages, sous-titre de l'essai qui dit assez la prise en compte du facteur temps dans la considération du phénomène.

---

[24] Luke Howard, *On the Modifications of Clouds*, Londres, J. Taylor, 1803 : « a thunder storm is only a more sudden and sensible display of those energies which, according to the order observable in the creation in other respects, ought to be incessantly and silently operating for more general and beneficial purposes », p. 119.

[25] Jean Coulomb & Julien Loisel, *La physique des nuages*, Paris, Albin Michel, 1940.

Enfin, l'usage du latin chez Howard n'est pas du tout assimilable à celui de Linné. Pour le naturaliste des Lumières, le latin est la langue « naturelle », partagée par les savants, qui la lisent comme on lit le grand livre de la nature. Mais Howard traduit quant à lui le latin en anglais, langue de Newton. Et si l'histoire a retenu les noms des nuages en latin, il nous faut faire un certain effort pour entendre « fibres » dans *cirrus*, même si pour un locuteur de langues romanes les termes de *cumulus* (tas) et *stratus* (couche) demeurent tout à fait intelligibles.

Tout se passe donc comme si avec la classification de Howard, le monde « naturel » et lisible devenait opaque, nébuleux même, en dépit de l'effort de clarification qui y préside.

Les classifications de Lamarck

La même année 1802, plusieurs mois avant la conférence de décembre à Plough Court, Lamarck donne sa première classification. Première, car il y en eut trois en tout. Là réside notamment l'échec, apparent, du Lamarck météorologiste.

Les deux premières classifications de Lamarck paraissent dans ses *Annuaires météorologiques*[26] ; la première dans le texte intitulé « Sur la forme des nuages » (*Annuaire météorologique pour l'an X*, 1802) ; la deuxième dans le « Spectacle du ciel » (*Annuaire météorologique pour l'an XIII*, 1805). Lamarck propose une troisième classification dans son article « Météores » du *Nouveau Dictionnaire d'histoire naturelle* (1818)[27].

On mesure chez Lamarck la difficulté à arrêter sa classification et l'étrangeté, ou la poésie, de certains noms de nuages : « diablotins », « coureurs », « demi-terminés ». Demi-terminée, jamais achevée, la classification de Lamarck l'est à coup sûr. C'est la première explication de cet échec. La langue de Lamarck, qui s'obstine en cartésien à vouloir « donner des idées claires et précises des objets dont on parle », en l'occurrence les nuages (*Annuaire météorologique pour l'an XIII*), prend une résonance plus poétique que scientifique. Voyons par exemple ces nuages de tonnerre ou diablotins, décrits dans l'article « Météores » :

[26] Pietro Corsi, *Lamarck. Genèse et enjeux du transformisme (1770-1830)*, Paris, CNRS Éditions, 2001.

[27] Voir annexe en fin d'article : Classifications de Lamarck An X, An XIII et article « Météores ».

> ce sont des nuages irréguliers, petits en général, rarement isolés ou solitaires, terminés en leurs bords, mais singulièrement lobés, déchiquetés, tortueux ou en zigzag, et qui offrent des formes bizarres, soit d'animaux divers, soit de petits diables[28].

On est loin de la précision taxinomique de Howard. Pourtant, la météorologie moderne reconnaît ces diablotins comme les « fractostratus ». Les critères de Lamarck ont évolué au fil des classifications : de la théorie vésiculaire, Lamarck passe au critère de la distance entre les nuages, puis à celui du contour et de l'éclat des nuages[29]. Mais la météorologie moderne reconnaît aussi à Lamarck, qui certes s'en tient pour l'essentiel à la morphologie « basique » des nuages[30], le mérite d'avoir distingué l'altitude comme critère dans la forme adoptée par les nuages.

Sans remettre en cause la supériorité intrinsèque de la classification de Howard, nous croyons pourtant pouvoir dire, en suivant des travaux récents, qu'il y a d'autres motifs à l'échec du Lamarck météorologiste. L'organisation du système scientifique et, plus généralement, le contexte historique, culturel, politique des premières années du 19e siècle nous fournissent des éléments d'explication.

Pourquoi les cumulus ont-ils offusqué les diablotins ?

Les itinéraires scientifiques de Howard et de Lamarck sont très différents, comme le sont aussi les paysages scientifiques des premières années du 19e siècle, de part et d'autre de la Manche. Les biographies respectives de Howard et Lamarck produisent, vrais ou faux, des « mythèmes » qui tendent à transformer leurs vies en destins. Pour Howard, l'amateur météorologiste, il y a la passion pour le ciel née vers 1783, depuis les brouillards provoqués par l'éruption du Laki et le passage d'une météorite, la

---

28 Jean-Baptiste de Monet de Lamarck, article « Météores », dans *Nouveau Dictionnaire d'histoire naturelle, appliquée aux arts, à l'agriculture, à l'économie rurale et domestique, à la médecine, etc.*, vol 20, Paris, chez Déterville, seconde édition, 1818, p. 416-444.

29 Voir Karin Becker, « La fascination du nubigène », dans Karin Becker (dir.), *La pluie et le beau temps dans la littérature française*, Paris, éditions Hermann, 2012, p. 88.

30 Stanley David Gedzelman, *The Soul of All Scenery: A History of the Sky in Art*, San Mateo, chez l'Auteur, 2014, https://www.stanrenaissanceman.com/BOOKS/SKYART_GEDZELMAN.pdf.

petite station météo au fond du jardin, la non-rencontre avec Goethe qui salua avec enthousiasme sa classification – toutes choses que l'on lit d'ailleurs dans la lettre autobiographique que Howard adressa à Goethe et dans le roman de Stéphane Audeguy, *La théorie des nuages*[31] (2005). Pour Lamarck, il y a la cécité et l'isolement des dernières années – isolement dont Pietro Corsi a montré que, du point de vue scientifique, il fallait le relativiser – ; il y a surtout la scène fixée par Arago, lorsque Lamarck, en 1809, veut offrir à Napoléon un exemplaire de sa *Philosophie zoologique* :

> Le vieillard présente le livre à Napoléon. 'Qu'est-ce que cela ?' dit celui-ci. 'C'est votre absurde météorologie, cet ouvrage qui fait concurrence à Mathieu Laensberg[32] ; cet annuaire qui déshonore vos vieux jours. Faites de l'histoire naturelle et je verrai alors vos productions avec plaisir. Je ne prends ce volume que par considération pour vos cheveux blancs. – Tenez !' Et il passe le livre à un aide de camp. Le pauvre Lamarck, qui, à la fin de chacune des paroles brusques et offensantes de l'Empereur, essayait inutilement de dire : 'C'est un ouvrage d'histoire naturelle que je vous présente', eut la faiblesse de fondre en larmes[33].

Fabien Locher a montré dans *Le savant et la tempête*[34] combien l'auteur de ces lignes écrites dans les années 1850, François Arago, alors directeur de l'Observatoire de Paris, était lui-même plus que méfiant envers l'idée d'une « prédiction du temps », envers les almanachs, volontiers associés sous sa plume aux noms de Nostradamus et de Mathieu Laensberg, un chanoine liégeois du 17e siècle. L'origine de la scène mythologique est donc facile à repérer.

Reste que, au-delà de ces mythèmes tenaces, le milieu socio-scientifique dans lequel chacun des deux hommes a évolué est très différent.

---

31 Stéphane Audeguy, *La théorie des nuages*, Paris, Gallimard, 2005.

32 Chanoine liégeois, pratiquant l'astrologie judiciaire, auteur d'un almanach dont la publication commença en 1636.

33 François Arago, *Histoire de ma jeunesse*, 1854, cité par Pietro Corsi, « Biologie », dans Pietro Corsi, Jean Gayon, Gabriel Gohau, Stéphane Tirard, *Lamarck, philosophe de la nature*, Paris, PUF, 2006, p. 56.

34 Fabien Locher, *Le savant et la tempête. Étudier l'atmosphère et prévoir le temps au XIXe siècle*, Rennes, Presses universitaires de Rennes, 2008.

Le réseau des Amis

La Société des Amis a une place déterminante dans la vie et la carrière d'Howard. Il l'explique fort bien dans la lettre autobiographique à Goethe[35]. Enfant, il fréquente une école quaker, où l'enseignement en latin le marque à jamais. Lorsque son père l'envoie en apprentissage à Stockport, Chestire, c'est chez un Quaker. Lorsque Luke Howard rentre à Londres en 1794, il a acquis un savoir et une expérience pratique partagée par d'autres « jeunes professionnels », dont de nombreux Quakers, dissidents interdits de toute fonction officielle, avec lesquels il participe à des rencontres scientifiques[36]. C'est un Quaker, William Allen, qui lui offre la direction du laboratoire pharmaceutique de Plough Court. Ensemble, avec d'autres Quakers, ils vont fonder l'Askesian Society devant laquelle Luke Howard prononce la conférence de 1802. Les valeurs et le fonctionnement du club sont celles des Quakers : recherche, éducation, askesis (ασκησιζ, « exercice » en grec), c'est-à-dire aussi discussion avec les pairs, contrairement à la pratique de la Royal Society – que Luke Howard intègre plus tard. La théorie développée par Luke Howard doit beaucoup à un autre Quaker, le physicien et chimiste John Dalton (1766-1844). John Dalton est un ami. Ami et ami : *fellow Quaker*. Enfin, Silvanus Bevan junior, que Luke Howard remercie chaleureusement à la fin de l'édition de 1803 pour son aide en particulier dans les dessins, est le petit-fils de Silvanus Bevan (1691-1765), Quaker gallois, fondateur originel de la firme pharmaceutique Allen et Hanburys et élu en 1725 sur la proposition de Newton comme membre de la Royal Society. Luke Howard est donc entouré d'Amis, savants ou, osons l'anachronisme, chefs d'entreprise. L'aspect éminemment pragmatique de cette science, ouverte aux « amateurs », pour peu qu'on supprime la connotation de dilettantisme attaché à ce terme en français, semble être un trait sinon anglais, du moins Quaker. D'une façon générale, Londres connaît alors une effervescence scientifique particulière, produite par le dynamisme

---

35 Luke Howard, *Memoir of Luke Howard, Autobiographical Letter from Luke Howard to Goethe*, dans Luke Howard, *Sur les modifications des nuages*. Suivi de *La forme des nuages selon Howard*, édition présentée par Anouchka Vasak, Paris, Hermann, 2012, texte original en anglais p. 175-182, traduction française p. 183-191.

36 Gerald Mills, « Luke Howard and *The Climate of London* », art. cité, p. 153 : « The knowledge he acquired was formalized when he returned to London in 1794 and joined other young professionals (many of them were also Dissenters and thus barred from public office) in attending and organizing science meetings ».

d'amateurs doués, qui fondent des sociétés scientifiques modernes, comme la Société royale de Météorologie[37].

Le climat scientifique dans lequel évolue Lamarck, dans la France thermidorienne et consulaire, est bien différent.

Lamarck, Napoléon et la question du transformisme

Dans la carrière de Lamarck, l'année 1802, où il publie sa première classification de nuages dans l'*Annuaire météorologique*, n'est pas une année comme les autres. C'est celle où son cours au Muséum d'histoire naturelle connaît le plus grand nombre d'inscrits (131 ; ils tombent à 71 l'année suivante). C'est celle où il publie son *Hydrogéologie*, dont l'introduction énonce un programme de grande ambition, celui de la fondation de la « Physique terrestre », divisée en « trois parties essentielles : la première doit comprendre la théorie de l'atmosphère, la Météorologie ; la seconde, celle de la croûte externe du globe, l'Hydrogéologie ; la troisième enfin, celle des corps vivants, la Biologie[38] ». C'est l'année où Chaptal, ministre de l'Intérieur, l'aide à mettre sur pied une correspondance météorologique, dans le cadre d'un programme de météorologie statistique. Seulement, comme le souligne Pietro Corsi, ce programme considérable va être progressivement abandonné entre 1803 et 1809, année où Lamarck publie sa *Philosophie zoologique* dédaignée par Napoléon.

Pourquoi ? Revenons aux nuages. L'explication linguistique - emploi malencontreux du français - est insuffisante, même si bien étrange est le lexique de la classification de Lamarck. En 1802, Lamarck n'est plus linnéen, s'il l'a jamais vraiment été. Il publie certes en 1801 son *Système des animaux sans vertèbres*, dont le sous-titre, *Tableau général des classes, des ordres et des genres de ces animaux,* ressortit au vocabulaire de Linné ; mais cette référence disparaît en 1815 dans l'*Histoire naturelle des animaux sans vertèbres, présentant les caractères généraux et particuliers de ces animaux, leur distribution, leurs classes, leurs familles, leurs genres, et la citation des principales espèces qui s'y rapportent.* Les classifications de nuages proposées par Lamarck entre 1802 et 1818 (date de l'article

---

[37] *Ibid.* : « This was a time in London of burgeoning scientific interest driven by gifted 'amateurs'. The societies that were established during this period produced modern professional societies like the Royal Meteorological Society ».

[38] Jean-Baptiste de Monet, introduction à l'*Hydrogéologie*, Paris, Museum d'histoire naturelle, an X (1801).

« Météores » du *Nouveau Dictionnaire d'histoire naturelle* de Déterville) ne relèvent pas précisément du système de Linné : en 1802, Lamarck distingue « cinq formes ou sortes de nuages », qu'il subdivise pour certains en plusieurs autres « sortes » ; le mot « sorte » n'est pas du vocabulaire de Linné. Et si Lamarck s'emploie bien, vaille que vaille et en vain, à établir une nomenclature de nuages (1805 : « Nouvelle définition des termes que j'emploie pour exprimer certaines formes de nuages qu'il importe de distinguer dans l'annotation de l'état du ciel »), il ne la fait pas en latin. On a assez reproché à Lamarck, fondateur du mot « biologie », son emploi du grec ou des néologismes fondés sur le grec. Or le grec, comme l'a montré P. Corsi, a mauvaise presse dans la France consulaire. Celui qui s'appelle pour peu de temps encore Bonaparte fait même retirer l'étude du grec du cursus des lycées qu'il crée en remplacement des écoles centrales, supprimées cette même année 1802[39]. Plus : on ne trouve pas chez Lamarck de trait « physico-théologique », comme on en voit chez Linné ou Howard, pour qui la nature est un ordre parfait créé par Dieu. Il faudrait citer la très belle ouverture de l'*Annuaire météorologique* pour l'an XIII, « Spectacle du ciel », aux accents romantiques : nulle référence à Dieu. La philosophie de Lamarck, dont la « conversion transformiste », dans le domaine des sciences naturelles du moins, est avérée en 1802[40], est matérialiste : c'est ici la définition du mot « Idée[41] » du *Nouveau Dictionnaire d'histoire naturelle* qu'il faudrait citer, avec Pietro Corsi[42].

Bien sûr, la météorologie de Lamarck présente des hypothèses discutables et d'abord celles qui concernent l'influence de la lune : l'aimable Cuvier dans son éloge funèbre de Lamarck[43] ne manque pas de le

---

39 Pietro Corsi, « After Revolution: scientific language and French politics, 1795-1802 », dans Margaret Pelling & Scott Mandelbrote (dir.), *The Practice of Reform in Health, Medicine, and Science, 1500-2000*, Aldershot, Ashgate, 2005, p. 19.

40 Stéphane Tirard, « Générations spontanées », dans Pietro Corsi, Jean Gayon, Gabriel Gohau, Stéphane Tirard, *Lamarck, philosophe de la nature*, Paris, PUF, 2006, p. 81.

41 « L'idée n'est assurément point un objet métaphysique, comme beaucoup de personnes se plaisent à le croire ; c'est, au contraire, un phénomène organique et conséquemment tout à fait physique, résultant de relations entre diverses matières, et de mouvements qui s'exécutent dans ces relations ».

42 Pietro Corsi, « Biologie », dans Pietro Corsi, Jean Gayon, Gabriel Gohau, Stéphane Tirard, *Lamarck, philosophe de la nature*, Paris, PUF, 2006, p. 55.

43 « Pour démontrer en quelque sorte cette théorie par le fait, pour lui attirer davantage l'attention du public, M. de Lamarck crut utile de la présenter sous forme de

rappeler – éloge si peu élogieux que la famille en refuse l'impression – ; bien sûr, sa classification de nuages, à jamais « demi-terminée », ne saurait présenter l'universalité évidente de celle de Howard. Mais cette ou plutôt ces classifications révèlent l'impasse douloureuse dans laquelle Lamarck s'est alors engagé. Le nuage lamarckien peut être considéré comme le modèle d'une science neuve qui s'élabore et d'une interprétation de la « nature » affectée par le temps, dont Lamarck a, avant Darwin, l'intuition. Mais Lamarck s'arrête au transformisme et sa classification des nuages reste prisonnière du modèle naturaliste du 18e siècle[44].

J'en conviens : j'ai fait de Lamarck un personnage romantique. Je serais d'ailleurs tentée d'appliquer avant l'heure à son approche scientifique les conclusions que Fabien Locher formule pour le journaliste Camille Flammarion : il introduit une nouvelle façon de faire de la science, fondée elle-même sur une nouvelle forme d'observation, à la fois « rationnelle et sensible[45] ».

Mais ce serait oublier la postérité de Luke Howard, dans l'art autant que dans les sciences. Sans doute Goethe, qui le premier salua « l'homme qui sut distinguer les nuages », en est-il en partie responsable, lui qui composa dans les années 1817 un poème à la mémoire de Luke Howard (*Howards Ehrengedächtnis*) et écrivit quelque vingt ans après *On the Modifications of Clouds* un journal météorologique inspiré par la classification

prédictions ; il poussa la persévérance jusqu'à faire imprimer pendant onze années de suite des almanachs, où il annonçait pour chaque jour les probabilités de la température ; mais on aurait dit que le ciel se plût à lui donner des démentis. En vain essayait-il chaque année d'ajouter quelque considération nouvelle, comme les phases, l'apogée et le périgée de la lune, la position relative du soleil ; en vain cherchait-il par là à expliquer ses mécomptes et à rectifier ses calculs : l'année d'après, quelque nouveau désappointement lui apprenait que notre atmosphère est soumise à des influences beaucoup trop compliquées pour qu'il soit encore au pouvoir de l'homme d'en calculer les phénomènes. Il finit par renoncer à ce travail stérile, et revenant tout entier à celui qu'il n'aurait jamais dû négliger, il ne s'occupa plus que de l'objet de sa chaire des animaux sans vertèbres, et c'est là qu'il trouva enfin une source non contestée de gloire et des titres durables à la reconnaissance de la postérité. Cuvier », *Éloge de M. de Lamarck*, novembre 1832, Paris, archives de l'Académie des sciences.

44 On trouverait sans doute une « évolution » comparable chez l'aliéniste Philippe Pinel, entre la *Nosographie philosophique* (1797) et le *Traité médico-philosophique* (1800).

45 Fabien Locher, *Le savant et la tempête. Étudier l'atmosphère et prévoir le temps au XIXe siècle*, Rennes, Presses universitaires de Rennes, 2008, p. 189.

de Howard (*Wolkengestalt nach Howard*). Mais s'il ne fallait citer qu'un nom de peintre redevable à la classification de Howard, ce serait bien sûr John Constable. Ses *cloud studies* des années 1822 portent le titre des nuages de Howard, même si c'est via Thomas Forster[46] que Constable a eu connaissance de sa classification. Howard est à l'origine d'une nébuleuse qui se dissout pourtant avec le positivisme, lorsque science et art s'efforcent de se séparer pour de bon, du moins pour longtemps.

John Constable, *Cloud study*, Courtauld Institute Galleries, Londres (https://collections.vam.ac.uk/item/O82649/study-of-cirrus-clouds-oil-painting-constable-john-ra/) © droits réservés

[46] Thomas Forster, *Researches About Atmospheric Phaenomena*, Londres, Baldwin, Cradock and Joy, 1815 [1813].

ANNEXE

Classifications de Lamarck

Annuaire météorologique pour l'an X (1802)

« **5 formes ou sortes** de nuages » :

1 Nuages en voile
2 Nuages attroupés : 3 *sortes* : – nuages *incomplètement* attroupés
– nuages attroupés *distincts*
– nuages attroupés *rares*
3 Nuages pommelés
4 Nuages en balayures
5 Nuages groupés

Annuaire météorologique pour l'an XIII (1805)

« Toutes les formes de nuages qu'il importe de remarquer et de noter dans les observations, me paraissent comprises dans les sortes suivantes : »

12 sortes :

1°. Nuages brumeux : 2 variétés : nuage brumeux clair
nuage brumeux obscur
2° Nuages terminés : 4 variétés : nuages terminés clairs
nuages terminés obscurs
nuages demi-terminés
nuages terminés corrodés
3° Nuages en voile : 2 variétés : ciel couvert en voile
ciel demi-couvert en voile
4° Nuages en lambeaux : 4 variétés : nuages en lambeaux-clairs
nuages en lambeaux-obscurs
nuages en lambeaux demi-terminés
nuages en lambeaux renflés
5° Nuages boursouflés
6° Nuages en barres : 6 variétés : nuages en barres confluents
nuages en barres isolés
nuages en barres obscures
nuages en barres-claires

nuages en barres ondulés ou ridés transversalement	
7° Nuages en balayures	
8° Nuages pommelés : 3 variétés :	nuages pommelés grossiers
nuages pommelés ordinaires	
nuages gazés	
9° Nuages moutonnés ou attroupés : 3 variétés :	nuages attroupé déchiquetés sur les bords
nuages attroupés, demi-groupés	
nuages attroupés, presque confluents	
10° Nuages coureurs	
11° Nuages groupés : 4 variétés :	nuages bien groupés
nuages demi-groupés	
nuages un peu groupés	
nuages en dégroupement	
12° Nuages de tonnerre ou diablotins	

Article « MÉTÉORES » (1818)

« Ce sont les nuages, les pluies, les grêles, les brouillards, le serein, la rosée, les vents, les tempêtes, les orages et leurs dérivés ».

9 sortes :

1 Nuages brumeux, soit non divisés, soit divisés
2 Nuages en voiles
3 Nuages divisés communs : variétés principales : nuages en lambeaux, boursouflés, attroupés
4 Nuages en balayures
5 Nuages en barres
6 Nuages pommelés
7 Nuages coureurs
8 Nuages de tonnerre ou diablotins
9 Nuages groupés ou en montagnes

Communiquer la science en dirigeant une collection scientifique : le cas de la « collection Borel » publiée par Gauthier-Villars

CAROLINE EHRHARDT
Université Paris 8 Vincennes Saint-Denis, IDHES (UMR 8533)

La collection « Monographies sur la théorie des fonctions » dirigée par Émile Borel comprend une cinquantaine de livres de mathématiques publiés entre 1898 et 1957 chez l'éditeur Gauthier-Villars. Ces ouvrages, visant un public étudiant, étaient pour beaucoup issus de cours professés. Ils étaient conçus pour que leur lecture ne nécessite que relativement peu de connaissances préliminaires et étaient vendus à un prix abordable. Néanmoins, ce n'étaient pas tout à fait des manuels : ils présentaient des travaux souvent inédits et qui relevaient de l'actualité de la recherche – à savoir la théorie des fonctions, qui était alors en train d'être renouvelée en tirant parti des acquis récents de la théorie des ensembles[1]. Ces livres, fabriqués de telle sorte que les innovations mathématiques qu'ils contenaient puissent aisément circuler, constituent un terrain d'enquête privilégié pour étudier comment interagissent la production des savoirs

---

1 La « nouvelle théorie des fonctions » se caractérise par l'usage d'outils provenant de la théorie des ensembles mise en place par Cantor à la fin du 19e siècle et par l'intérêt pour de nouveaux objets, en particulier certaines fonctions présentant des « bizarreries » mathématiques. Pour plus de détails sur les contenus mathématiques des ouvrages, voir Hélène GISPERT, « La théorie des ensembles en France avant la crise de 1905 : Baire, Borel, Lebesgue... et tous les autres », *Revue d'histoire des mathématiques*, n° 1, 1995, p. 39-81 ; Hélène GISPERT, « La France mathématique. La Société mathématique de France (1870-1914) », *Cahiers d'histoire et de philosophie des sciences*, 1991, p. 113-136. Voir également : Antonie F. MONNA, « The concept of function in the 19th and 20th centuries, in particular with regard to the discussion between Baire, Borel and Lebesgue », *Archive for History of Exact Sciences*, vol. 9, n° 1, 1972, p. 57-84 ; Thomas HOCHKIRCHEN, « Theory of measure and of integration from Riemann to Lebesgue », dans Hans Niels JAHNKE (dir.), *A History of Analysis*, Providence, American Mathematical Society, 2003, p. 261-290.

dans l'espace social de la recherche mathématique, l'enseignement de ces savoirs et leur circulation sous une forme imprimée à destination d'un public plus large, notamment étudiant[2].

Mais les modes de communication scientifique à l'œuvre dans la collection Borel vont au-delà du cours professé et de la circulation des imprimés, pour intégrer deux autres dimensions. D'une part, au moins dans la phase de lancement de la collection, jusqu'à la Première Guerre mondiale, la fabrication des ouvrages s'inscrit dans un réseau relationnel dense, où s'engagent de multiples échanges de lettres entre le directeur scientifique et les auteurs – échanges que la préservation d'une partie de la correspondance de Borel pour cette période permet de reconstituer[3]. Borel, en véritable chef d'orchestre, dialogue, débat, met en contact et arbitre tour à tour. La nécessité de coordonner la parution des volumes et de les mettre en cohérence implique également parfois que les auteurs

---

2 Les ouvrages de la collection Borel s'adressaient aux étudiants de niveau licence, qui avaient déjà étudié dans des traités d'analyse classiques de l'époque, tel le *Traité d'analyse* d'Émile Picard. Nous avons traité spécifiquement des liens entre cours magistral, formation doctorale, et fabrication des livres de la collection dans Caroline Ehrhardt, « Du cours magistral à l'entreprise éditoriale. La collection Borel publiée par Gauthier-Villars au début du XXe siècle », *Histoire de l'éducation*, vol. 130, 2011, p. 111–139. Notre étude prend ici le contrepied d'une historiographie encline à ne voir dans les livres s'adressant aux étudiants qu'un reflet déformé des connaissances et des pratiques scientifiques d'une époque. Pour une réflexion sur les manuels comme objets d'histoire, voir le numéro spécial de la revue *Isis* de mars 2012 (vol. 103, n° 1) ainsi que Bernadette Bensaude-Vincent, Antonio Garcia Belmar & José Ramón Bertomeu Sanchez, *L'émergence d'une science des manuels. Les livres de chimie en France (1789-1852)*, Paris, Éditions des archives contemporaines, 2003. La question des adaptations à opérer sur les savoirs issus de la recherche mathématique pour prendre en compte un public spécifique ou des contraintes éditoriales rejoint quant à elle la problématique de : Geoffrey Cantor, Gowan Dawson, Graeme Gooday, Richard Noakes, Sally Shuttleworth, Jonathan R. Topham (dir.), *Science in Nineteenth Century Periodicals. Reading the Magazine of Nature*, Cambridge, Cambridge UP, 2007 ; Louise Henson, Geoffrey Cantor, Gowan Dawson, Richard Noakes, Sally Shuttleworth, Jonathan R. Topham (dir.), *Culture and Science in the Nineteenth-Century Media*, New York, Routledge, 2004.

3 Ce fonds est conservé aux Archives de l'Académie des sciences (ci-après Arch. Ac. sc.) à Paris cote 44J, dossiers 1, 2 et 3. Une partie de cette correspondance a été publiée par Pierre Dugac : « René Baire, 'Lettres de René Baire à Émile Borel' », *Cahiers du séminaire d'histoire des mathématiques*, t. 11, 1990, p. 33-120 ; Henri Lebesgue, « Lettre de Lebesgue à Borel », *Cahiers du séminaire d'histoire des mathématiques*, t. 12, 1991, p. 1-506 ; Henri Lebesgue, *Les lendemains de l'intégrale : lettres à Émile Borel*, Paris, Vuibert, 2004.

discutent entre eux des résultats qu'ils ont obtenus chacun de leur côté et se lisent les uns les autres. Les lettres donnent ainsi à voir non seulement la façon dont les relations interpersonnelles et les possibilités institutionnelles favorisent la construction de canaux de communication privilégiés, mais aussi la manière par laquelle l'existence de tels canaux joue un rôle dans l'élaboration même des savoirs[4].

D'autre part, cette collection de monographies s'inscrit dans un espace éditorial large, qui comprend notamment un grand nombre de revues mathématiques et scientifiques. L'analyse des stratégies éditoriales des auteurs et de la réception des ouvrages dans les périodiques, là encore pour les années 1898-1914, met ainsi au jour un mode de communication des connaissances scientifiques contenues dans la collection Borel qui va au-delà de la circulation stricte des livres qui la constituent, pour prendre en compte l'écho dont ces derniers bénéficient.

En plaçant l'enquête à la croisée de l'histoire sociale des sciences et de l'histoire matérielle de l'édition, cette enquête se propose de rendre compte de la diversité et de la complémentarité des modes de communication – oral, épistolaire, imprimé – sur lesquels les acteurs peuvent s'appuyer pour mettre en circulation les savoirs qu'ils produisent. Elle montre, ce faisant, comment cette complémentarité même participe du façonnage, de la hiérarchisation, de la reconnaissance et de l'utilisation ultérieure de résultats mathématiques.

Sociabilités scientifiques et affinités intellectuelles

Les cinq premiers livres qui sont aujourd'hui placés en tête de la collection « Monographies sur la théorie des fonctions » ont été rédigés par Borel lui-même entre 1898 et 1903[5]. Les deux premiers sont issus de

---

4 Pour des études de cas exploitant cette problématique dans le cadre de l'histoire de l'enseignement et plus spécifiquement de la formation doctorale, voir David Kaiser (dir.), *Pedagogy and the Practice of Science*, Cambridge, MIT Press, 2005 ; voir également l'ouvrage de Claude Rosental, *La trame de l'évidence. Sociologie de la démonstration en logique*, Paris, PUF, 2003, qui étudie les effets des « demos » et des forums internet sur l'accréditation d'un théorème de logique.

5 Émile Borel, *Leçons sur la théorie des fonctions : éléments et principes de la théorie des ensembles, applications à la théorie des fonctions*, Paris, Gauthier-Villars, 1898 ; Émile Borel, *Leçons sur les fonctions entières*, Paris, Gauthier-Villars, 1900 ; Émile Borel, *Leçons sur les séries divergentes*, Paris, Gauthier-Villars, 1901 ; Émile Borel, *Leçons*

son enseignement comme maître de conférences à l'École normale supérieure, où Borel, lui-même ancien élève, avait été nommé en 1897 ; les trois suivants proviennent des cours Peccot donnés au Collège de France, cours dont l'objectif était (et est toujours) d'aider un mathématicien en début de carrière en lui donnant l'opportunité d'enseigner le sujet de ses recherches pendant 20 heures et sur lequel Borel a été nommé pendant les trois années suivant sa création.

Treize nouveaux ouvrages paraîtront avant la Première Guerre mondiale, auxquels il faut ajouter deux nouvelles éditions du premier livre de Borel. Quatre autres livres annoncés en préparation sur les secondes de couverture des ouvrages parus, dont deux prévus dès 1904, n'ont finalement pas été publiés. En tout, en 1914, la collection regroupe dix auteurs (en excluant Borel). La moitié sont des étrangers – on y rencontre un Italien (Volterra), deux Hongrois (Riesz et Dienes), un Allemand (Blumenthal) et un Finlandais (Lindelöf) ; l'autre moitié sont de jeunes mathématiciens appartenant aux promotions de l'École normale supérieure postérieures à celle de Borel (Lebesgue, Baire, Boutroux, Montel et Zoretti). À ces auteurs s'ajoutent les étudiants-auditeurs chargés de rédiger certains des livres à partir des notes prises lors du cours dont ils sont issus[6]. Dès sa mise en place, la collection Borel comporte donc une forte dimension collective et internationale, ce qui indique que Borel a été en mesure de mobiliser des collaborateurs.

Des collaborateurs qui sont aussi des proches

Encourager un projet d'ouvrage suppose l'existence d'une certaine relation de confiance entre l'éditeur scientifique et l'auteur. Et de fait, les premiers auteurs sollicités – Lebesgue, Baire, Lindelöf, Boutroux et Montel – ont la double particularité d'avoir des thèmes de recherche

---

sur les séries à termes positifs, Paris, Gauthier-Villars 1902 ; Émile Borel, *Leçons sur les fonctions méromorphes*, Paris, Gauthier-Villars, 1903.

6 La rédaction des cours magistraux par l'un des étudiants y ayant assisté relève d'une tradition datant au moins du début du 19e siècle. Jusque dans les années 1850, les élèves polytechniciens ont rédigé et fait lithographier ceux de leurs enseignants. De même, après 1850, certains des cours d'analyse de la Sorbonne et de l'École polytechnique ont été rédigés non par le professeur, mais par l'un de ses élèves. Borel lui-même s'est livré à l'exercice, pour un cours de Poincaré : Henri Poincaré, *Leçons sur la théorie de l'élasticité, rédigées par MM. Émile Borel et Jules Drach*, Paris, G. Carré, 1892.

proches de ceux de Borel, ce qui permet à ce dernier de se faire par lui-même une opinion de leurs travaux, et d'appartenir non seulement à la même génération, mais aussi à son cercle de connaissances proches, ce qui autorise une certaine fluidité dans la communication épistolaire nécessaire au travail éditorial[7].

Boutroux et Montel font ainsi partie du cercle d'amis que Borel et son épouse fréquentent régulièrement à Paris[8]. La correspondance avec Lebesgue, entamée en 1901 autour de questions mathématiques, prend un tour plus personnel, au moment où celui-ci succède à Borel pour le cours Peccot, en 1902-1903, tour qu'elle conserve lors des échanges liés à l'édition du livre tiré du cours[9]. Quant à Baire, le ton des premières lettres conservées, datant de 1898, atteste qu'il y avait alors déjà une véritable proximité entre Borel et lui, bien avant qu'il ne succède à son tour à Lebesgue au cours Peccot et ne fournisse un ouvrage à la collection.

Les lettres échangées entre les trois mathématiciens en lien avec l'attribution de ce cours montrent que la communication épistolaire comporte, de manière indissociable, des échanges scientifiques sur les contenus des enseignements à venir, de l'aide et des encouragements, et de la circulation d'informations à caractère institutionnel – chacun de ces éléments jouant son rôle, *in fine*, dans la concrétisation du projet d'ouvrage. Ainsi, c'est très vraisemblablement Borel qui a suggéré à Baire de se présenter dès 1902 et c'est face au désistement de ce dernier (et avec son

---

[7] Notons également que Jules Drach, maître de conférences à Lille, mais surtout ancien camarade et intime de Borel, avec qui il avait rédigé des leçons de Poincaré et co-écrit un ouvrage (Émile Borel, Jules Drach, *Introduction à l'étude de la théorie des nombres et de l'algèbre supérieure*, Paris, Nony, 1895) fait partie des premiers auteurs sollicités. L'ouvrage *Leçons sur les correspondances entre variables réelles* était annoncé dès 1904 sur la seconde de couverture du livre de Lebesgue, mais n'a finalement pas vu le jour.

[8] Camille Marbo, *À travers deux siècles. Souvenirs et rencontres, 1883-1967*, Paris, Grasset, 1968, p. 66-67.

[9] Le lien entre le cours et le livre est revendiqué par Lebesgue (Henri Lebesgue, *Leçons sur l'intégration et la recherche des fonctions primitives*, Paris, Gauthier-Villars, 1904, p. V). Quatre des six ouvrages suivants de la collection sont également issus des cours professés lors du cours Peccot : René Baire, *Leçons sur les fonctions discontinues,* Paris, Gauthier-Villars, 1905 ; Henri Lebesgue, *Leçons sur les séries trigonométriques*, Paris, Gauthier-Villars, 1906 ; Pierre Boutroux, *Leçons sur les fonctions définies par les équations différentielles du premier ordre*, Paris, Gauthier-Villars, 1908 ; Ludovic Zoretti, *Leçons sur le prolongement analytique*, Paris, Gauthier-Villars, 1911. Après la Première Guerre mondiale, plusieurs autres livres de la collection sont issus de cours Peccot.

accord) qu'il a finalement encouragé la candidature de Lebesgue[10]. L'année suivante (1903-1904), alors que Baire et Lebesgue sont cette fois-ci concurrents, Borel soutient le premier, qui obtient le cours[11]. Baire lui écrit à cette occasion : « [...] Merci pour la bonne nouvelle, mais surtout merci pour avoir fait en sorte qu'elle fut bonne »[12]. Enfin, une lettre de Lebesgue d'août 1904, où celui-ci « remercie [Borel] pour [ses] tuyaux », nous apprend que Pierre Boutroux, nommé à Montpellier, « désirait ne pas prendre le Collège de France la prochaine année » et que c'était là le « plus fort atout [de Lebesgue] pour une nomination »[13]. Lebesgue obtient finalement le cours, ce qui donne l'occasion d'un nouveau livre pour la collection[14].

De même, de nombreux indices attestent de cette double proximité, à la fois scientifique et personnelle, entre Borel et les autres collaborateurs à sa collection. Les liens de Borel et Lindelöf, par exemple, permettent au premier de prendre la liberté de proposer un sujet différent de celui que le second avait au départ choisi pour son ouvrage[15]. Otto Blumenthal, auteur allemand des *Principes de la théorie des fonctions entières d'ordre infini*, publiés en 1910, a suivi les cours de Borel lors de son séjour à Paris en 1898-1899[16]. Le mathématicien italien Vito Volterra, qui rédige deux livres de la collection à la veille de la Première Guerre mondiale, correspond quant à lui régulièrement avec Borel depuis leur rencontre au congrès international des mathématiciens de Zurich en 1897[17].

---

10 Lettre de Baire à Borel, 28 juillet 1902, Arch. Ac. sc. 44J/B 008. Voir aussi la lettre de Lebesgue à Borel du 7 février 1902, Arch. Ac. sc. 44J/L 006, en réponse à un message où, visiblement, Borel « sondait » déjà Lebesgue à ce propos.

11 L'événement est à l'origine d'une brouille tenace entre Baire et Lebesgue.

12 Lettre de Baire à Borel, 12 novembre 1903, Arch. Ac. sc. 44J/B 018.

13 Lettre de Lebesgue à Borel, 15 août 1904, Arch. Ac. sc. 44J/L 037.

14 Boutroux, quant à lui, se voit attribuer ce cours deux ans plus tard, en 1906 – et en profite pour fournir un nouvel ouvrage à Borel, à qui il adresse à cette occasion « de nouveaux remerciements au sujet de [son] cours au Collège de France » (Lettre de Boutroux à Borel, 4 août 1907, Arc. Ac. sc. 44J/M 032).

15 Lettre de Lindelöf à Borel, 26 février 1903, Arch. Ac. sc. 44J/M 194.

16 Paul Butzer, Lutz Volkmann, « Otto Blumenthal (1876-1944) in retrospect », *Journal of Approximative Theory*, t. 138, 2006, p. 1-36.

17 Angelo Guerragio, Giovanni Paoloni, *Vito Volterra*, Berlin, Springer, 2013, p. 44. Sur les relations de Borel et Volterra, voir : Laurent Mazliak, « Volterra and the Journeys of French Students in Italy in the 1910s », *Revista Brasileira de História da Matemática*, vol. 14, n° 29, 2015, p. 1-30.

Des institutions où l'on discute et où l'on noue des liens

Les modalités de mobilisation des auteurs montrent que l'organisation de toute l'entreprise suppose qu'ont été établies, au préalable, des formes de communication scientifique qui relèvent davantage des interactions personnelles que de la circulation des imprimés.

La position sociale et institutionnelle de Borel favorise nettement la mise en place de tels échanges interpersonnels. Auteur d'une thèse remarquée, Borel a été très tôt distingué comme l'un des jeunes mathématiciens les plus prometteurs de sa génération – ce que manifeste le fait qu'il a obtenu le cours Peccot pendant trois années consécutives, mais aussi qu'il a reçu quatre prix académiques en l'espace de sept ans, entre 1898 et 1905[18]. Borel a également pu bénéficier très rapidement de postes qui l'ont placé au centre de la vie mathématique en France, à l'ENS, puis à la Sorbonne[19].

De par ses fonctions de maître de conférences (1897-1909), puis de directeur des études scientifique (1910-1920) à l'École normale supérieure, mais aussi par son réseau familial et relationnel, Borel se trouve dans une position privilégiée pour former et encourager les jeunes gens qui lui semblent prometteurs[20]. À l'exception de Paul Levy, tous les auteurs français de la collection, que ce soit pour les livres effectivement publiés ou pour ceux qui sont restés à l'état de projet, sont normaliens[21].

---

18 Borel a reçu le Grand prix des sciences mathématiques en 1898, le prix Poncelet en 1901, le prix Vaillant en 1904 et le prix petit Dormoy en 1905.

19 Dans un système où l'obtention d'un poste à Paris était l'aboutissement de toute une carrière, il n'a fallu que quatre ans à Borel pour quitter la faculté de Lille et rejoindre l'ENS. Il a ensuite obtenu la chaire de théorie des fonctions à la Sorbonne en 1909. Si l'on en croit les mémoires de son épouse, il était dès ses études considéré par les « patrons » des mathématiques parisiennes, Joseph Bertrand, Gaston Darboux, Paul Painlevé ou encore Paul Appell, comme un « cas exceptionnel » à qui l'on prédisait « une carrière fulgurante », Camille MARBO, *À travers deux siècles. Souvenirs et rencontres, 1883-1967*, Paris, Grasset, 1968, p. 19.

20 Borel a épousé en 1901 la fille du doyen de la Faculté des sciences de Paris, Paul Appell, entrant ainsi dans un réseau familial et amical qui comptait les plus grands noms de la science de l'époque. Voir à ce sujet : Christophe PROCHASSON, Anne RASMUSSEN, *Au nom de la patrie. Les intellectuels et la Première Guerre mondiale, 1910-1919,* Paris, La découverte, 1996, p. 97-98 ; Martin ZERNER, « Le règne de Joseph Bertrand (1874-1900) », *Cahiers d'histoire et de philosophie des sciences*, t. 34, 1991, p. 299-322. Voir également Camille MARBO, *À travers deux siècles. Souvenirs et rencontres, 1883-1967,* Paris, Grasset, 1968, p. 67-68.

21 Les jeunes normaliens qui ont écrit des livres dans la collection sont : Baire (ENS 1892), Lebesgue (ENS 1894), Montel (ENS 1894), Zoretti (ENS 1899), Fréchet

De même, les étudiants qui ont parfois été sollicités pour rédiger le livre à l'issue du cours dont il est tiré sont aussi en très grande majorité de jeunes normaliens[22]. Les mathématiciens plus avancés dans la carrière auxquels Borel fait appel pour apporter, par une préface ou une note, une caution scientifique supplémentaire, sont également des anciens élèves de l'École[23]. Si la collection Borel rend manifeste la position dominante qu'a acquise l'École normale supérieure dans le champ mathématique en France à la fin du 19e siècle[24], la liste des contributeurs montre aussi que l'insertion de Borel dans une institution, l'ENS, et une communauté, celles des normaliens scientifiques, lui permet de fait appel à des personnes qu'il connaît en tant qu'individus, avec lesquels il a noué des relations d'estime et de confiance, mais dont il connaît aussi la valeur et les compétences mathématiques.

Il faut également noter que la position parisienne et la réputation de Borel lui permettaient de nouer des liens avec des mathématiciens étrangers. Ainsi, il a profité des invitations ponctuelles à la Sorbonne ou au Collège de France de mathématiciens confirmés pour obtenir de nouveaux livres pour sa collection[25]. Les séjours de certains collègues

---

(ENS 1900), Denjoy (ENS 1902), Giraud (ENS 1909) et Julia (ENS 1911). Signalons également Pierre Cousin (ENS 1886), dont la parution annoncée de *Quelques principes fondamentaux des fonctions de plusieurs variables complexes*, est finalement restée sans suite.

22 Dubesset (ENS 1896) a contribué à la rédaction du deuxième livre de Borel (*Leçons sur les fonctions entières,* 1900) ; Dauzats (ENS 1896) devait rédiger le troisième (*Leçons sur les séries divergentes,* 1901), mais ne l'a visiblement pas fait. Zoretti, Denjoy et Julia, avant de devenir auteurs, ont eux aussi été les rédacteurs d'ouvrages de la collection. Pérès (ENS 1908), qui avait fait un voyage d'études auprès de Volterra, a ensuite assisté ce dernier pour rédiger les *Leçons sur les fonctions de lignes* (1913). Julia a quant à lui fait rédiger son ouvrage *Leçons sur les fonctions uniformes à point singulier essentiel isolé* (1924) par Paul Flamant (ENS 1913, agrégé-préparateur en 1923).

23 Paul Painlevé (ENS 1883), « ami de jeunesse » de Borel, et intime du couple Borel (Camille Marbo, *À travers deux siècles. Souvenirs et rencontres, 1883-1967,* Paris, Grasset, 1968, p. 99) a rédigé une note à la fin des *Leçons sur les fonctions de variables réelles et les développements en séries de polynômes* de Borel (1905). Jacques Hadamard (ENS 1884) est l'auteur des préfaces des *Leçons d'analyse fonctionnelle* de Paul Lévy (1922) et des *Leçons sur les progrès récents de la théorie des séries de Dirichlet* de Vladimir Bernstein (1933).

24 Craig Zwerling, *The Emergence of the* École normale supérieure *as a Center of Scientific Education in Nineteenth-Century France*, New York, Garland Publishing, 1990.

25 Les *Leçons sur les fonctions de lignes* de Volterra (1913) et les *Leçons sur les méthodes de Sturm dans la théorie des équations différentielles linéaires et leurs développements modernes* de Bôcher (1917) ont été professées à la Sorbonne ; l'ouvrage de La Vallée

ont aussi fourni l'occasion d'envisager de nouveaux projets[26]. Réciproquement, les rencontres internationales auxquelles Borel a pu participer, et notamment les congrès des mathématiciens, ont constitué un atout pour étendre le réseau des collaborateurs à la collection[27]. Blumenthal rapporte ainsi, par exemple, que « c'est au troisième congrès international des mathématiciens, à Heidelberg, en automne 1904, que M. Borel [lui] avait proposé de rédiger pour sa collection un volume sur les fonctions entières d'ordre infini »[28].

Le poids des recommandations et de la réputation

Les choix de Borel ne sont cependant pas liés au hasard des rencontres. Ils dépendent des thèmes qu'il souhaite voir traiter dans sa collection comme de ce qu'il connaît de l'avancée des recherches et de ce qu'il juge pertinent, c'est-à-dire de ce qu'il a lu ou de ce qu'on lui a dit des travaux des uns et des autres. Il sollicite par exemple Helge von Koch sur les conseils de Lindelöf (que Borel connaît personnellement, nous l'avons vu) et de Gosta Mittag Leffler (mathématicien très réputé, qui fut le directeur de thèse de von Koch) – tous deux lui ayant écrit que le cours professé par von Koch sur la fonction de Riemann était « très intéressant »[29]. Il publie l'ouvrage de Paul Dienes après avoir lu un mémoire que celui-ci lui a envoyé[30].

Poussin, *Intégrales de Lebesgue, fonctions d'ensemble, classes de Baire* (1916) ont été professées au Collège de France, où l'auteur avait été invité à l'instigation de Hadamard, lettre de Lebesgue à Borel, 11 octobre 1915, Arc. Ac. sc. 44J/L 218.

26 Lettre de Nörlund à Borel du 21 juin 1912, Arc. Ac. sc. 44J/M 281. Des *Leçons sur les séries de faculté* de cet auteur sont annoncées sous presse en 1913, mais n'ont finalement apparemment pas été publiées.

27 Borel fait partie des représentants de la France au premier congrès international des mathématiciens à Zurich en 1897 ; il participe ensuite à ceux de Paris (1900), Heidelberg (1904), Rome (1908), Cambridge (1912).

28 Otto Blumenthal, *Principes de la théorie des fonctions entières d'ordre infini*, Paris, Gauthier-Villars, 1910, p. V.

29 Lettre de Lindelöf à Borel, 9 décembre 1904, Arc. Ac. sc. 44J/M207 ; lettre de Mittag-Leffler à Borel, 26 novembre 1904, Arc. Ac. sc. 44J/M 233 ; lettres de Von Koch à Borel, 4 décembre 1904 et 15 décembre 1904, Arc. Ac. sc. 44J/M 158 et 44J/M 159.

30 Dienes a envoyé à Borel un « Mémoire sur les singularités des fonctions analytiques » avec sa lettre du 26 novembre 1911, Arc. Ac. sc. 44J/M 069 ; il a ensuite publié dans la collection : Paul Dienes, *Leçons sur les singularités des fonctions analytiques professées à l'Université de Budapest*, Paris, Gauthier-Villars, 1913.

Inversement, c'est aussi parce que le nom de Borel est connu qu'il parvient à communiquer avec des mathématiciens d'envergure, attirant ainsi des auteurs de renom et en obtenant parfois de l'aide, comme le montre une réponse de Volterra à une demande de Borel de lui communiquer une liste de mathématiciens italiens susceptibles de collaborer à la collection :

> J'admire tout ce que vous avez fait pour le progrès des mathématiques par votre œuvre personnelle et par l'impulsion que vous avez donnée aux autres. Votre collection de monographies a été très utile pour répandre des nouvelles idées. Votre nouvelle proposition fait ainsi beaucoup d'honneur aux mathématiciens de notre pays et vous pouvez compter sur moi[31].

La construction du réseau des collaborateurs est donc tout à la fois une affaire de rencontres effectives et d'entraide normalienne, de recommandation, de réputation et de jugement d'un travail mathématique qui se fait à distance, par la lecture des recherches des uns et des autres. La mise en place de la collection se fait ainsi grâce à la combinaison, par le directeur scientifique, d'autres vecteurs de communication que le livre, comme les congrès internationaux, les cours magistraux, les articles imprimés dans des revues, les correspondances, voire les échanges informels. En cela, la collection Borel donne à voir les effets conjoints, au début du 20e siècle, des formes de sociabilité savante propre au contexte parisien et du fonctionnement d'un milieu mathématique déjà largement internationalisé. Grâce au travail éditorial de Borel, la collection participe de la fabrication simultanée d'une théorie mathématique et de formes de communication au sein du réseau de collaborateurs qui assurent la robustesse de cette théorie.

Travail en commun et fabrication des savoirs

Au début du 20e siècle, l'usage de la théorie des ensembles tend à se répandre dans les thèses d'analyse soutenues en France, mais aussi dans les Notes publiées dans les *Comptes rendus* de l'Académie des sciences. La nouvelle théorie des fonctions, qui atteste de l'efficacité de cette approche innovante, est un domaine en pleine ébullition en France, voire « à la

31 Lettre de Volterra à Borel du 5 décembre 1904, Arc. Ac. sc, 44J/M 372.

mode »[32]. Dans ce contexte, la collection Borel constitue aussi un outil de communication, au sens où elle fédère le petit groupe des spécialistes du sujet et fournit l'occasion de contacts et de dialogues.

Favoriser l'émergence de jeunes chercheurs

La collection de monographies affiche, dès le départ, des ambitions pédagogiques : s'adressant en principe à des étudiants de niveau licence, elle a pour objectif d'éveiller la curiosité des lecteurs, de faire connaître des méthodes et, *in fine*, d'inciter à un travail mathématique autonome[33]. En dépit de quelques témoignages célèbres, il est bien sûr difficile d'évaluer de manière générale l'effet qu'elle a pu avoir sur de jeunes lecteurs[34]. Néanmoins, dans le cas de certains étudiants qui étaient en contact direct avec Borel ou bien avec l'un des auteurs, il est clair que la collection a constitué un instrument de formation, permettant – au même titre que les déjeuners hebdomadaires réunissant huit élèves et deux « archicubes » ou professeurs que Borel organisait lorsqu'il dirigeait la section scientifique de l'ENS – de « placer [ces] jeunes gens dans une atmosphère de dialogue intellectuel cordiale »[35].

Outre le fait que le travail de rédaction de certains des livres, confié à des étudiants normaliens, a permis à ces derniers d'acquérir une excellente connaissance du domaine ou d'initier des collaborations par la suite[36], les relations « maître-disciple » qui se nouent par l'intermédiaire

---

32 Hélène Gispert, « La théorie des ensembles en France avant la crise de 1905 : Baire, Borel, Lebesgue… et tous les autres », *Revue d'histoire des mathématiques*, n° 1, 1995, p. 39-81.

33 Caroline Ehrhardt, « Du cours magistral à l'entreprise éditoriale. La collection Borel publiée par Gauthier-Villars au début du xxe siècle », *Histoire de l'éducation*, vol. 130, 2011, p. 111-139.

34 Voir cependant : Frédéric Riesz, « L'évolution de la notion d'intégrale depuis Lebesgue », *Annales de l'Institut Fourier*, t. 1, 1949, p. 29-42 ; Szolem Mandelbrojt, « Souvenirs à bâtons rompus de Szolem Mandelbrojt, recueillis en 1970 et préparés par Benoît Mandelbrojt », *Cahiers du séminaire d'histoire des mathématiques*, t. VI, 1985, p. 1-46, en particulier p. 4-5.

35 Camille Marbo, *À travers deux siècles. Souvenirs et rencontres, 1883-1967*, Paris, Grasset, 1968, p. 101.

36 De façon emblématique, Lebesgue affirme que Denjoy, rédacteur du livre de Baire, « nage dans le Baire comme dans son élément naturel » – un propos confirmé par Denjoy lui-même qui, bien des années plus tard, témoigne du fait que « Baire est certainement le mathématicien qui l'a le plus influencé ». Plusieurs des rédacteurs,

de la collection ont pu déboucher sur une certaine entraide scientifique entre les membres du réseau. Par exemple, Paul Montel, alors doctorant qui assiste au cours de Lebesgue en 1903, collabore avec celui-ci pour obtenir la démonstration de l'un des théorèmes ; Lebesgue choisit pourtant de ne pas faire figurer celle-ci dans son livre, expliquant à Borel que, s'il la publiait, « Montel passerait pour n'avoir rien fait » et que, s'il la publiait tous deux ensemble, « à cause de cette habitude stupide qu'on a, dans les collaborations, de tout rapporter à celui que l'on connaît déjà [...], Montel serait encore frustré »[37]. Ce souci de préserver les intérêts d'un jeune collègue travaillant dans le même domaine se manifeste également vis-à-vis de Pierre Fatou (1878-1929, ENS 1898), à qui Lebesgue souhaite laisser la priorité en ne publiant pas dans son livre, avant que Fatou n'ait soutenu sa thèse, des résultats auxquels tous deux étaient parvenus[38]. Cette solidarité intergénérationnelle, qui manifeste l'insertion de mathématiciens débutants dans le réseau de la collection Borel, a enfin pu prendre une forme plus prosaïque, par exemple lorsque Denjoy écrit à Borel pour l'informer de ses démarches relatives au cours Peccot et lui demande de l'aider[39], ou encore lorsque Lebesgue signale à Borel, en 1905, que si lui-même, puis Boutroux conservaient trop longtemps cette même chaire, ils risqueraient « d'évincer » des « gens intéressants comme Zoretti »[40].

En entrant dans le réseau de la collection Borel, les jeunes normaliens repérés par leurs aînés comme étant des mathématiciens prometteurs ont ainsi non seulement bénéficié d'une formation à la recherche par les meilleurs spécialistes de la nouvelle théorie des fonctions en train de se construire[41], mais ils ont aussi reçu du soutien, de l'appui et des conseils

devenus spécialistes de la nouvelle théorie des fonctions, se verront par la suite confier un livre de la collection. Joseph Pérès, qui avait rédigé l'un des ouvrages de Volterra, est ensuite devenu l'un des amis proches du mathématicien italien et a co-écrit un nouveau livre avec lui.

37 Lettre de Lebesgue à Borel, 17 janvier 1904, Arch. Ac. sc., 44J/L 021.

38 Lettre de Lebesgue à Borel, 29 janvier 1905, Arch. Ac. sc., 44J/L 054.

39 Lettre de Denjoy à Borel, 4 mai 1911, Arch. Ac. sc., 44J/M 068.

40 Lettre de Lebesgue à Borel, 11 mars 1905, Arch. Ac. sc., 44J/L 060.

41 Caroline Ehrhardt, « Du cours magistral à l'entreprise éditoriale. La collection Borel publiée par Gauthier-Villars au début du xxe siècle », *Histoire de l'éducation*, vol. 130, 2011, p. 26.

qui ont favorisé le début de leur carrière. Réciproquement, en aidant ces nouveaux venus ayant participé à la collection à se faire un nom, Borel ne manque pas de renforcer la légitimité de son entreprise éditoriale, tout comme, d'ailleurs, celle du champ de recherche qu'il cherche à développer et qui est intrinsèquement associé à ce réseau.

Un fonctionnement en partie horizontal

Le rôle de Borel, en tant que directeur scientifique, consiste à prendre connaissance du plan de l'ouvrage, en amont de la rédaction, puis à annoter les épreuves en placard avant de les retourner à l'auteur[42]. Il s'agit alors pour Borel de s'assurer de la clarté de la rédaction et des notations[43], de proposer des coupes et des abréviations pour se conformer aux exigences de l'éditeur Gauthier-Villars en termes de nombre de pages[44], mais aussi de vérifier l'exactitude mathématique des résultats et de proposer des corrections ou de demander des précisions à l'auteur si nécessaire[45]. Néanmoins, à la lecture de la correspondance de Borel, cette activité éditoriale apparait davantage comme un travail collaboratif que comme une prérogative stricte du directeur scientifique.

Ainsi, les propres ouvrages de Borel dans la collection se sont trouvés enrichis des discussions qu'ils ont suscitées de la part des collaborateurs. Lebesgue a par exemple complété les *Leçons sur les fonctions de variables réelles et les développements en séries de polynômes* (1905) de Borel par une note, rédigée au cours d'un dialogue mathématique conduit par voie épistolaire entre les deux hommes ; il a ensuite effectué une lecture des épreuves de ce livre, suggérant à Borel modifications et améliorations[46]. Lebesgue a par la suite effectué la même tâche lors de la publication du livre de Montel, ce qui lui a « fourni l'occasion de remarques importantes et d'indications judicieuses » jugées « fort utiles » par l'auteur[47].

---

[42] Contrat annexé à la lettre de Blumenthal à Borel du 14 septembre 1904, Arch. Ac. sc., 44J/M 011.

[43] Lettre de Boutroux à Borel, 2 octobre 1907, Arch. Ac. sc., 44J/M 034.

[44] Lettre de Lindelöf à Borel, 8 novembre 1904, Arch. Ac. sc., 44J/M 205 ; lettre de Lebesgue à Borel, n. d. [avant le 3 octobre 1903], Arch. Ac. sc., 44J/L008.

[45] Lettre de Blumenthal à Borel, 29 novembre 1908, Arch. Ac. sc., 44J/M 021 ; lettre de Lebesgue à Borel, 6 août 1904, Arch. Ac. sc., 44J/L036.

[46] Lettre de Lebesgue à Borel, 17 août 1904, Arch. Ac. sc., 44J/L 038.

[47] Paul MONTEL, *Leçons sur les séries de polynômes à une variable complexe*, Paris, Gauthier-Villars, 1910, p. VI.

L'assistance que demande ici Borel n'est pas uniquement liée à la proximité scientifique qu'il a alors avec Lebesgue : Painlevé, par exemple, s'est vu chargé de la relecture de l'ouvrage de Boutroux[48]. Et, de manière peut-être plus étonnante, cette assistance s'affranchit volontiers des hiérarchies institutionnelles et générationnelles, la tâche de vérification échéant parfois aux auditeurs chargés de la rédaction. Ces derniers, loin de se contenter de relever les fautes de frappe, bénéficient alors de la pleine confiance de l'auteur pour apporter d'éventuelles corrections sur le plan mathématique. Volterra précise ainsi à Borel qu'il serait « fort reconnaissant » à Pérès s'il trouvait « d'autres inexactitudes ou corrections » que celles qui relèvent de la simple amélioration linguistique[49], tandis que Lebesgue rapporte que c'est Montel qui lui a « indiqué la différence » entre des énoncés, laquelle lui avait « tout à fait échappé », lui permettant ainsi de corriger une erreur[50].

Enfin, les échanges liés à la mise au point des livres ont parfois conduit à des discussions mathématiques portant sur des points complémentaires, donnant lieu à des publications sous forme d'article de revue, ou constituant un matériel « en réserve » pour un ouvrage ultérieur. Baire ajoute ainsi à sa réponse portant sur les corrections des dernières épreuves de son livre, « pendant qu'[il] y pense », une remarque sur l'emploi d'une nouvelle notation, plus « commode » selon lui, qu'il a utilisée dans un mémoire soumis pour publication aux *Acta Mathematica*, mais qui ne figure pas dans son ouvrage[51]. De même, peu après la publication de son volume, Lebesgue écrit longuement à Borel pour répondre à une « question sur les ensembles » que ce dernier lui a posée ; à cette occasion, il compare les mérites respectifs des démonstrations obtenues par l'un et l'autre en usant de concepts similaires et fournit une variante de l'une des démonstrations publiée dans son livre[52].

---

48 Lettre de Boutroux à Borel, 4 août 1907, Arch. Ac. sc., 44J/M 32.

49 Lettre de Volterra à Borel, 4 décembre 1911, Arch. Ac. sc., 44J/M 377. Voir aussi la lettre de Julia à Borel, 10 août 1914, Arch. Ac. sc., 44J/M 144.

50 Lettre de Lebesgue à Borel, 26 août 1904, Arch. Ac. sc., 44J/L 039.

51 Lettre de Baire à Borel, 17 septembre 1904, Arch. Ac. sc., 44J/B 026.

52 Lettre de Lebesgue à Borel, 29 novembre 1903, Arch. Ac. sc., 44J/L 014. Le même phénomène s'est manifesté, nous l'avons vu, entre Lebesgue et Montel, tous deux étant parvenus, au fil des discussions suscitées par le cours de Lebesgue au Collège de France, à la démonstration en commun d'un théorème dont Lebesgue laissera la priorité de la publication à son jeune collègue.

Ainsi, loin de constituer une chambre d'enregistrement pour des savoirs mathématiques déjà produits, la collection Borel s'avère être le lieu même où s'élaborent de nouvelles connaissances en matière de théorie des fonctions, à travers le travail en commun, les dialogues et les échanges que nécessitent la rédaction des livres et la mise au point éditoriale. De ce point de vue, préparer la communication de la nouvelle théorie des fonctions vers un large public est aussi un moyen pour les spécialistes que sont Borel et ses collaborateurs de communiquer entre eux, afin de fabriquer et d'éprouver de nouveaux savoirs et donc de développer et de renforcer leur domaine de recherche.

Intersections et priorités

La postérité, en consacrant les résultats obtenus dans le domaine de la théorie des fonctions au début du 20e siècle, a souvent fixé la paternité de ces derniers : on parle aujourd'hui de « mesure de Borel » et d'« intégrale de Lebesgue », tandis que le « théorème de Baire » est l'un des plus fameux de la théorie. Néanmoins, dans le vif de l'action, les choses n'étaient pas si simples. En intégrant des résultats inédits d'un domaine de recherches qui prenait « chaque jour une importance plus considérable »[53] à une collection dont le rythme de publication était dès le départ prévu pour être soutenu[54], la question des recoupements entre les ouvrages – et les problèmes de priorité qui s'ensuivaient – n'a pas manqué de se poser[55].

---

53 Émile Borel, *Leçons sur la théorie des fonctions : éléments et principes de la théorie des ensembles, applications à la théorie des fonctions*, Paris, Gauthier-Villars, 1898, p. VII-VIII.

54 La seconde de couverture des *Leçons sur l'intégration* de Lebesgue de 1904, premier ouvrage publié sous l'étiquette de « Collection de monographies sur la théorie des fonctions », annonce déjà cinq ouvrages sous presse ou en préparation, nombre qui monte jusqu'à sept dans les années 1908-1910, sur la 2e de couverture du livre de Boutroux.

55 Les problèmes liés à l'interdépendance des recherches ont rapidement nui aux relations entre Baire, Borel et Lebesgue. Une querelle de priorité a éclaté entre Borel et Lebesgue à la fin de la Première Guerre mondiale, qui a mis un terme aux relations entre les deux hommes. Voir à ce sujet les commentaires de Dugac dans l'édition de la correspondance Borel-Lebesgue, *Cahiers du séminaire d'histoire des mathématiques*, t. 12, 1991, p. 448-450. De même, Baire et Lebesgue, tous deux en attente d'un poste à l'université et donc en concurrence, n'ont pas tardé à se brouiller. Leur rivalité au sujet du cours Peccot, en 1904, a fait surgir des revendications de priorité et des reproches relatifs aux inter-citations qui étaient jusqu'alors latents (Lettre de Lebesgue à Borel, 11 octobre 1904, Arch. Ac. sc., 44J/L 043).

Dans ce contexte, l'un des rôles de Borel en tant que directeur de collection a donc aussi été de tenter de prévenir les conflits en favorisant la communication entre les auteurs et en jouant si besoin le rôle d'arbitre. Par exemple, ayant noté des similitudes entre une démonstration figurant dans le manuscrit du livre de Lindelöf et une autre figurant dans les épreuves du livre de Lebesgue sur l'intégration, Borel a servi d'intermédiaire entre les deux hommes. Il a ainsi communiqué la partie correspondante des épreuves de Lebesgue à Lindelöf[56], puis incité Lebesgue à signaler l'existence de la preuve de Lindelöf dans la dernière note de son ouvrage[57]. Enfin, Borel a communiqué les dernières épreuves de l'ouvrage de Lindelöf à Lebesgue, qui a effectué une relecture[58]. Malgré ce souci de transparence, l'épisode a suscité quelques tensions, la susceptibilité de Lebesgue se réveillant sur un mot malheureux de Borel[59] et l'indignation pointant quand il constata ne pas avoir été cité en retour par Lindelöf[60].

Cependant, si les intersections entre les travaux des collaborateurs de Borel ne vont pas sans poser de problèmes relationnels, elles se sont révélées être un atout pour la collection de monographies. Certains résultats, exposés dans plusieurs volumes avec des méthodes ou des démonstrations différentes s'avéraient ainsi plus accessibles en pratique, de part la multiplication des supports possibles[61], mais aussi plus intelligibles, de part la multiplication des explications et approches disponibles[62]. Ces intersections de contenus imposaient aussi aux nouveaux auteurs d'inclure les livres déjà publiés parmi leurs références. Dès 1905, Baire précise ainsi, au sujet de certaines des notions développées dans les livres de Borel, qu'il s'agit de « notions courantes » qu'il faut maîtriser pour comprendre ses leçons. Borel explique, réciproquement, que « pour ce qui

---

56 Lettre de Lindelöf à Borel, 27 octobre 1903, Arch. Ac. sc., 44J/M 199 ; Lettre de Lebesgue à Borel, avant le 3 octobre 1903 [non datée précisément], Arch. Ac. sc., 44J/L 08.

57 Lettre de Lebesgue à Borel, n. d. [avant le 17 décembre 1903], Arch. Ac. sc., 44J/L 016.

58 Lettre de Lindelöf à Borel, 8 novembre 1904, Arch. Ac. sc., 44J/M 205.

59 Lettre de Lebesgue à Borel, du 15 octobre 1903, Arch. Ac. sc., 44J/L 012.

60 Lettre de Lebesgue à Borel, 20 décembre 1903, Arch. Ac. sc., 44J/L 018.

61 Lebesgue fait notamment remarquer à ce sujet: « peut-être certains [...] clients cesseront d'acheter les livres s'ils doivent en acheter plusieurs à la fois », Lettre de Lebesgue à Borel, 29 janvier 1905, Arch. Ac. sc., 44J/L 053.

62 Voir sur ce point les lettres de Lebesgue à Borel du 11 octobre 1904, Arch. Ac. sc., 44J/L 043, et du 13 octobre 1904, Arch. Ac. sc., 44J/L 044.

concerne les fonctions discontinues, [il] ne peut mieux faire que renvoyer aux *Leçons sur les fonctions discontinues* de M. Baire »[63]. De même, Dienes indique à ses lecteurs que la connaissance de l'ouvrage de Lebesgue sur les séries trigonométriques est « désirable » pour comprendre son propre livre[64].

Finalement, comme le montre la préface de La Vallée Poussin, selon laquelle « les questions traitées dans [son] ouvrage appartiennent à la théorie récente dont MM. Borel, Baire et Lebesgue sont les fondateurs »[65], la collection a eu pour effet de construire un corpus de références communes, avec des outils, un vocabulaire et des notations qui sont utilisés par tous. En d'autres termes, par la synthèse qu'elle réalise, la collection de monographies sur la théorie des fonctions joue un rôle majeur dans la structuration du champ de recherches qu'elle expose. Il y a bien, de ce point de vue, un « effet collection », au sens où l'inclusion de chaque livre dans un ensemble renforce non seulement sa portée individuelle, mais aussi plus généralement les possibilités de diffusion des connaissances relevant du domaine de recherche[66]. Cet effet, on va le voir, se trouve démultiplié par l'écho que trouvent certains des livres dans les périodiques.

Circulations et complémentarités des imprimés

Les quelques informations dont nous disposons sur les ventes – modestes – des ouvrages contrastent avec les témoignages relatifs au succès et à l'influence de la collection[67]. Comment s'articulent donc une faible diffusion papier et une forte notoriété au-delà du cercle des

---

[63] Émile Borel, *Leçons sur les fonctions de variables réelles et les développements en séries de polynomes,* Paris, Gauthier-Villars, 1928, p. 93.

[64] Ludovic Zoretti, *Leçons sur le prolongement analytique*, Paris, Gauthier-Villars, 1911, p. VI ; Paul Dienes, *Leçons sur les singularités des fonctions analytiques professées à l'Université de Budapest*, Paris, Gauthier-Villars, 1913, p. VIII.

[65] Charles de La Vallée Poussin, *Intégrales de Lebesgue, fonctions d'ensemble, classes de Baire*, Paris, Gauthier-Villars, 1916, p. VII.

[66] Sur « l'effet collection » : Aileen Fyfe, « Periodicals and Book Series : complementary Aspects of a Publisher's Mission », dans Louise Henson *et al.*, *Culture and Science in the Nineteenth Century Media,* Londres, Routledge, 2016, p. 71-82.

[67] Caroline Ehrhardt, « Du cours magistral à l'entreprise éditoriale. La collection Borel publiée par Gauthier-Villars au début du XXe siècle », *Histoire de l'éducation*, vol. 130, 2011, p. 126 et p. 130-131.

spécialistes de la théorie ? Un élément de réponse réside dans le fait que le processus de réception d'un livre peut prendre des chemins très différents de sa seule circulation matérielle. Dans le cas de la collection Borel, cette réception passe par l'écho que les ouvrages trouvent dans les périodiques, mais aussi par les stratégies mises en place par Borel et ses collaborateurs pour faire valoir leur domaine de recherche – et donc, par là-même, leur travail pour la collection.

Effets de résonance

Un premier groupe de publications qui renvoie aux livres de la collection Borel est bien entendu constitué des comptes rendus dont ils ont fait l'objet. La nature hybride de ces livres, à mi-chemin entre manuels et monographies de recherche, leur a permis d'être recensés à la fois dans des revues mathématiques, dans des périodiques destinés aux étudiants et enseignants et dans des journaux scientifiques généralistes. Or, si l'on insiste évidemment, dans les *Nouvelles annales de mathématiques* et dans *L'Enseignement mathématique*, sur les qualités pédagogiques des livres, on ne manque pas non plus de souligner l'attrait des résultats qui y sont présentés, ainsi que leur appartenance à un domaine de recherche très dynamique et très récent[68]. Une revue généraliste comme la *Revue générale des sciences pures et appliquées* explique quant à elle que les ouvrages permettent de « s'initier aux théories actuelles de la science »[69], qu'ils exposent « des sujets délicats, encore peu connus [...] avec une véritable maîtrise »[70] ou encore qu'ils ouvrent « des voies nouvelles pour l'étude de [...] questions ardues et difficiles »[71]. On peut également lire des recensions signées du philosophe Louis Couturat, insistant sur l'importance

---

[68] Voir par exemple le compte rendu du livre de P. Montel dans les *Nouvelles annales de mathématiques*, 4e sér., vol. 11, 1911, p. 81-84, le compte rendu du livre de P. Boutroux dans *L'enseignement mathématique*, vol. 11, 1909, p. 65-66, le compte rendu du livre de L. Zorretti dans *L'Enseignement mathématique*, vol. 13, 1911, p. 433-434 et le compte rendu du livre de F. Riesz dans *L'Enseignement mathématique*, vol. 16, 1914, p. 158-159.

[69] Henri Fehr, « Compte rendu : *Leçons sur les fonctions entières* d'E. Borel », *Revue générale des sciences pures et appliquées*, t. 11, 1900, p. 1283.

[70] Maurice Lelieuvre, « Compte rendu : *Leçons sur les fonctions discontinues* de R. Baire », *Revue générale des sciences pures et appliquées*, t. 16, 1905, p. 914.

[71] Maurice Lelieuvre, « Compte rendu : *Leçons sur le prolongement analytique* de L. Zoretti », *Revue générale des sciences pures et appliquées*, t. 23, 1912, p. 286.

de la nouvelle théorie des fonctions pour la philosophie des sciences, dans la *Revue de métaphysique et de morale*[72]. Ces recensions, le plus souvent élogieuses, incitent donc un public plus large que celui des mathématiciens à prendre connaissance des ouvrages (si ce n'est à les acheter), en insistant sur le fait qu'ils conjuguent accessibilité et nouveauté.

De tels textes, en fournissant une grille de lecture spécifique aux ouvrages, permettent à ces derniers de sortir du statut de manuels que l'on pourrait être tenté de leur assigner, pour en faire, aux yeux de lecteurs issus d'horizons divers, des textes importants de la recherche mathématique en cours. De la même manière, les recensions à l'étranger montrent que la collection est parvenue à sortir de son ancrage parisien, voire normalien, pour être finalement reconnue à l'échelle internationale. Les lecteurs de la *Mathematical Gazette* ont ainsi été informés du fait que « la série de monographies est presque indispensable à quiconque est engagé dans des recherches sur la théorie des fonctions »[73]. En gagnant en visibilité en dehors du milieu de la recherche mathématique parisienne, la collection Borel gagne donc aussi ici en légitimité, tout en favorisant l'intérêt ou la curiosité pour le domaine sur lequel elle porte et en attirant l'attention sur la qualité des travaux du réseau des collaborateurs de Borel.

Le second groupe de publications qui renvoient à la collection Borel est celui que constituent les articles et les mémoires que les auteurs publient dans des revues mathématiques. Dans ce cas, le lien avec la recherche en cours autorise la pratique fréquente de la citation, voire de l'autocitation. Par exemple, Baire, rédigeant un mémoire pour *Acta Mathematica* parallèlement à son ouvrage, a été conduit à supprimer certains des éléments qu'il avait prévu d'inclure dans le premier afin d'éviter les redites. En conséquence, en lieu et place des passages coupés, se trouvent dans l'article des notes qui renvoient de manière systématique au livre – incitant *de facto* le lecteur mathématicien des *Acta* à jeter un œil à celui-ci[74]. La

---

72 Louis Couturat, « Compte rendu : *Leçons sur les fonctions de variables réelles* de E. Borel. *Leçons sur les fonctions discontinues* de R. Baire », *Revue de métaphysique et de morale*, t. 13, n° 1, 1905, p 6.

73 Godfrey Harold Hardy, « Review : *Leçons sur les fonctions de variables réelles* by E. Borel ; *Leçons sur les fonctions discontinues* by René Baire ; *Le Calcul des résidus et ses applications à la théorie des fonctions* by E. Lindelöf », *The Mathematical Gazette*, vol. 3, n° 53, 1905, p. 231-234.

74 René Baire, « Sur la représentation des fonctions discontinues », *Acta Mathematica*, vol. 30, 1906, p. 1-48. Toutes les notes de l'article renvoient à l'ouvrage, à

même manifestation de complémentarité entre l'ouvrage et les travaux de recherche publiés sous une forme plus habituelle se manifeste dans les publications de Lebesgue, de Boutroux ou encore de Montel. On peut noter, d'ailleurs, que le phénomène ne se limite pas aux autocitations. De fait, la parenté entre les sujets de recherche des uns et des autres, conjuguée à la cohérence que Borel a eu soin de donner à l'ensemble de sa collection, fait que les titres de cette dernière constituent le réservoir dans lequel la plupart des auteurs vont puiser les notes de bas de page des articles qu'ils publient par la suite. Les livres de la collection se font donc connaître et acquièrent le statut de véritables publications scientifiques (et non de simples manuels) parce qu'ils sont inscrits dans l'actualité de la recherche, grâce au dynamisme scientifique du réseau des auteurs.

Une publicité organisée

La proximité des thèmes de recherche des collaborateurs de Borel a pu être, nous l'avons vu, une source de conflits internes. Mais il s'agit aussi d'un atout majeur pour faire valoir collectivement la nouvelle théorie des fonctions et le travail effectué au sein de la collection. En effet, si les inter-citations dans les articles et ouvrages des différents auteurs sont rendues nécessaires par l'écho que se font leurs recherches respectives, la mise en place de cette « caisse de résonance » a parfois été orchestrée par le réseau lui-même.

Un premier exemple est, là encore, fourni par les comptes rendus. Dès 1904, Baire prévenait ainsi Borel que les *Nouvelles annales de mathématiques* lui avait demandé de recenser son dernier livre et qu'il y avait là « un point douteux à trancher » : les auteurs de la collection pouvaient-il « raisonnablement se faire mutuellement des comptes rendus ? »[75]. Borel lui répondit alors qu'il n'y avait « pas d'objection de principe » même si, dans ce cas précis, la parenté de leurs travaux préconisait de l'éviter. Or, de fait, la question s'est posée à de multiples reprises et cette absence d' « objection » a permis à de nombreux livres de la collection d'être recensés par d'autres auteurs de cette dernière. Ainsi, à partir du lancement effectif de la collection avec l'ouvrage de Lebesgue, les comptes rendus publiés dans le *Bulletin des sciences mathématiques* – particulièrement

l'exception de la première, qui fait quant à elle référence au livre de Borel. Voir aussi la lettre de Lebesgue à Borel, 13 octobre 1904, Arch. Ac. sc., 44J/L 073.

75 Lettre de Baire à Borel, 15 novembre 1904, Arch. Ac. sc., 44J/B 023.

importants, car cette revue se chargeait de fournir des analyses critiques détaillées de nombreux titres à un public mathématicien – ont été pour la plupart rédigés par des mathématiciens déjà liés à la collection (certains étant déjà auteur, d'autres ayant été étudiant-rédacteur)[76].

Il y a sans doute des raisons objectives à ces choix, puisque la collection compte alors parmi ses collaborateurs les meilleurs spécialistes du domaine et donc les plus susceptibles de rédiger un compte rendu de qualité. Néanmoins, il est difficile de ne pas voir un caractère militant dans la procédure, par exemple quand Pierre Boutroux profite de la recension qu'il fait du livre de Baire pour défendre l'intérêt de l'usage de la théorie des ensembles dans le domaine des fonctions[77], thème que l'on retrouve, l'année suivante, lorsque Blumenthal explique, en commentant le second ouvrage de Lebesgue, que « la théorie moderne des fonctions d'une variable réelle, avec son langage souple et précis dû à l'introduction systématique de la notion d'ensemble, permet d'exposer d'une façon simple et naturelle les points obscurs »[78]. En 1909, cette même idée est reprise par Borel, dans un article intitulé « La théorie des ensembles et la théorie des fonctions », qui synthétise et explique « la floraison magnifique de recherches et de nouveaux résultats » récemment obtenus – ce qui le conduit à citer abondamment les travaux de ses collaborateurs et donc, *de facto*, les livres de la collection qu'il dirige[79]. La pratique des recensions croisées constitue donc ici à la fois un moyen de placer la nouvelle théorie des fonctions sur le devant de la scène mathématique en France et d'assurer la publicité des ouvrages dans lesquels elle se trouve le mieux expliquée. Les auteurs de la collection Borel, en plus d'être des experts en nouvelle théorie des fonctions, en sont aussi les meilleurs avocats.

---

76 Les seules exceptions, avant la Première Guerre mondiale, sont le livre de Lebesgue recensé par l'académicien Picard, celui de Lindelöf recensé par Goursat et celui de Montel recensé par Hadamard. Les cinq livres de Borel rédigés avant le lancement de la collection ont été recensés par Jules Tannery, directeur scientifique de l'École normale et lui aussi proche de Borel.

77 Pierre Boutroux, « Compte rendu : R. Baire, *Leçons sur les fonctions discontinues* », *Bulletin des sciences mathématiques*, t. 40, 1905, p. 249.

78 Otto Blumenthal, « Compte rendu : H. Lebesgue, *Leçons sur les séries trigonométriques* », *Bulletin des sciences mathématiques*, t. 41, 1906, p. 252.

79 Émile Borel, « La théorie des ensembles et la théorie des fonctions », *Revue générale des sciences pures et appliquées*, t. 20, 1909, p. 315-323.

Un phénomène identique se manifeste dans la traduction française de l'*Encyclopédie des sciences mathématiques pures et appliquées*[80]. Dans la version française, le premier volume du deuxième tome (consacré aux fonctions de la variable réelle) intercale en effet entre deux chapitres de la version allemande un chapitre inédit de 120 pages environ, intitulé « Recherches contemporaines sur la théorie des fonctions » et rédigé « sous la direction de E. Borel ». Ce projet avait été proposé à Borel par le responsable de la traduction française, Jules Molk[81]. Ayant décidé d'accepter, Borel avait adressé une lettre commune à Boutroux, Fréchet, Montel, Zoretti, Baire, et Lebesgue – tous auteurs ou rédacteurs dans la collection – en leur demandant de lui faire « toutes les suggestions qui [pouvaient] être utiles »[82]. À l'image de la collection, ce nouveau projet, lui aussi dirigé par Borel, a dès le départ une forte dimension collective et collaborative. Ainsi Baire, tout en refusant d'écrire en son nom, propose que « chacun [se mette] à disposition de celui qui prendra à sa charge la rédaction du chapitre, pour lui fournir les renseignements concernant ses travaux, sans collaboration plus officielle », suggérant que cette tâche de rédaction soit confiée à l'un des « plus jeunes de la liste [...] qui aurait ainsi l'occasion de faire ses débuts »[83]. Cette organisation, précisée par Borel, a ensuite vraisemblablement été soumise à l'approbation de Lebesgue, qui avait lui aussi refusé d'écrire un article[84].

Finalement, le chapitre a été divisé en trois parties, effectivement confiées aux plus jeunes – Zoretti, Montel et Fréchet[85]. Cette synthèse, on s'en doute, fait la part belle aux résultats obtenus par Borel, Baire et

---

80 L'édition originale, en allemand, a commencé à paraître en 1898. Cet ouvrage est considéré comme la manifestation la plus exemplaire de la construction et des reconfigurations des sciences mathématiques du tournant des 19e et 20e siècles, Hélène Gispert, « The German and French Editions of the Klein-Molk Encyclopediae: Contrasted Images », dans Umberto Bottazzini & Amy Dahan Dalmedico (dir.), *Changing Images in Mathematics. From the French Revolution to the New Millenium*, Londres, Routledge, 2001, p. 93-112.

81 Lettre de Molk à Borel, 25 janvier 1908, Arch. Ac. sc., 44J/M 240.

82 Cette lettre est citée dans l'édition que Pierre Dugac a effectué de la correspondance de Borel et Lebesgue, *Cahiers du séminaire d'histoire des mathématiques*, t. 2, 1991, p. 396.

83 Lettre de Baire à Borel, 31 janvier 1908, Arch. Ac. sc., 44J/B 047.

84 Lettre de Lebesgue à Borel, 15 février 1908, Arch. Ac. sc. 44J/L 106.

85 *Encyclopédie des sciences mathématiques pures et appliquées*, t. 2, vol. 1, Paris, Gauthier-Villars, 1909, p. 113-241.

Lebesgue au cours de la décennie précédente et, plus généralement, à ceux de cette jeune génération de mathématiciens que Borel a su regrouper dans sa collection. L'appareil critique, très dense conformément au cahier des charges de l'*Encyclopédie* dans son ensemble, ne manque pas de signaler les monographies sur la théorie des fonctions aux côtés des articles de recherche publiés dans des revues spécialisées. En explicitant la façon dont les différents volumes de la collection Borel s'articulent les uns aux autres, cette synthèse en renforce, pour les lecteurs, la cohérence et la cohésion. La nouvelle théorie des fonctions acquiert, en figurant dans cette somme encyclopédique, la légitimité que peuvent avoir acquise des savoirs déjà anciens et éprouvés. Et, dans le même mouvement, la collection Borel apparaît comme le lieu légitime de présentation et de conservation de ce nouveau corpus.

Conclusion

La collection Borel, par son parti pris d'exposition pédagogique de savoirs mathématiques récents et inédits, est un objet éditorial d'un genre peu courant. Elle est à la fois la manifestation la plus marquante de la diffusion en France de pratiques liées à la théorie des ensembles et le vecteur de communication le plus efficace de ces mêmes pratiques en dehors du cercle des spécialistes. L'une des raisons du succès de l'entreprise est sans doute son caractère éminemment collectif et collaboratif : les livres faisaient échos les uns aux autres, renforçant ainsi leur circulation et leur succès mutuels. Si on se place du point de vue d'une sociologie de la réception, l'intertextualité qui se manifeste entre eux pourrait être décrite comme une sorte de code qui guiderait les lecteurs vers les clés de lecture de chacun des livres et aurait donc pour effet d'orienter la lecture. Mais, surtout, cette intertextualité repose sur des facteurs sociaux et des pratiques de travail contingentes, à savoir un réseau où les auteurs se connaissent, s'estiment souvent, et se lisent les uns les autres. Plus encore, cette intertextualité n'est pas seulement gage d'intelligibilité pour le lecteur et partant de succès éditorial. Elle participe de la constitution et de l'organisation d'une architecture théorique reliant les savoirs présentés dans les ouvrages. La fabrique éditoriale de la « collection de monographies sur la nouvelle théorie des fonctions » joue donc, en fait, un rôle dans la constitution de la « nouvelle théorie des fonctions » en tant que telle. En fédérant une bonne partie des meilleurs experts dans la nouvelle théorie des fonctions, en organisant différents modes de communication entre eux – informel et oral, par voie épistolaire, par l'intermédiaire de la lecture et des citations des imprimés – la collection Borel a ainsi structuré un domaine de recherche.

L'analyse de la correspondance de Borel, conjuguée à une étude des pratiques et des stratégies de publications des acteurs, met ainsi au jour la complexité des modes de communication à l'œuvre dans l'élaboration de la collection de monographies, au-delà de la circulation des ouvrages. La communication scientifique sous forme imprimée repose en fait ici sur de multiples échanges en amont, au cours desquels circulent non seulement des savoirs, mais aussi du capital scientifique, du soutien, des informations institutionnelles voire, au vu du ton de certaines lettres, de l'affect.

Faire connaître ses travaux

L'accès à la publication de la première génération de boursières et boursiers de la Caisse nationale des sciences

Martine Sonnet
IHMC (CNRS, ENS, université Paris 1 Panthéon-Sorbonne)

Les premières décennies du 20e siècle voient plusieurs États européens doter leur recherche scientifique publique d'institutions et moyens nouveaux, plus ou moins indépendants de leurs systèmes universitaires. Ces créations favorisent l'émergence de carrières vouées à la recherche, sans obligation de service d'enseignement ni condition de fortune personnelle. En France, la figure nouvelle du chercheur scientifique pris en charge par l'État, dans des conditions certes précaires, s'esquisse à partir de 1930 grâce à l'action de la Caisse nationale des sciences (CNS). Si, depuis 1901, une Caisse des recherches scientifiques (CRS) assurait, avec des ressources limitées, la prise en charge de frais de publication et d'équipement des laboratoires, la CNS fournit des moyens humains à ces mêmes laboratoires. Pour la première fois, un budget annuel conséquent permet d'attribuer nominativement des bourses et des allocations de recherche[1]. En 1935, les deux entités, CNS et CRS, fusionnent en une Caisse nationale de la recherche scientifique, ultime étape avant la création du Centre national de la recherche scientifique en octobre 1939[2].

Cette contribution s'intéresse aux conditions dans lesquelles la toute première génération de boursières et boursiers en sciences dites exactes,

---

1 Près de 4 600 000 francs pour l'année académique 1931/1932 et 6 500 000 francs dès 1932/1933.

2 Sur la genèse du CNRS : Jean-François Picard, *La République des savants : la recherche française et le CNRS*, Paris, Flammarion, 1990, 339 p. ; Denis Guthleben, *Histoire du CNRS de 1939 à nos jours : une ambition nationale pour la science*, Paris, A. Colin, 2009, 430 p. ; Comité pour l'histoire du CNRS, *Histoire documentaire du CNRS*, Tome 1, *années 1930-1950*, 429 p.

présents de 1931 à 1934, a fait connaître ses travaux ; il s'inscrit dans une recherche socio-historico-biographique en cours concernant l'ensemble des allocataires de la CNS puis de la CNRS, entre les années universitaires 1931/1932 et 1938/1939[3].

Le dispositif des bourses et allocations CNS et ses premiers bénéficiaires

Dès ses débuts, la CNS élabore, grâce à ses quatre échelons d'allocations, un corps de chercheurs capables, en principe, de subsister sans amarrage à l'université. Néanmoins, plus des deux tiers des entrants dans le système[4] cumulent une bourse ou une allocation partielle avec un emploi complémentaire rémunéré dans l'enseignement ou la recherche.

À la base de la pyramide, les bourses annuelles, d'un montant de 24 000 ou de 12 000 francs à demi-taux, sont renouvelables trois fois. Ni le titre de docteur, ni la possession d'un Diplôme d'Études supérieures, d'une agrégation ou d'une licence complète ne sont exigés pour y prétendre. La passion et le désir de se vouer à la recherche peuvent compenser, au moins théoriquement et temporairement, un cursus inabouti ou atypique. Les trois grades supérieurs à la bourse s'adressent, eux, à des scientifiques confirmés, faisant autorité dans leur domaine et de notoriété croissante plus l'on s'élève dans une hiérarchie calquée sur celle de l'université. Le boursier CNS équivaut à l'assistant en faculté, le chargé de recherche au chef de travaux, le maître de recherche au maître de conférences et le directeur de recherche au professeur[5]. Les montants

---

3 Dossier initialement abordé sous l'angle du genre : Martine Sonnet, « Genre et partage du travail scientifique aux origines du CNRS (France, années 1930) », *Documents de travail du MAGE*, n°9, Paris, 2006, p. 225-234 ; Id., « Les chercheuses de la Caisse nationale des sciences en France dans les années 1930 : l'insertion immédiate des femmes dans un métier neuf », dans Joanna Godlewicz-Adamiec, Dariusz Krawczyk, Małgorzata Luczynska-Holdys *et al.* (dir.), *Les femmes et le savoir. Women and Knowledge. Frauen und Wissen*, Paris, Classiques Garnier, 2020, p. 149-168.

4 68 % des 851 boursiers et allocataires (716 hommes et 135 femmes) en sciences exactes, tous grades et disciplines confondus, émargeant à la CNS entre 1931/1932 et 1938/1939, population reconstituée principalement à partir des archives de la CNS : Archives nationales (ci-après AN) F^{17} 13 331, 17458 à 17461 et 17464), auxquelles s'ajoute pour 1938/1939 le recensement des personnels scientifiques établi dans le cadre de la mobilisation scientifique (AN 1980284 articles 24-27).

5 À taux plein, allocations de 36 000 francs pour le chargé de recherche, 49 000 francs pour le maître de recherche, 62 000 francs pour le directeur de recherche.

attribués s'alignent sur les salaires des universitaires, mais les bénéficiaires des bourses et allocations ne jouissent d'aucune certitude de pérennité ni de protection sociale, ce qui réduit les « chercheurs professionnels » à une condition précaire. La place non négligeable laissée aux femmes – globalement 16 % en sciences exactes[6] – n'est pas étrangère à ce statut peu enviable. La présence à hauteur comparable – 15 % – d'étrangers, parmi lesquels nombre de chercheurs réfugiés non encore naturalisés, procède du même phénomène. La CNS offre une position d'attente à des scientifiques ne pouvant prétendre à une maîtrise de conférences – cas des étrangers non naturalisés – ou l'obtenant difficilement – cas des femmes en butte à certaines réticences mandarinales tenaces – quittée dès qu'une situation plus stable est offerte.

La CNS distribue dès l'année universitaire 1931/1932 un total de 190 allocations dont 106 bourses[7], 18 étant attribuées à des femmes. La désignation des premiers bénéficiaires relève du Conseil d'administration de la Caisse, sur propositions de ses deux comités techniques (Sciences mathématiques et expérimentales, Sciences humaines et sociales[8]) composés chacun de sous-sections par disciplines. La procédure n'est pas exempte de conflits d'intérêts potentiels puisque des directeurs de laboratoires qui accueilleront des boursiers et superviseront leurs travaux sont appelés à proposer des candidats. Parmi les 106 boursières et boursiers de 1931/1932, 91 sont toujours là trois ans plus tard (tableau 1), sous le même statut ou, pour quelques-uns, promus chargés de recherche. Ces 91 boursiers, 15 femmes et 76 hommes, constituent la cohorte, féminisée à hauteur de 16 %, de référence de l'étude.

---

6 11 % seulement en sciences humaines. Martine Sonnet, « Faire de la recherche son métier ? Les 'sciences humaines' à la Caisse nationale des sciences (1930-1939) », *Revue d'histoire des sciences humaines*, n°34, 2019, p. 125-154.

7 Biologie 37 allocations dont 15 bourses ; chimie 48 allocations dont 38 bourses ; mathématiques 23 allocations dont 5 bourses ; physique 47 allocations dont 30 bourses ; sciences naturelles 35 allocations dont 18 bourses.

8 Les sous-sections des sciences humaines et sociales (histoire, philosophie, philologie, sciences juridiques, sciences sociales), non prises en compte dans cet article, ne représentent qu'un petit quart (23 %) des effectifs de la CNS et se partagent le cinquième seulement de son budget.

Tableau 1 Statuts et disciplines des 91 boursières et boursiers de 1931/1932 toujours à la CNS en 1933/1934

	Bourses entières			Demi-bourses			Total bourses
	Femmes	Hommes	*Total*	Femmes	Hommes	*Total*	
Biologie	1	6	*7*	1	6	*7*	14
Chimie	4	10	*14*	3	18	*21*	35
Mathématiques	0	4	*4*	0	1	*1*	5
Physique	2	7	*9*	1	14	*15*	24
Sciences naturelles	2	2	*4*	1	8	*9*	13
Total	9	29	*38*	6	47	*53*	91

En 1931, les boursiers de la cohorte suivie accèdent à la CNS à 31 ans en moyenne (de 20 à 48 ans, âge médian 30 ans) et les boursières à 34 ans (de 23 à 52 ans, âge médian 34 ans pour elles)[9]. Le retard féminin, bien sensible, se creuse encore si l'on considère que les jeunes femmes ne sont pas concernées par l'interruption de leurs études ou travaux imposée aux jeunes hommes par les obligations militaires qu'ils ont à remplir. Les boursiers mathématiciens[10], 28 ans en moyenne, sont les plus jeunes – le benjamin, Frédéric Marty (1911-1940), 20 ans en 1931, se rencontre parmi eux –, suivis des biologistes, 30 ans en moyenne, hommes comme femmes. Dans les autres sous-sections, le retard des boursières sur leurs collègues hommes est constant : les chimistes hommes intègrent la CNS à 30 ans, les femmes à 34 ; en physique les hommes à 32 ans, les femmes à 34 ; en sciences naturelles, les boursiers à 32 ans et les boursières à 38 ans[11]. Avec 89 % de natifs de France métropolitaine[12] (dont 32 % de Paris et des anciens départements de la Seine et de la Seine-et-Oise), 3 % des colonies (Algérie) et 8 % de l'étranger, la première cohorte se distingue par des origines plus hexagonales que celles de l'ensemble de leurs collègues pour lesquels ces parts s'établiront respectivement à 81 %, 4 % et 15 %[13], quand le dispositif se sera fait mieux connaître sur le plan

9 Calculs sur 90 années de naissance connues sur 91.

10 En 1931, aucune boursière mathématicienne n'est présente ; la première, Marie Charpentier, est recrutée en 1932.

11 Moyenne sur laquelle pèse l'âge de la doyenne des arrivantes, 52 ans, aux côtés de deux collègues de 28 et 34 ans.

12 Calculs sur 89 lieux de naissance connus sur 91.

13 631 lieux de naissances sont connus pour l'ensemble des 667 boursières et boursiers en sciences exactes passant par la CNS entre 1931 et 1939.

international. Dans l'institution naissante, la présence des scientifiques étrangers est encore réduite.

Comme celles de leurs contemporains étudiants[14] et enseignants universitaires[15] des disciplines scientifiques, les origines sociales des boursiers CNS, définies par les professions paternelles, repérées pour 63 boursiers (sur 76) et 12 boursières (sur 15), affichent une domination écrasante des carrières liées à l'enseignement : 20 pères sont concernés sur les 75, de l'instituteur rural au professeur au Collège de France. Cinq des douze professions maternelles déclarées en relèvent aussi, quatre des cinq enseignantes étant en outre unies à un enseignant. Le boursier en mathématiques Jean Leray (1906-1998) est ainsi le fils d'un couple d'instituteurs et le futur directeur du CNRS Georges Teissier (1900-1972), boursier en sciences naturelles, est celui de deux professeurs de sciences naturelles. Même reproduction disciplinaire dans le cas de Frédéric Marty normalien boursier mathématicien, fils de Joseph Marty, également normalien mathématicien[16]. Le groupe professionnel des médecins et des pharmaciens comptant ensemble sept pères et, du côté des mères, une radiologue, une pharmacienne et une sage-femme, ainsi que celui des ingénieurs - sept pères - sont également surreprésentés à la CNS par rapport à leur poids en population générale comme, dans une moindre mesure, les professionnels du droit avec quatre pères. Si la moitié des boursiers (38 sur 75) sont issus de cette bourgeoisie intellectuelle, l'autre moitié diversifie les profils. S'y rencontre une bourgeoisie moyenne du négoce, d'affaires ou de la fonction publique (ensemble neuf pères), mais surtout une petite bourgeoisie de commerçants et d'employés (ensemble 18 pères) aux côtés de quelques artisans, agriculteurs et domestiques (ensemble huit pères). Les « héritiers intellectuels » sont donc rejoints par une part loin d'être négligeable (de l'ordre du tiers de la cohorte suivie) de primo-accédants aux études supérieures dont les scolarités ont pu être favorisées par une succession de bourses dans l'enseignement primaire et secondaire. Pour être exhaustif, restent à mentionner deux pères qualifiés l'un de « rentier » et l'autre de « propriétaire ».

---

14 Christian Baudelot, Frédérique Matonti, « Les Normaliens : origines sociales. Le recrutement social des normaliens 1914-1994 », dans Jean-François Sirinelli (dir.), *École normale supérieure : le livre du bicentenaire*, Paris, PUF, 1994, p. 155-190.

15 Éva Telkes, « Présentation de la faculté des sciences et de son personnel, à Paris (1901-1939) », *Revue d'histoire des sciences*, tome 43, n°4, 1990, p. 451-476.

16 Même destin tragique aussi : père et fils meurent pour la France, en 1914 et en 1940.

Six des 13 boursières et 49 des 71 boursiers, soit sensiblement la moitié des femmes et un peu plus des deux tiers des hommes, dont le destin matrimonial est connu convolent au plus tard entre 1931 et 1934 ; à plus long terme, elles seront sept sur 13 et eux 68 sur 71, à faire l'expérience du mariage, soit la moitié des femmes et la quasi-totalité des hommes. Une sous-nuptialité par rapport à la population générale de même génération (90 % des personnes des deux sexes mariées à 50 ans) n'a cours que du côté féminin. En 1939, quatre boursières seront mères, d'un enfant au plus, quand 46 boursiers de la cohorte seront pères de un à six enfants. Comme la nuptialité, la fécondité est moindre chez les boursières que chez les boursiers – en particulier ceux aux épouses « sans profession ». Exemplaire est le cas de la boursière chimiste Simone Rémy (née en 1902), épouse en 1930 du physicien Georges Allard (1898-1967), qui émarge lui à la CNS à partir de 1932 : le couple a un enfant dès 1931, enfant unique. Mener de front deux carrières de chercheurs incite à limiter les naissances : la poursuite de l'activité professionnelle de la chercheuse est à ce prix. L'endogamie interne à la Caisse est présente dès la première cohorte, avec quatre couples unissant une boursière et un boursier ; au total dix-sept « couples CNS » sont identifiés entre 1931 et 1939.

Paysage éditorial des toutes premières publications des boursières et boursiers

Le repérage des publications des boursiers émargeant à la CNS de 1931 à 1934 exploite divers types de sources : dossiers de carrière personnels, recueils de titres et travaux scientifiques, listes de travaux demandées aux allocataires en 1934, catalogues de bibliothèques, tables de revues et tables de la *Bibliographie scientifique française*[17]. Les données rassemblées, sans prétendre à une exhaustivité irréprochable, délimitent le paysage éditorial dans lequel ces débutants s'inscrivent.

Les 15 boursières et 76 boursiers suivis sont des auteurs : ils ont tous signé ou co-signé, au plus tard en 1934, au moins une publication (simple note, mémoire ou article de périodique, plus rarement ouvrage). Les dates de leurs premières signatures s'échelonnent de 1905 à 1934, mais la grande majorité (78 sur 91) ont fait leurs débuts d'auteurs avant

[17] *Bibliographie scientifique française : recueil mensuel publié sous les auspices du ministère de l'Instruction publique par le Bureau français du Catalogue international de la littérature scientifique*... de 1902 à 1942, collection lacunaire à la BnF.

1931, soit avant leur bourse ; huit les font précisément en 1931 et les cinq derniers entre 1932 et 1934. Le système intègre pour l'essentiel des scientifiques déjà « éditorialement adoubés » au moins par une simple note dans les *Comptes rendus des séances hebdomadaires de l'Académie des sciences* (*CRAS*)[18].

Âges et fonctions au moment de la première publication

L'âge moyen à la première signature ou co-signature, toutes disciplines confondues, s'établit à 26 ans pour les hommes et 26 ans et demi pour les femmes. Déclinés par section (tableau 2), les âges moyens de primo-publication confirment la précocité des mathématiciens. Le benjamin, 17 ans, Frédéric Marty, entre à l'École normale supérieure en 1928 quand la *Revue de mathématiques spéciales* publie « avec quelques retouches seulement »[19] une solution d'exercice qu'il adresse à la rédaction deux ans avant sa première note à l'Académie des Sciences[20]. Les autres âges moyens, à l'exception de celui des physiciens, tournent autour de 25 ans. Les primo-publiants les plus âgés se rencontrent en physique, avec un retard qui corrobore le fonctionnement gérontocratique de la communauté physicienne dans l'entre-deux-guerres[21].

Tableau 2 Âges d'accès à la publication des boursières et boursiers par discipline

Disciplines	**Âge moyen à la première publication**	**Limite inférieure**	**Limite supérieure**
Biologie	25	21	31
Chimie	26	21	35
Mathématiques	23	17	26
Physique	28,5	21	37
Sci. naturelles	24	22	28
Ensemble	*26*	*17*	*37*

---

18 *Comptes rendus hebdomadaires des séances de l'Académie des sciences.* En ligne, bibliothèque numérique Gallica http://gallica.bnf.fr/ark:/12148/cb343481087/date

19 *Revue de mathématiques spéciales*, 1928, vol. 38, p. 476.

20 *CRAS*, séance du 24 février 1930, t. 190, p. 466.

21 Dominique Pestre, *Physique et physiciens en France, 1918-1940*, Paris, Éd. des archives contemporaines, 1984, 356 p.

Les âges de primo-publication décroissent au fil des générations (tableau 3), même si le point de départ élevé – 30 ans et demi – concerne des « boursiers seniors », pour qui la CNS compense un itinéraire académique tortueux[22]. Par ailleurs, le rajeunissement des hommes est à relier à leur appartenance, ou non, à des classes mobilisées lors de la Première Guerre mondiale. En 1950, l'ex-boursier géologue Pierre Lamare (1894-1967), étudiant de licence quand il est mobilisé, relate dans l'introduction de la notice sur ses travaux scientifiques comment il a transmis à Gustave-Frédéric Dollfuss, à l'occasion d'une permission, sa première note à la Société géologique de France[23].

Tableau 3 Âges d'accès à la publication des boursières et boursiers par années de naissance

Années de naissance	Âge moyen à la première publication	Nombre d'individus concernés
De 1879 à 1893 compris	30,5	10
De 1894 à 1899 compris	27,5	25
De 1900 à 1904 compris	25,5	39
De 1905 à 1911 compris	23	15
Ensemble	*26*	*89*

Les 74 primo-publiants signant ou cosignant au plus tard en 1931, situables au moment de leur premier opus, sont de jeunes professionnels de l'enseignement et/ou de la recherche (38) et des étudiants (34) ; s'y ajoutent deux jeunes hommes sous les drapeaux. Les 38 emplois occupés sont, en facultés, ceux de préparateurs (13), d'assistants (sept) et de chefs de travaux (deux). Quatre chercheurs sont localisés dans des laboratoires sans que leur statut précis soit connu et deux, publiant pour la première fois en 1931, sont boursiers à temps complet de la CNS ; quatre autres chercheurs sont dans des observatoires ou à l'Office de météorologie. Cinq primo-publiants enseignent dans le secondaire et un dans le primaire. Les 34 étudiants sont eux en cours de doctorat ou de licence,

---

22 Le biologiste Buchheim, né en 1883, n'est pas intégré au tableau 3, la date de sa première publication très vraisemblablement antérieure à son arrivée en France en 1924 n'ayant pu être établie (sa première signature en France, dans les *Comptes rendus de la Société de biologie*, en 1930, ne saurait être considérée comme une primo-publication).

23 Pierre Lamare, *Notice sur les travaux scientifiques*, Paris, 1950, 68 p. dactyl. (Bibliothèque de recherche du Muséum national d'histoire naturelle).

pourvus pour treize d'entre eux de bourses des fondations Commercy, Arconati Visconti ou Rothschild notamment ; cinq sont élèves de l'Ecole normale supérieure[24].

Les débuts d'auteur sont antérieurs à l'obtention du titre de docteur dans la quasi-totalité des cas observables (78 sur 82) et Joseph Hoch (né en 1904) publie et soutient la même année, en 1929. Les physiciens Marcel Fouché (1892-1971) et Marcel Pichot (1889-1951) publient pour leur part l'année suivant leur soutenance et l'astronome polytechnicien Henri Grenat (1900-1968) aurait rédigé plusieurs thèses sans en soutenir jamais une seule[25]. Géographiquement, plus de la moitié des futurs boursiers CNS sont attachés à des institutions parisiennes quand ils commencent à publier[26], mais avec un parisianisme beaucoup plus marqué pour les étudiants (16 sur 19) que pour les jeunes professionnels (14 sur 36) ; l'inscription dans les réseaux de sociabilité scientifique de la capitale, ou du moins leur proximité, favorise pour les plus jeunes l'accès à la publication. Les autres jeunes auteurs s'éparpillent dans des villes universitaires dynamiques en termes de recherche, Strasbourg en premier lieu, Nancy, Lyon, Toulouse et Montpellier dans une moindre mesure.

Supports des premières publications et pratiques de cosignature

Les supports de 131 premières publications sont identifiés, nombre supérieur à celui des boursiers puisque 28 d'entre eux signent ou cosignent la même année plusieurs travaux. Ces « multi-primo-publiants » (25 hommes et trois femmes), plus présents en biologie[27], confient la même année plusieurs notes, mémoires ou articles à une, deux ou trois revues, et deux s'illustrent avec articles et ouvrages. Le chimiste Clément Duval (1902-1976) publie en 1926 dans les *CRAS*, le *Bulletin de*

---

24 Edouard Fischer-Piette (1899-1988), Georges Teissier, Pierre Rey (né en 1904), Philippe L'héritier (1906-1994) et Frédéric Marty.

25 D'après Emmanuel Davoust, « Fernand Baldet, itinéraire d'une passion », article en ligne http://baldet.fr/fernand_baldet/ciel_et_espace.html, consulté le 16 mars 2023.

26 30 sur 55 localisations connues.

27 Six multi-primo-publiants parmi les 13 biologistes, 11 parmi les 24 chimistes, un parmi les cinq mathématiciens, sept (dont Louis Leprince-Ringuet, 1901-2000, et Louis Néel, 1904-2000) parmi les 23 physiciens, trois parmi les 13 naturalistes.

la société chimique de France et un ouvrage scolaire[28] ; le physicien André Féry (né en 1903) cosigne en 1927 deux manuels avec son maître Marcel Boll[29]. Les 131 primo-publications comptent en tout six ouvrages. Aux manuels de Clément Duval et d'André Féry s'ajoute un autre ouvrage didactique : *Pour comprendre le calcul intégral*, signé Georges Durand (1902-1989) « licencié ès sciences mathématiques » en 1926, « docteur ès sciences mathématiques » sur les rééditions[30]. La chimiste Marguerite Quintin (1895-1986) collabore au volume de *L'Encyclopédie industrielle et commerciale* Eyrolles signé par son patron René Audubert en 1924[31]. Autre collaboration « expérimentale », pour l'acousticien Marcel Fouché à l'ouvrage d'Henri Bouasse, *Tuyaux et résonateurs : introduction à l'étude des instruments à vent,* paru chez Delagrave en 1929.

Les 125 autres primo-publications paraissent sous formes de notes, mémoires ou articles dans des revues, dont près de la moitié dans les *CRAS* (59 sur 125 soit 47 %), part qui varie selon les disciplines : 17 % de *CRAS* seulement parmi les premières publications en section biologie et 18 % en sciences naturelles, mais 50 % en mathématiques, 53 % en physique et 62 % en chimie. Les 65 primo-publications hors *CRAS* se distribuent entre 30 revues (deux titres pour les mathématiques, cinq pour la chimie, huit pour la biologie, neuf pour la physique comme pour les sciences naturelles) dont trois titres étrangers dans lesquels publient des natifs des pays concernés. Deux « boursières seniors » parmi eux, Elisabeth Tchernaieff dite Jérémine (1879-1964) née à Nijni Novgorod, publiant à Saint-Pétersbourg dès 1905 avec le professeur F. Loewinson-Lessing dans les *Travaux de la Société impériale des naturalistes de Saint-Pétersbourg,* alors qu'elle est assistante de géologie à l'université pour femmes de la ville, et la physicienne Catherine Chamié (1888-1950)

---

[28] Clément Duval, *Le problème de chimie : recueil de problèmes inédits avec leurs solutions* [...], Paris, Librairie scientifique Blanchard, 1926, 116 p. L'ouvrage porte comme prénom d'auteur « Jean », information reprise par le catalogue de la BnF, mais le recueil de titres et travaux de Clément Duval recense bien cet ouvrage parmi les siens.

[29] Marcel Boll, André Féry, *Physique (classes spéciales),* Paris, Dunod, 1927, 2 vol. ; Id., *Précis de physique,* Paris, Dunod, 1927, 2 vol.

[30] Georges Durand, *Pour comprendre le calcul intégral*, Paris, Doin, 1926, 208 p. (Bibliothèque d'éducation scientifique). Le catalogue de la BnF fournit des dates de vie erronées pour Georges Durand, né en 1902 et non en 1855.

[31] René Audubert, Marguerite Quintin, *La science dans la vie moderne : les applications usuelles de la chimie,* Paris Eyrolles, 1924, 183 p.

née à Odessa, publiant à Genève en 1912, alors qu'elle y achève sa thèse à la faculté des sciences, avec A. Schidlof dans les *Archives des sciences physiques et naturelles*. Le futur boursier en mathématiques Alexandre Proca (1897-1955) né à Bucarest y publie, encore élève ingénieur en 1920, dans le *Buletinul Societatii Politehnice din Romania*.

Deux revues françaises concentrent la moitié des primo-publications hors *CRAS* : 17 passent dans les *Comptes rendus des séances de la Société de biologie* et 17 dans le *Bulletin de la Société chimique de France*. Deux périodiques ouverts aux boursiers de plusieurs sections : de futurs naturalistes et chimistes font leurs débuts aux côtés des biologistes dans les *Comptes rendus des séances de la Société de biologie*, et de futurs physiciens et biologistes voisinent avec les chimistes du *Bulletin de la Société chimique de France*. La sous représentation des biologistes et des naturalistes parmi les auteurs débutant dans les *CRAS* s'explique dans le premier cas par la forte attraction des *Comptes rendus des séances de la Société de biologie* et dans le second par un éparpillement dans des revues de sociétés savantes spécialisées, en zoologie, botanique, entomologie ou géologie par exemple.

Moins de la moitié seulement des primo-publications de notes, mémoires ou articles sont signées solitairement : 55 sur 125, émanant de 40 des 91 boursiers. Les 70 papiers cosignés le sont le plus souvent d'un seul autre nom (56) ou de deux noms (13) ; le *CRAS* à dix mains[32] du chimiste Paul-Émile Thomas (né en 1908) reste une exception. Les chimistes et les biologistes partagent le plus de signatures, avec un tiers seulement de premiers travaux sous leurs seuls noms ; chez les mathématiciens, les physiciens et les naturalistes en revanche les signatures solitaires sont majoritaires[33]. L'opposition entre travailleurs habitués au coude à coude de paillasses et observateurs d'espèces rares ou autres isolés s'imprime sur le papier. Les articles écrits, ou du moins signés, à quatre mains unissent plus de huit fois sur dix un professeur ou un scientifique senior à son élève ; s'amorcent alors souvent des collaborations durables. Les primo-coécritures qui peuvent être considérées comme le fait de pairs sont très rares.

---

32 Richard FOSSE, A. BRUNEL, P. de GRAEVE *et al.*, « Destruction, dans la graine de *Soja hispida* de l'un des ferments sans suppression de l'activité des deux autres », *CRAS*, t. 191, 1930, p. 1025-1028.

33 30 % de primo-signatures solitaires en chimie, 33 % en biologie, 57 % en physique, 60 % en mathématiques et 71 % en sciences naturelles.

Publications et activité éditoriale des boursiers entre 1931 et 1934

La « coupe » bibliographique sur les années de bourse est en partie facilitée par le fait que le 1er octobre 1934, le secrétaire du Conseil d'administration de la CNS demande à chaque allocataire de lui « adresser en double exemplaire avant le 1er novembre 1934 » la liste de ses publications depuis son entrée à la CNS. « Cette liste devra être dactylographiée ou écrite très lisiblement, sur un seul côté, sur papier format 23x32 »[34], mais certains éprouvent des difficultés à se plier aux consignes. Le chimiste Jean Savard (né en 1901) prie ainsi respectueusement qu'on l'excuse « pour n'avoir pas pris garde à la forme sous laquelle devaient être présentés les renseignements demandés. Le format 23x32 étant introuvable ici, j'ai coupé des doubles feuilles de papier écolier suivant les dimensions requises »[35].

Publications 1931-1934 des boursiers : nombre d'opus et supports

L'observation porte sur les seuls 39 individus dont les listes offrent les meilleures garanties d'exhaustivité (tableau 4) ; échantillon représentatif avec ses sept femmes et 32 hommes de toutes disciplines[36] et tranches d'âges[37].

---

34 Courrier circulaire imprimé, AN F^{17} 17458.

35 Lettre du 1er décembre 1934 au directeur de l'Enseignement supérieur, AN F^{17} 17458.

36 Sept biologistes, 13 chimistes, trois mathématiciens, huit physiciens et huit naturalistes.

37 Trois sont nés de 1879 à 1893, 12 de 1894 à 1899, 17 de 1900 à 1904 et sept de 1905 à 1911.

Tableau 4 Répartition de 39 boursiers 1931-1934 par nombre de travaux publiés de 1931 à 1934 et moyenne par discipline

Disciplines	**1 à 5 réf.**	**6 à 10 réf.**	**10 à 15 réf.**	**16 à 20 réf.**	**plus de 20 réf.**	***moyenne par boursier***
Biologie	1	2	1	1	2	*16*
Chimie	6	3	1	3	0	*8*
Mathématiques	0	1	1	1	0	*14*
Physique	2	4	0	2	0	*9*
Sciences naturelles	0	2	2	1	3	*17*
Ensemble	9	12	5	8	5	*12*

Ensemble, les 39 boursiers signent, de 1931 à 1934, 474 publications, tous supports confondus ; soit en moyenne une douzaine par personne. Mais les situations personnelles sont contrastées, de l'unique note en 1931 au *Bulletin de la Société de chimie* pour le préparateur à l'Institut de chimie de la Sorbonne Paul Jullien (1902-1983) achevant sa thèse en 1933, aux 31 signatures, réparties entre 12 revues, de l'assistant puis chef de clinique chirurgicale strasbourgeois boursier en biologie Adolphe Jung (1902-1992). Disciplines confondues, la moitié des boursiers (21 sur 39) publient au plus dix travaux. En chimie et en physique, les « petits publiants » sont surreprésentés, à l'opposé des sciences naturelles dont certaines spécialités, comme la botanique, se prêtent à la multiplication des notules. Le cumul ou non de la bourse CNS avec une autre fonction influe peu sur le nombre de signatures : onze en moyenne pour les cumulants et treize pour les non-cumulants consacrant théoriquement tout leur temps à la recherche.

Les 25 ouvrages personnels et collectifs décomptés des 474 publications, il reste 449 parutions en revues dont 134 dans les *CRAS*, soit 30 %, à rapprocher des 48 % de notes aux *CRAS* parmi les primo-publications. La réduction de la part des *CRAS*, entre auteurs débutants absolus et les mêmes en voie d'affirmation quelques années plus tard, reflète l'ouverture à ces derniers de nouveaux supports. Une constante toutefois, les biologistes et les naturalistes demeurent les moins présents dans les *CRAS* : 13 % de *CRAS* parmi les publications 1931-1934 en revues pour la biologie, 15 % pour les sciences naturelles, 46 % pour la chimie comme pour la physique et 55 % pour les mathématiques.

Les 315 notes, mémoires et articles hors *CRAS* recensés se dispersent entre 82 titres dont 18 seulement accueillent deux boursiers ou plus. Pour une présence moyenne globale de chaque auteur dans 3,3 revues, les chimistes sont les moins éparpillés (1,5 revue) suivis des physiciens (3,1) des mathématiciens (3,3), des biologistes (4,1) et des naturalistes (5,9). Les boursiers en sciences de la vie sont les plus dispersés : 22 revues au total pour les biologistes et 39 revues pour les naturalistes.

Sur les 82 revues répertoriées, 53 sont publiées à Paris. Il s'agit essentiellement de titres attachés à une institution savante, de recherche et/ou d'enseignement, implantée dans la capitale (*CRAS*, *Annales de l'École normale supérieure*, *Bulletin du Muséum national d'histoire naturelle* par exemple) ou d'organes de sociétés savantes de portée nationale (Société botanique de France, Société chimique de France, Société française de physique notamment). Les 18 revues françaises publiées hors de Paris reproduisent ce partage entre revues d'institutions locales (comme les *Annales de l'Observatoire de Toulouse*) et de sociétés savantes à portée régionale (comme la Société linnéenne de Normandie). Hors métropole ne se rencontre que le *Bulletin de la Société d'histoire naturelle de l'Afrique du Nord* publié à Alger, dans lequel Henri Gauthier (1896-1950), préparateur en zoologie à la faculté des sciences de la ville, signe sept articles. Les titres étrangers sont européens, sauf le *Journal of Bone and Joint Surgery* de Boston dans lequel Adolphe Jung publie un article en 1932. Les autres – mis à part les *Annales* et le *Bulletin* de l'Institut océanographique de Monaco – publiés à Louvain, Bruxelles, Stockholm, Helsinki, Iéna, Leipzig et Bucarest, dessinent une Europe universitaire du Nord et de l'Est. Les parutions à l'étranger peuvent résulter de séjours d'étude, ainsi Frédéric Marty suit à Helsinki les cours de R. H. Nevanlinna et de L. V. Ahlfors de Noël 1933 à Pâques 1934 et rentre en France en laissant deux articles sous les presses de revues finlandaises. Les boursiers publiés à l'étranger développeront de prestigieuses carrières : ils ont noms Georges Teissier, Jean Leray, Louis Leprince-Ringuet et Alexandre Proca.

Diversification des supports et inscription dans l'actualité scientifique

À côté de la diffusion de résultats de recherche, quelques-unes des 82 revues accueillant les boursiers développent une réflexion sur la science. Leurs auteurs s'inscrivent dans le mouvement d'ouverture de la pensée et de l'écriture scientifiques en direction d'un lectorat élargi.

Dans cet esprit, le chimiste Georges Champetier collabore, en 1933, au dossier « Linéaments d'un nouvel univers » de *La Nouvelle revue française*[38] et, en 1931 et 1934, publie dans le *Bulletin de la Société philomathique de Paris*[39]. Le biologiste Pierre Gavaudan (1905-1985) publie dans la *Revue de synthèse*[40] en 1934, quand Louis Leprince-Ringuet publie lui dans la *Revue de métaphysique et de morale*[41], rejoint deux ans plus tard par Georges Teissier[42]. Le géologue Pierre Lamare, pour sa part, s'adresse à un grand public cultivé et curieux avec de nombreux articles/reportages, principalement issus de ses missions en Éthiopie, parus dans les *Nouvelles littéraires, artistiques et scientifiques*[43], *Le monde colonial illustré* et *L'Illustration,* entre 1934 et 1936.

Entre 1931 et 1934, 17 boursiers parmi les 39 suivis pour l'intégralité de leurs publications sont auteurs uniques d'ouvrages ou collaborent à des ouvrages collectifs. Parmi les ouvrages collectifs, 11 réunissent des actes de colloques nationaux ou internationaux. Les comptes rendus du congrès annuel des Sociétés savantes de Paris et des départements, section des sciences[44], comptent des communications du physicien Joseph Devaux (1902-1936), du chimiste Léon Enderlin (né en 1901) et de la minéralogiste Elisabeth Tchernaieff dite Jérémine. Autre dimension, internationale, pour les participations de Louis Néel au Congrès international d'électricité de 1932 publié chez Gauthier-Villars en 1933 ou de Louis Leprince-Ringuet, en 1931, au Premier Congrès international de

---

38 Georges Champetier, « La détermination de la structure des molécules à l'aide des rayons X », *La Nouvelle Revue française,* n° 238, juillet 1933, p. 10-15.

39 « Étude de la cellulose et des matières fibreuses par les rayons X », *Bulletin de la Société philomathique de Paris,* sér. 10, t. 20, 1931, p. 3-18 et « Le Deutohydrogène (Isotope de masse 2 de l'hydrogène) », *Bulletin de la Société philomathique de Paris,* t. 117, 1934, p. 31-50.

40 Pierre Gavaudan, « L'évolution contemporaine du problème des structures de la matière vivante », *Revue de synthèse,* t. VIII, n° 2, octobre 1934, p. 203-212.

41 Louis Leprince-Ringuet, « Les constituants de la matière », *Revue de métaphysique et de morale,* a. 41, n° 2, 1934, p. 235-252.

42 Georges Teissier, « La description mathématique des faits biologiques », *Revue de métaphysique et de morale,* a. 43, n° 1, 1936, p. 59-87.

43 Notamment l'article « André Malraux en Arabie méridionale », *Les Nouvelles littéraires, artistiques et scientifiques,* n° 617, 11 août 1934, p. 5.

44 *Comptes-rendus du Congrès des sociétés savantes de Paris et des départements. Section des sciences,* publiés par le Comité des travaux historiques et scientifiques, Paris, Imprimerie nationale, 1896-1951.

la sécurité aérienne et, en 1934, au Congrès international de physique de Londres, publié chez Hermann dans la jeune collection des « Actualités scientifiques et industrielles ». Cette collection de fascicules, née en 1929, dans laquelle sont publiés sept autres titres[45], personnels ceux-là, de boursiers, est emblématique du renouveau de l'écriture scientifique évoqué à propos des revues dans lesquelles certains – en partie les mêmes – conjuguent communication de leurs travaux et réflexion. Les éditions Hermann, en difficultés de trésorerie, sollicitant pour leur collection, le 3 août 1936, le soutien d'Irène Joliot-Curie, alors sous-secrétaire d'État à la Recherche, mettent en avant cet argument : « Le succès moral de notre Collection est très grand et, de l'avis général, notre formule de publication correspond aux besoins nouveaux, tout en servant particulièrement le prestige scientifique français »[46].

La collection, très dynamique – 400 titres entre 1929 et 1936 –, est un support de publication privilégié pour les allocataires de la CNS. Les liens humains et idéologiques entre la collection et la Caisse, inscrites toutes les deux dans le petit milieu parisien de l'excellence scientifique, sont étroits. En 1936, sur ses 89 responsables éditoriaux de séries thématiques, dix s'impliquent dans la CNS en tant qu'allocataires[47] et 20 comme membres du Conseil d'Administration ou des comités techniques de sections[48]. Dix autres sont liés par de proches liens

---

45 Georges Champetier, *La structure de la cellulose dans ses rapports avec la constitution des sucres,* en 1933 ; Léon Denivelle et Martin Battegay, *La cellulose,* sous presse en 1934 ; Jacques Houget et Théophile Cahn, *Biochimie de la contraction musculaire,* en 1934 ; Philippe L'Héritier, *Génétique et evolution : analyse de quelques études mathématiques sur la sélection naturelle,* en 1934 ; Louis Leprince-Ringuet, *Les transmutations artificielles : rupture des noyaux atomiques par bombardement de particules alphaneutrons-protons-rayons cosmiques,* en 1933 et *Rayons cosmiques : aspect des phénomènes et méthodes expérimentales,* en 1934 ; Georges Teissier, *Dysharmonies et discontinuités dans la croissance,* en 1934.

46 Lettre accompagnée du catalogue de la collection, AN F^{17} 17462.

47 Deux directeurs de recherche : Arnaud Denjoy et Maurice Fréchet ; quatre maîtres de recherche : René Audubert, Eugène Darmois, Henri Mineur et Yves Rocard ; quatre chargés de recherche : Charles Marie, Lucie Randoin, Georges Teissier, Pierre Urbain.

48 Gabriel Bertrand, Louis Blaringhem, Maurice de Broglie, Élie Cartan, Maurice Caullery, Louis Cayeux, Aimé Cotton, Marie Curie, Charles Fabry, Jacques Hadamard, Paul Langevin, Louis Lapicque, Charles Maurain, André Mayer, Paul Montel, Charles Pérez, Jean Perrin, Albert Policard, Georges Urbain et Pierre Weiss.

familiaux[49] à des allocataires ; ces différentes formes d'implication n'étant pas exclusives les unes des autres. Ce tout petit monde cumulant des responsabilités dans la collection d'Hermann avec une activité ou des responsabilités à la CNS circule entre Sorbonne, Collège de France et Institut, à l'exception du Strasbourgeois Pierre Weiss et du Lyonnais Albert Policard. Au catalogue imprimé de la collection, seul Yves Rocard (1903-1992), se définissant comme « Maître de Recherches », fait implicitement mention, par son titre, de son appartenance à la Caisse.

Les ouvrages signés de boursiers, seuls ou en collaboration, paraissant entre 1931 et 1934 ailleurs que dans les « Actualités scientifiques et industrielles » relèvent du genre didactique. Des boursiers mathématiciens mettent en forme des ouvrages pédagogiques signés de leurs maîtres[50]. La vaste entreprise éditoriale du *Traité de chimie minérale* dirigé par Paul Pascal (douze volumes paraissant chez Masson entre 1931 et 1934) mobilise parmi ses nombreux coauteurs trois boursiers de la section de chimie : Georges Champetier, Clément Duval et Henri Pied (1899-1934). Auteur prolixe et diversifié, Clément Duval a publié en 1933 des *Manipulations de chimie*[51] et figure parmi les collaborateurs du *Dictionnaire encyclopédique Quillet*[52] en 1934. Son collègue Marcel Châtelet participe lui, la même année, à une autre entreprise des éditions Quillet, *L'évolution humaine des origines à nos jours*[53], dans laquelle il

---

49 Six pères d'allocataires : Élie Cartan, père d'Henri et de Louis, Jacques Duclaux, père de Jean (et futur époux d'Alma, née Dobry, boursière), Jacques Hadamard, père de Jacqueline, Louis Lapicque, père de Charles et époux de Marcelle, née de Heredia, Antoine Magnan, fils de Claude, Georges Urbain, père de Pierre ; deux frères d'allocataires : Eugène Bloch, frère de Léon, Aimé Cotton, frère d'Émile ; un époux : Henri Piéron, époux de Mathilde, née Angenout ; une belle-mère : Marie Curie, belle-mère de Frédéric Joliot.

50 Jean Leray collabore à la rédaction des *Exercices d'analyse* de Gaston Julia, t. 3 : *Équations différentielles,* Paris, Gauthier-Villars, 1933, 292 p. et Frédéric Marty recueille et rédige les *Leçons sur les fonctions univalentes ou multivalentes professées à la Sorbonne par Paul Montel*, Paris, Gauthier-Villars, 1933, 159 p.

51 Clément Duval, *Manipulations de chimie. 300 manipulations de chimie minérale. 420 manipulations de chimie organique. À l'usage des chimistes, des élèves ingénieurs-chimistes, des étudiants en pharmacie, des candidats aux certificats de licence et à l'agrégation*, Paris, Masson et Cie, 1933, 376 p.

52 *Dictionnaire encyclopédique Quillet*, Raoul Mortier (dir.), avec la collaboration et le concours de professeurs, d'instituteurs, de techniciens et des personnalités les plus éminentes du monde entier…, Paris, Libr. Aristide Quillet, 1934, 6 vol.

53 Marie Lahy-Hollebecque (dir.), *L'évolution humaine des origines à nos jours : étude biologique, psychologique et sociologique de l'homme*, Paris, Libr. Aristide Quillet, 4 vol.

rédige les pages sur l'histoire des sciences exactes, ainsi qu'à *La science, ses progrès, ses applications*, chez Larousse[54], parution sous forme de fascicules hebdomadaires en 1933-1934, avant reprise en volumes.

Autres activités éditoriales des boursiers

Non seulement auteurs, certains boursiers assument des tâches éditoriales susceptibles d'ajouter de lourdes charges à leurs recherches personnelles. Les traductions d'Alexandre Proca suivent au plus près les avancées décisives de la physique. Dès 1931, soit un an après la parution de l'édition originale anglaise, il traduit en français avec Jean Ullmo (1906-1980), autre boursier CNS, l'ouvrage de Paul Dirac *Les principes de la mécanique quantique*[55] et, seul, les *Mémoires sur la mécanique ondulatoire* d'Erwin Schrödinger[56], en 1933, année même ou Dirac et Schrödinger partagent le prix Nobel. La traduction cosignée par Andrée Roche (1900-1936) aux Presses universitaires de France en 1931 de l'ouvrage de L.J. Henderson, *Le sang : système physico-chimique*, paraît trois ans après l'édition originale anglaise[57] et un an avant sa traduction allemande. Mais c'est essentiellement au service de revues que des tâches annexes, souvent bénévoles, s'exercent, allant du secrétariat de rédaction à la rédaction en chef.

Le malacologiste Édouard Fischer-Piette (1899-1988), boursier en sciences naturelles, travaille pour deux revues. Depuis 1927, il est codirecteur du *Journal de conchyliologie*, fonction transmise de père en fils comme il l'explique en 1935 : « Le Dr Paul Fischer, aide-naturaliste au Museum, fut directeur du *Journal* à partir de 1856, puis ce fut le tour de son fils Henri Fischer, Maître de Conférences à la Sorbonne, qui lui aussi se consacra à la Malacologie[58] ». Édouard, fils d'Henri reprend le

---

[54] Georges Urbain et Marcel Boll (dir.), *La science, ses progrès, ses applications*, 2 vol., Paris, Larousse, 1933-1934.

[55] Paru aux Presses universitaires de France, 314 p.

[56] Parus à la Librairie Félix Alcan, 237 p. L'édition originale allemande était de 1928.

[57] Lawrence J. Henderson, *Blood. A Study in General Physiology*, New Haven, Yale University Press, 1928. La traduction française est co-signée Andrée Roche et Camille Van Caulaert.

[58] Avant-propos de la *Notice sur les Travaux scientifiques de M. E. Fischer-Piette, Chef de Travaux au Laboratoire Maritime du Muséum*, Rennes, Impr. de L'Ouest-Eclair, 1935, 80 p.

flambeau et, en 1929, devient en outre secrétaire-rédacteur du *Bulletin du Laboratoire maritime du Muséum d'histoire naturelle à Saint-Servan.* Jules Guéron (1907 1990), en section chimie, perçoit 5 000 francs en 1934 comme chef de rubrique au *Bulletin de la société chimique de France*[59], revue dont son collègue Henri Pied, lourdement chargé de famille (six enfants), est rédacteur en chef, aux honoraires de 10 000 francs par an, après avoir été rédacteur du *Bulletin de la société française de minéralogie.* Henri Pied est également secrétaire de Georges Urbain à la section de physique de l'EPHE et collaborateur du *Traité de chimie minérale* dirigé par Paul Pascal. En mars 1934, Henri Pied meurt à la tâche et Georges Urbain, lors de ses obsèques, souligne que celui-ci « a toujours rempli ses devoirs professionnels de la façon la plus scrupuleuse, bien qu'il ait dû, hélas, accroître le nombre de ses fonctions à cause de la dureté des temps et surtout parce que s'accroissaient sans cesse ses charges de famille » ; à la rédaction en chef du *Bulletin de la société chimique* il a déployé « une activité constante et une conscience méticuleuse [...] travaillant tout le jour et une grande partie de la nuit, se refusant, malgré les conseils de son entourage, à prendre un congé qui aurait pu dissiper les effets d'un surmenage manifeste »[60].

Un autre boursier de la section de chimie, Georges Champetier, secrétaire des *Annales de chimie* depuis 1933, succède en 1934 à Henri Pied à la rédaction en chef du *Bulletin de la société chimique.* Même double casquette de rédacteur en chef pour Alexandre Proca, aux *Annales de l'Institut Henri Poincaré* et à la *Revue d'acoustique.* Charges moins lourdes pour le biologiste Raymond Bonnardel (1901-1988), secrétaire de rédaction de la revue *Le travail humain,* dirigée par Henri Laugier et Jean-Maurice Lahy au CNAM à partir de 1933 et pour le boursier docteur en médecine Pierre Florentin (1900-1987), collaborant avec deux confrères à la rédaction hebdomadaire du *Bulletin du laboratoire d'histologie de la faculté de médecine de Nancy* où il est chef de travaux. Ces fonctions au service de revues scientifiques plongent les boursiers au cœur de l'actualité de la recherche ; il en va de même pour ceux qui rédigent des comptes rendus d'ouvrages, parfois étrangers, pour des périodiques, comme le fait Adolphe Jung dans *Lyon chirurgical.*

---

59 Dossier personnel de Jules Guéron, AN 20070296/249.

60 *Bulletin de la Société chimique de France. Mémoires,* 5ᵉ série, t. 1, séance du 23 mars 1934, 1934, p. 473-476.

Publier et construire sa carrière

Les rapports d'activité annuels des boursiers recèlent d'intéressantes remarques, de leur main ou de celle de leurs patrons, sur la place des publications dans le travail des jeunes scientifiques. Ces remarques, en marge de l'évaluation des contenus publiés laissée ici de côté, esquissent une « économie » du travail du chercheur autour de l'articulation recherche/publication.

Chercher/publier : un équilibre à trouver

Les boursiers ont à équilibrer au mieux, dans leurs emplois du temps et d'énergie, l'avancement de leurs travaux personnels, thèse en premier lieu, et celui d'autres travaux « de commande » auxquels ils ne peuvent toujours se soustraire. Palmyre Amagat (1899-1954) mobilisée par les articles dont Victor Grignard lui confie la rédaction pour le monumental *Traité de chimie organique*[61] qu'il codirige, publié à partir de 1935, s'excuse dans son rapport d'activité 1934/1935 de n'avoir pas « à présenter à la Commission des résultats tangibles bien que je consacre au laboratoire tout mon temps et toute mon énergie ». Elle obtient néanmoins encore 9 000 francs de la CNS pour 1935/1936, mais plus rien l'année suivante. Lorsque Palmyre Amagat sollicite en octobre 1945 sa réintégration dans ce qui est devenu le CNRS, un petit mot de recommandation de Charles Prevost explique que depuis son passage à la CNS de 1931 à 1936 « chargée de la rédaction d'une partie importante du *Traité de chimie organique* publié sous la direction de MM. Grignard, Dupont et Locquin elle dut renoncer à la recherche. Maintenant libérée de cette tâche elle demande à retrouver son poste »[62].

Le biologiste marin Robert Weill (1902-1980) choisit de se consacrer exclusivement à la rédaction de la thèse qu'il soutiendra en 1934 ; il arrête ses recherches en 1931 « afin de ne pas augmenter davantage le nombre de documents que je me propose de publier dans ce mémoire » dont il fournit le plan et précise qu'« il doit former le tome 10 des *Travaux de la station zoologique de Wimereux*, sera déposé selon toute vraisemblance au cours de cette année scolaire, et comportera environ 600 p. de texte in-4°

---

[61] Victor Grignard, Georges-Honoré Dupont, René Locquin (dir.), *Traité de chimie organique*, Paris, Masson, 1935-1954, 23 vol.

[62] Dossier personnel de Palmyre Amagat, AN 20070296/7.

ainsi que plusieurs centaines de figures ». Son patron Maurice Caullery est « heureux de confirmer les indications de M. Weill » et souligne que sa thèse « met en œuvre des matériaux très considérables » et « a pris une extension inusitée »[63], extension qui justifiera sa publication en deux volumes[64]. La botaniste Fernande Flous (1908-1996), boursière de 1932 à 1935 n'a pas cette détermination et ne parvient à soutenir sa thèse que le 19 décembre 1936, en observant que « les divers travaux publiés pendant [ses] années de bourse avaient retardé son élaboration »[65].

La présentation de leurs publications par les boursiers dans leurs rapports d'activités est l'occasion, pour certains, d'instaurer une hiérarchie dans la valeur qu'ils accordent aux unes et aux autres. Édouard Fischer-Piette qui établit une liste numérotée de ses 67 publications pour la période 1924-1935 précise qu'il se limite aux travaux originaux et que « les notes préliminaires, dont la substance a été (ou sera) reprise ultérieurement en d'autres publications, sont précédées d'une astérisque (*) » ; en outre « pour que le nombre des n° corresponde vraiment à un nombre de travaux d'une importance suffisante, on a groupé chaque année sous un n° l'ensemble des notes de peu d'importance, en particulier les petites notes de faunistique »[66]. Dans le même esprit, le chimiste Paul-Émile Thomas, qualifie seulement cinq de ses 17 notes aux *CRAS* parues entre 1930 et 1935, de « principaux résultats »[67]. Joseph Hoch quant à lui, boursier et assistant au laboratoire de chimie organique de la Sorbonne, organise la liste numérotée de publications appuyant sa demande de renouvellement pour 1938/1939 en deux séries : les n° 1 à 14 regroupent les publications cosignées de 1931 à 1938 avec Pauline Ramart-Lucas, sa patronne, les n° 15 à 26 ses publications personnelles parues de 1929 à 1938. Le chercheur, dont Pauline Ramart-Lucas souligne la « grande modestie » dans sa lettre de recommandation à la Caisse pour l'année 1933/34, rompt ainsi avec l'ordre chronologique strict[68].

---

63 Rapport d'activité 1931/1932 de Robert Weill, AN F[17] 17458.

64 Robert Weill, *Contribution à l'étude des cnidaires et de leurs nématocystes*, 2 vol., Paris, Laboratoire d'évolution des êtres organisés, 1934.

65 Dossier personnel de Fernande Flous, AN 20070296/201.

66 *Notice sur les Travaux scientifiques de M. E. Fischer-Piette, Chef de Travaux au Laboratoire Maritime du Muséum*, Rennes, Impr. de L'Ouest-Eclair, 1935, p. 75.

67 Dossier personnel de Paul Thomas, AN 20070296/520.

68 Dossier personnel de Joseph Hoch, AN 20070296/268.

D'autres bibliographies intègrent de rigoureuses précisions de suivi du processus de publication, de la soumission du manuscrit à la correction des épreuves. Henri Gauthier précise les dates de dépôts de manuscrits - 10 mars 1934 au *Bulletin de la société d'histoire naturelle du Maroc*, 27 mars 1934 aux *Archives de l'Institut Pasteur d'Algérie* - et distingue ce qui est « sous presse » de ce qui est en « épreuves ». De son bilan qu'il juge insuffisant – « absorbé depuis plusieurs mois par la préparation de mes cours, j'ai peu publié cette année-ci » - il conclut sans complaisance : « Il me semble donc naturel à tous égards que les échéances non encore payées de ma bourse 1934-1935 soient affectées à d'autres chercheurs »[69]. Extrême souci de précision chez Jean Roy (1898-1977), agrégé enseignant les sciences naturelles au lycée parisien Janson de Sailly qui, faisant le point de sa production en 1933, distingue entre « manuscrit prêt à partir », « notes en rédaction », « notes à l'impression », « plaquettes en préparation » et « ouvrages de fonds prévus dans la suite ». Il voit encore plus loin et plus ambitieux : « Je désire, peu à peu, doter la France d'ouvrages limnologiques capables de soutenir la comparaison avec les nombreux travaux de cet ordre réalisés en Europe centrale, URSS, Pologne, etc. Peut-être, plus tard, pourrai-je susciter un certain nombre de recherches qui permettraient de créer une Société de Limnologie avec Bulletin »[70].

Quand Frédéric Marty, en mai 1936, justifie une demande d'augmentation par un récapitulatif en huit feuillets de ses titres et travaux, il prend soin de se réapproprier ceux publiés sous pseudonyme collectif dans une démarche répondant à celle du groupe constitué en 1935 sous le nom de Nicolas Bourbaki : « Enfin je signalerai ma collaboration à un groupe de jeunes mathématiciens qui sous le pseudonyme de Mlle Britt Ranulac publie des notes diverses (n° 18 - Sur les polynômes de la division du cercle, n° 19 - Sur certaines fonctions représentées par une intégrale) »[71]. La revendication par Frédéric Marty de certains travaux signés Britt Ranulac, conduit à évoquer les problèmes d'antériorité de publication rencontrés par certains boursiers. Georges Urbain observe ainsi à propos de Suzanne Rémy-Allard qui « a déployé une très grande

[69] Dossier personnel d'Henri Gauthier, AN 20070296/222.

[70] Dossier personnel de Jean Roy, AN 20070296/477.

[71] Dossier personnel de Frédéric Marty, AN 20070296/373. Si Ranulac est l'anagramme de canular, l'identité féminine et le choix du prénom Britt resteraient à éclaircir.

activité au laboratoire, bien qu'elle ait eu un bébé dans l'année », que « ses recherches sur le paramagnétisme des radicaux libres ont été entreprises avant que l'on sut quoique ce soit sur le sujet. Il est seulement regrettable que J. Kenyon et S. Sugden l'aient devancée dans la publication »[72]. Les deux chimistes londoniens publient en effet sur le sujet en 1932[73] un article dont Georges Urbain souligne qu'il confirme les premiers résultats de sa préparatrice. Le boursier Guy Emschwiller (1900-1986), enseignant à l'École supérieure de physique et de chimie industrielles de la ville de Paris à partir de 1935, relate qu'il se disposait à publier son enseignement quand il a été privé en 1940 des droits de professer et publier ; à la Libération, il y renonce : « mon cours s'étant trouvé dépouillé par une autre publication de ce qui constituait à mes yeux son originalité »[74]. Michel Lesbre (1908-1999), autre chimiste, affronte un autre type de dépossession : dans un courrier à la CNS du 31 mars 1933, il déplore que circule « un papier publicitaire concernant les propriétés thérapeutiques d'un produit contre la calvitie. Ce papier fait foi d'un article extrait d'un journal médical, revêtu de ma signature. Or je suis complètement étranger à l'affaire en question, où l'on a tout simplement usurpé ma signature »[75].

Publications et promotions

Dans un premier temps les travaux parus peuvent servir d'argument à la demande d'une bourse. Philippe Lasseur, professeur à la faculté de pharmacie de Nancy, demandant en avril 1933 une bourse pour Andrée Dupaix, monitrice en microbiologie (qu'il est sur le point d'épouser) fait ainsi état de ses 53 notes ou mémoires et de sa thèse « un volume de 350 pages imprimé en petits caractères : 3 000 signes à la page »[76]. Les

---

72 Dossier personnel de Suzanne Rémy, épouse Allard, AN 20070296/456.

73 Joseph Kenyon & Samuel Sudgen, « A paramagnetic organic compound », *Journal of the Chemical Society*, 1932, p. 170-171. Article reçu par la revue le 26 novembre 1931.

74 *Notice sur les Titres et Travaux de M. Guy Emschwiller, Chef des travaux pratiques de chimie générale au CNAM, Chargé de recherche à la Caisse Nationale des Sciences*, Paris, Presses universitaires de France, juin 1935, 42 p. et version mise à jour : Évreux, imp. Henri Dévé, 1950, 62 p.

75 Dossier personnel de Michel Lesbre, AN 20070296/343.

76 Dossier personnel d'Andrée Dupaix, épouse Lasseur, AN 20070296/177. La CNS refuse le renouvellement de la bourse pour 1934/1935, probablement en raison du mariage de la boursière et de son directeur de laboratoire intervenu entretemps.

publications viennent ensuite à l'appui des demandes de promotion avec des fortunes diverses. Sans succès, en avril 1935, quand le professeur Javillier recommande la chimiste Lise Émerique (1900-1979) en arguant que, boursière depuis quatre ans « elle a publié 21 notes et mémoires [...]. J'estime qu'il serait raisonnable de consacrer son effort en la nommant Chargée de Recherche[77] ». Avec succès pour Édouard Fischer-Piette qui, en avril 1932, demande à passer chargé de recherche en soulignant que « Docteur ès sciences depuis mars 1929, auteur, à la date de juin 1931 de 42 publications dont le résumé a été porté à mon dossier, j'ai publié, depuis lors, huit autres travaux de recherche »[78].

Les boursiers qui, comme Édouard Fischer-Piette, passent chargés de recherche dès 1932 ou 1933[79] ne sont pas très nombreux : 14 sur les 91 suivis (soit 15 %), dont 12 hommes, ce qui rapporté aux effectifs par sexe donne à ceux-ci un léger avantage. Les 14 heureux promus très rapidement sont sept cumulants et sept non-cumulants, ce qui masque l'avantage des non-cumulants qui ne sont que 36 dans la cohorte, pour 55 cumulants. Ventilés par sections, les promus précoces confirment la domination des mathématiciens sur le système naissant : trois des cinq boursiers de mathématiques de 1931/32 sont passés chargés de recherche en 1933/1934 ; score bien supérieur à ceux des autres disciplines[80].

Mis à part Palmyre Amagat, 42 ans en 1931, pour qui l'on pourrait parler d'avancement « à l'ancienneté », les boursiers à promotion accélérée ont été recrutés plus jeunes que leurs collègues : 29 ans en moyenne en 1931 quand l'ensemble des hommes en a 31, et Andrée Roche a 31 ans, soit trois ans de moins que l'âge moyen des femmes de la cohorte. Huit des 12 hommes promus sont mariés (et trois déjà pères) en 1934 ; Palmyre Amagat est, elle, célibataire et le restera tandis qu'Andrée Roche née Cunradi a épousé en 1925 Jean Roche (1901-1992), futur professeur

---

77 Dossier personnel de Lise Émerique-Blum, AN 20070296/187.

78 Courrier joint à sa demande de renouvellement d'allocation pour 1932/1933, AN F[17] 17458.

79 Alors que la promotion de la bourse à la charge de recherche n'intervient le plus souvent au mieux qu'au terme de quatre années de bourse (celle-ci pouvant être renouvelée trois fois selon le règlement interne). Ces promotions « normales » concernent la moitié (26 sur 52) des boursières et boursiers de la cohorte pouvant y prétendre par leur ancienneté d'au moins cinq ans dans le dispositif.

80 Deux boursiers promus de façon accélérée sur 13 en sciences naturelles, trois sur 24 en physique, quatre sur 34 en chimie et deux sur 14 en biologie.

au Collège de France, avec qui elle cosigne sa première note aux *CRAS* en 1927[81]. Notons enfin que si Maurice Fallot travaille à l'Institut de physique de Strasbourg, Andrée Roche à la faculté de médecine de Marseille et Georges Teissier à la station biologique de Roscoff dont il est sous-directeur, les onze autres sont accueillis dans des laboratoires parisiens.

Les boursiers les plus rapidement promus ont été de jeunes primo-publiants - 25 ans en moyenne avec les physiciens, 24 ans sans eux – et leurs travaux valent à cinq d'entre eux d'être lauréats, entre 1927 et 1934, d'un prix de l'Académie des sciences[82], à Andrée Roche d'un prix de la Société française de biologie en 1932 et à Guy Emschwiller d'une médaille d'or de la Société d'encouragement pour l'industrie nationale en 1933. En revanche, par leurs nombres de travaux publiés de 1931 à 1934, les nouveaux chargés de recherche se distinguent peu de leurs collègues restés boursiers : sept d'entre eux en signent moins de dix.

Boursiers et « nouvelle vague scientifique »

Si les promotions ne se décident pas sur la longueur des bibliographies, la palette des supports de publication pourrait s'avérer un facteur plus déterminant. Les boursiers promus adhèrent décisivement au renouveau scientifique contemporain. En chimie, la préface au *Dictionnaire de la chimie et de ses applications* publié en 1935 par Clément Duval avec deux autres bousiers de la CNS - son épouse Raymonde (née Triché, 1901-1992) et Roger Dolique (1900-1994) –, souligne que les auteurs ont collaboré « aux grands traités de chimie qui, depuis quelques années, ont marqué un véritable réveil de l'activité scientifique française »[83]. Réveil durable puisque l'ouvrage connaîtra avec compléments une deuxième édition en 1959, une troisième en 1978 et une quatrième en 2010. Par ailleurs, le précoce accueil des travaux de Georges Champetier et de Georges Teissier par des revues

81 Andrée Roche, après un brillant début de carrière, marqué par de nombreuses publications et plusieurs séjours dans des laboratoires à l'étranger, décède en juillet 1936, deux mois après avoir mis au monde une petite fille.

82 Georges Champetier en 1931, Clément Duval en 1927, Édouard Fischer-Piette en 1933, Jean Leray et Georges Teissier en 1934.

83 Clément Duval, Raymonde Duval, Roger Dolique, *Dictionnaire de la chimie et de ses applications*, Paris, Hermann, 1935, 747 p. Préface de Hippolyte Luc, directeur de l'Enseignement technique au ministère de l'Éducation nationale.

interdisciplinaires et de réflexion a déjà été noté, comme leur présence au catalogue des « Actualités scientifiques et industrielles » où, parmi les promus, les rejoignent Guy Emschwiller, Philippe L'Héritier, Paul Lainé (né en 1897) et Andrée Roche.

Inscrite dans le même mouvement et mobilisant également plusieurs boursiers, *L'Encyclopédie française* conduite par Lucien Febvre et Anatole de Monzie commence à paraître en 1935[84]. L'élan qui y préside est malheureusement brisé par la guerre et les derniers volumes seront publiés, de 1955 à 1966, avec un retard nuisant à la réussite commerciale de l'entreprise[85]. Parmi les nouveaux chargés de recherche, Georges Champetier, Georges Teissier et Édouard Fischer-Piette collaborent aux volumes d'avant-guerre, comme, parmi leurs collègues toujours boursiers en 1934, l'astronome André Couder (1897-1979), les biologistes Maurice Fontaine (1904-2009) et Jacques Houget (né en 1903), la zoologue Odette Tuzet (1903-1976) et le physicien Raymond Grégoire (1905-1960)[86].

André Couder cosigne par ailleurs dès 1935 avec son maître André Danjon un gros ouvrage didactique *Lunettes et télescopes : théorie, conditions d'emploi, description, réglage*[87] qui sera réédité en 1979 et en 1990. Dans son recueil de titres et travaux de 1954, l'ancien boursier rappelle les intentions qui animaient les auteurs lors de sa rédaction :

Nous avions le souci de communiquer les résultats d'une expérience personnelle, en rendant plus aisé à nos lecteurs le chemin laborieux qui nous avait conduit à l'acquérir. Aussi bien que le but visé, la méthode d'exposition que nous avons suivie s'écarte sur divers points des traditions pédagogiques qui étaient en vigueur. Cet ouvrage est devenu rapidement classique en France et à l'étranger, et, depuis qu'il a paru, nous avons eu la satisfaction de voir pénétrer dans l'enseignement des vues qui nous étaient propres[88].

---

[84] Michel Trebitsch, « Une entreprise républicaine : Lucien Febvre et *l'Encyclopédie française* », *Cahiers Jaurès*, n° 163-164, 2002, p. 65-78.

[85] Anatole De Monzie (dir.), *L'Encyclopédie française*, Paris, Comité de L'Encyclopédie française, 1936-1966.

[86] 28 autres allocataires de la CNS collaborent aux tomes parus entre 1936 et 1938.

[87] André Danjon, André Couder, *Lunettes et télescopes : théorie, conditions d'emploi, description, réglage*, Paris, Éd. de la Revue d'optique théorique et instrumentale, 1935, 715 p.

[88] *Notice sur les Titres et travaux scientifiques de André Couder, astronome titulaire de l'Observatoire de Paris, Membre du Bureau des Longitudes*, Paris, Impr. Sennac, 1954, 27 p.

Si le renouvellement d'approche dont se félicite André Couder s'applique dans le milieu académique, les contributions à l'*Encyclopédie française* visent un lectorat plus large comme les présences à venir d'anciens boursiers de la CNS dans la collection « Que sais-je ? » des Presses universitaires de France lancée en 1941[89]. Une collection dont le format et le coût assureront le succès rapide et qui accorde à la science accessible et « à jour » une place de choix dès le début de son programme. Du groupe des 91 boursiers suivis entre 1931 et 1934, huit signeront dans la suite de leurs carrières des « Que sais-je ? ». À commencer par le biologiste Pierre Rey (1904-1988) dès le lancement de la collection, en 1941, auteur du volume sur *Les hormones* (n° 39), puis le météorologiste Robert Bureau (1892-1965) avec *La TSF* en 1943 (n° 126), Georges Champetier *La chimie générale* en 1947 (n° 296) et *La grande industrie chimique organique* en 1950 (n° 436), Raymond Kehl *Les glanes endocrines* en 1952 (n° 523), Clément Duval *L'analyse chimique* en 1953 (n° 189) et dix autres titres de la collection dans les années 1960 et 1970, Guy Emschwiller, *La chimie physique* en 1965 (n° 1161), enfin les physiciens Raymond Hocart (1896–1983) *Les cristaux*, en 1968 (n° 1296) et Théo Kahan *Les Particules élémentaires : physique des hautes énergies* en 1969 (n° 1293) suivis de trois autres titres dans les années 1970 et 1980. D'autres anciens allocataires de la CNS, au nombre de 31, seront par la suite également auteurs de « Que sais-je ? », mais ils seront proportionnellement deux fois moins nombreux que parmi les boursiers de première génération.

Au terme de cette esquisse du paysage éditorial accueillant les premiers boursiers de la CNS, plusieurs pistes d'explorations propres à en préciser les traits et à enrichir les éléments mis en évidence se laissent entrevoir.

Le périmètre éditorial atteint, abordé ici globalement, appelle des enquêtes par disciplines scientifiques conduites avec une connaissance fine des différents milieux et des interactions qui s'y déploient. Seraient notamment à préciser le fonctionnement interne des différentes revues et de leurs comités de rédaction. En outre, il conviendrait de distinguer au niveau des publications en revues entre notes, mémoires et articles, considérés ici au seul titre de références bibliographiques. Une recherche sur la postérité des publications, effleurée à propos de certaines rééditions,

---

89 Valérie Tesnière, *Le quadrige : un siècle d'édition universitaire, 1860-1968*, Paris, PUF, 2001, 491 p.

pourrait être menée systématiquement à l'aide d'outils permettant le repérage des citations. Les pratiques de cosignature, évoquées seulement pour les tous premiers travaux publiés, sont à suivre sur un terme plus long dans les carrières d'auteurs. On pourrait enfin relier les pratiques de communications écrites à celles de communications orales auxquelles les boursiers s'adonnent lors de congrès et dans les sociétés savantes dont ils sont membres ou encore comme conférenciers en divers lieux et milieux de la société civile dans laquelle ils ne manquent pas de s'engager.

Cet engagement déterminé des boursiers de la CNS dans le mouvement scientifique et plus largement intellectuel de leur temps s'affirme en effet dès leurs premières années de publications. Ces jeunes trentenaires embrassant une carrière émergente, souvent guidés par des professeurs parisiens promouvant une recherche publique de haut niveau aux résultats bien relayés dans la société, sont tous des auteurs et ont commencé à l'être avant même d'entrer dans le dispositif qu'ils étrennent. Si, dans la toute première production des boursiers, la part des notes publiées dans les comptes rendus des séances de l'Académie des sciences est prépondérante, l'accès à d'autres canaux de diffusion, irriguant au-delà du cercle des seuls pairs, intervient rapidement pour certains. Les noms de Georges Champetier et de Georges Teissier, notamment, qui accèderont tous les deux à des postes de direction dans la recherche publique après 1945, sont de ceux que l'on retrouve sur tous les supports où la science nouvelle et réfléchie s'imprime dès le début des années 1930.

De l'utilisation des médias par les scientifiques : le cas de la pollution de l'air et de la forêt, 1880-2003

Michel Dupuy
IHMC (CNRS, ENS, université Paris 1 Panthéon Sorbonne)

Les sciences environnementales ont pour sujet la nature. Elles en décrivent le fonctionnement, les interactions avec l'homme, dont les activités peuvent constituer une menace. Cette atteinte doit être observée, démontrée et corrigée. Ce dernier point renvoie à la notion d'espace de résolution. Pour le couple pollution atmosphérique/forêt, dont l'émergence d'un savoir scientifique remonte à l'aube des années 1870 en Saxe à l'académie forestière de Tharandt[1], la solution est technique – adapter la forêt à la pollution –, juridique – procès en vue d'une indemnité – ou politique – intercéder auprès du pouvoir pour réguler les émissions[2]. L'exposition sur la place publique via la presse et les médias en général vise à faire pression sur la justice, à engager le politique afin de contraindre l'industrie à réduire les émissions de dioxyde de soufre liées à la combustion du charbon. À ce titre, quatre affaires sont particulièrement symboliques : celle de Katowice en Silésie (1890-1897), la Ruhr au tournant des années 1960, la naissance de la problématique des pluies acides en Suède en 1967 et l'affaire du *Waldsterben* ou dépérissement des forêts en

---

1 Svetlozar Rajanov, *Geschichte der Tharandter Immissionsforschung,1850-2002*, vol. 3 : *Forstwissenschaftliche Beiträge Tharandt*, Selbstverl. d. Fachrichtung Forstwiss. der TU Dresden, 2002 ; Martin Bemmann, *Beschädigte Vegetation und sterbender Wald*, Göttingen, Vandenhoeck & Ruprecht, 2012 ; Michel Dupuy, « Des *Rauchschäden* (dommages par les fumées) au *Waldsterben* (dépérissement des forêts) en Allemagne de 1880 à nos jours : Hypothèses, certitudes et doutes », *Allemagne d'aujourd'hui*, n° 150, 1999, p. 85-105.

2 À ceci s'ajoute la dynamique industrielle : les éléments rejetés dans l'atmosphère sont alors récupérés pour être commercialisés, voir Frank Uekoetter, *The Age of Smoke. Environmental Policy in Germany and in the United States, 1880-1970*, Pittsburg, University of Pittsburg press, 2009.

RFA dans les années 1980. Dans chacun de ces cas, leur exposition sur la place publique n'est pas restée sans conséquences sur le champ scientifique : émergence de nouvelles théories, modification du vocabulaire, développement de la recherche, etc. C'est ce double aspect, usage des médias et rétroactivité au niveau du champ scientifique, qui est présenté dans cette étude.

Agir sur la justice : l'affaire de Katowice, 1890-1897

L'affaire débute le 20 décembre 1890 à Katowice, au cœur du bassin industriel de la Haute-Silésie. Franz Hubert Tiele-Winkler, grand propriétaire foncier, dépose alors plainte contre une fonderie, suite à des dégâts dans sa forêt[3]. L'affaire est locale. Les experts convoqués par les deux parties sont de Kattowice pour l'entreprise – un chimiste et un pharmacien – ou des environs. En 1891, afin de renforcer sa position, Tiele-Winkler convoque Carl Reuss, inspecteur des forêts à Goslar (Harz). Reuss a déjà rédigé un rapport pour ce même propriétaire lors d'un procès mené contre une fonderie[4]. En outre, il est le coauteur du premier ouvrage sur les effets de la pollution de l'air sur la forêt avec Julius von Schroeder, professeur de chimie à l'académie forestière de Tharandt[5]. Au moment où débute cette affaire, ils sont les seuls experts à couvrir ce thème en Allemagne. Le 19 octobre 1892, un premier jugement est rendu contre une fonderie, suivi d'un appel, d'où une nouvelle série d'expertises d'autant plus que les dommages s'étendent. Cette première décision de justice s'est arrêtée aux dégâts visibles, or Reuss a une ambition scientifique. Pour lui, les dégâts se manifestent d'abord par une perte de productivité des arbres, puis par une coloration des feuilles. Ils sont donc, au départ, invisibles –même s'il n'emploie pas ce terme. Ainsi, à ses yeux, l'ensemble de la forêt est affecté et non seulement les parcelles qui jouxtent le bassin industriel. Ce n'est plus une, mais 44 entreprises sur les 57 présentes à proximité qui sont responsables. Le massif de Katowice est érigé en figure métonymique du combat de la forêt contre l'industrie.

---

[3] Ce grand propriétaire terrien membre de l'aristocratie prussienne possède également des intérêts dans les mines et les fonderies de la région.

[4] Carl Reuss, *Rauchbeschädigung in dem Gräflich v. Thiele-Winkler'schen Forstreviere Myslowitz-Kattowitz*, Goslar, Jäger, 1896.

[5] Julius Schroeder, Carl Reuss, *Die Beschädigung der Vegetation durch Rauch und die Oberharzer Hüttenrauchschäden*, Berlin, Parey, 1883.

Le 7 juillet 1893, au rapport de Reuss s'ajoute celui de deux scientifiques reconnus de l'académie forestière d'Eberswalde, le pédologue Emil Ramann et le directeur de la station de recherche forestière de la Prusse Bernhard Danckelmann. Tiele-Winkler engage alors le 20 décembre 1893 une action contre 19 propriétaires représentant 40 usines. Jamais un tel procès n'avait été intenté en Allemagne, ni en Europe ; c'est un procès modèle dont le jugement peut avoir une valeur scientifique et valider l'approche de Reuss.

Entretemps, ce dernier a édité son rapport[6]. Jusqu'alors, les rares rapports publiés l'ont été dans le cadre de revues[7]. Son ouvrage est d'ailleurs recensé dans les revues forestières, de chimie, de métallurgie, d'où une large audience auprès d'un public concerné par les effets de la pollution sur la forêt. De l'autre côté, la partie adverse recrute Bernhard Borggreve, grand maître des forêts à Wiesbaden, une figure dans le monde forestier, un partisan d'une sylviculture proche de la nature, expert à l'occasion dans des procès et dont des rapports ont dédouané l'industrie[8]. Il se rend sur place pendant l'hiver 1893/1894, puis au printemps 1894. Il conclut que la pollution n'affecte que les parties incriminées dans le premier procès, donc à proximité de la source et n'est le fait que d'une entreprise. Les autres dégâts résultent d'une orientation sylvicole sous-entendu liée à la théorie de la rente foncière : la monoculture de l'épicéa, qui a offert une proie aux insectes[9].

La presse locale s'empare du sujet entre mars et juin 1894. Un premier article paraît le 25 mars dans le *Schlesische Zeitung* qui reprend les thèses de Reuss. Le 25 juin, Borggreve rédige lui-même un article pour le même

---

[6] Carl Reuss, *Rauchbeschädigung in dem von Tiele-Wincklerschen Forstreviere Myslowitz- Kattowitz*, Goslar, Jäger, 1893.

[7] Edward Turner, Robert Christison, « On the effects of the Poisonous Gases on Vegetables », *Edinburgh Journal of Science*, n° 8, 1828, p. 140-149 ; Henri Braconnot, François Simonin, « Note sur les émanations des fabriques de produits chimiques », *Annales d'hygiène publique et de médecine légale*, n° 40, 1848, p. 128-136 ; Adolph Stöckhardt, « Über die Einwirkung des Rauches der Silberhütten auf die benachbarte Vegetation », *Polytechnisches Centralblatt*, n° 16, 1850, p. 257-278.

[8] Bernhard Borggreve, « Über Waldschäden in der Nähe industrieller Anlagen », *Forstliche Blätter*, n° 14, 1877, p. 49-54.

[9] Cette théorie développée à Tharandt vers 1850 repose sur l'idée caméraliste que la richesse vient du sol et qu'il faut exploiter la forêt comme un champ, ce qui entraîne une forêt mono-spécifique sur de grandes surfaces, voir Kurt Mantel, *Wald und Forst in der Geschichte. Ein Lehr- und Handbuch*, Hannovre, M. & H. Schaper, 1990.

journal. Pour lui, l'accusation essaie d'utiliser « l'opinion publique » via la presse quotidienne pour exercer une pression sur la justice[10]. Plusieurs journaux de la Prusse parlent de cette affaire. Les articles provenant du *Kölnische Zeitung*, du *Rheinische Kurier*, soit la région où officie Borggreve, prennent fait et cause pour ses thèses. Les idées des deux protagonistes sont donc exposées dans l'espace public. Toutefois, l'enjeu reste bien la maîtrise du second procès. Celui-ci se déroule au début de l'année 1895, trois entreprises sont condamnées, mais le jugement s'est arrêté aux dégâts visibles à proximité des sources, invalidant l'approche de Reuss et confirmant les hypothèses de Borggreve. Il publie alors son analyse dans un ouvrage.

Ce jugement rencontre un écho dans la presse scientifique et forestière, où le débat se poursuit, ainsi que dans l'espace public, où de nouveaux ouvrages sont publiés, notamment par Reuss et Schroeder[11]. L'analyse chimique a été remise en cause et, de fait, les études dans ce domaine sont relancées. De nouveaux acteurs se manifestent : le botaniste Paul Sorauer (Berlin), le pédologue Emil Ramann (Eberswalde), l'agronome Arwed Wieler (Aachen), le physiologiste des plantes Robert Hartig (Munich). Ils traitent de la notion d'invisibilité des dégâts, reconnue sur le plan scientifique, mais sans valeur juridique. Ils cherchent à mettre au point une méthode infaillible pour attribuer les dégâts constatés à la pollution atmosphérique (Hartig)[12]. Dans ces débats, la presse est absente. Ainsi le jugement a impulsé une nouvelle dynamique en matière de recherche sur l'impact de la pollution, orientant cette dernière davantage vers la physiologie des plantes et l'étude du sol. Toutefois, cette décision de justice a borné les connaissances recevables dans les tribunaux : les dégâts sont locaux et visibles. Le passage par l'espace public, où chacune des parties s'est exprimée, n'a pas permis de faire triompher les théories de Reuss. En

---

10 Dans son ouvrage, c'est le titre d'une partie dans le premier chapitre consacré aux différentes étapes du procès, voir Bernhard Borggreve, *Waldschäden im oberschlesichen Industriebezirk nach ihrer Einwirkung durch Hüttenrauch, Insektenfraß etc.*, Francfort-sur-le-Main, H. H. Sauerländer's Verlag, 1895.

11 Julius Schroeder, *Über die Beschädigung der Vegetation durch Rauch, eine Beleuchtung der Borggreveschen Theorien und Anschauungen über Rauchschäden*, Freiberg, Graz & Gerlach, 1895.

12 Robert Hartig, *Ueber die Einwirkung des Hütten- und Steinkohlenrauches auf die Gesundheit der Nadelwaldbäume*, Munich, M. Riegersche Universitätsbuchhandlung, 1896.

fait, derrière cette décision de justice, pour Borggreve, c'est une pratique sylvicole qui est condamnée.

Agir sur le politique pour changer la loi : le cas de la Ruhr, 1957-1962

Dans la Ruhr, le lien entre pollution et forêt s'est construit dans les années 1920 grâce à des laboratoires situés sur la périphérie, l'un au sein de l'université technique d'Aix-la-Chapelle et l'autre dans l'académie d'agriculture de Bonn-Poppelsdorf. Ce n'est qu'au lendemain de la Seconde Guerre mondiale que deux stations de recherches voient le jour au cœur de ce bassin industriel : la station de recherche sur le carbone biologique (*Kohlenstoffbiologische Forschungsstation*) à Essen-Bredeney (1946) et l'agence régionale pour la protection de l'utilisation des sols (*Landesanstalt für Bodennutzungsschutz*) à Bochum (1949)[13]. La première s'engage dans la mesure du taux de pollution dans l'atmosphère et l'étude des seuils de pollution sous la direction du chimiste Heinrich Stratmann. La seconde souffre dès sa fondation d'un manque de personnel pour évaluer les effets de la pollution sur les végétaux. Avec la reprise économique et la reconstruction, les propriétaires forestiers manifestent leurs inquiétudes auprès du ministère de l'Alimentation, de l'Agriculture et des Forêts dans le *Land* de la Rhénanie-Palatinat par l'intermédiaire de l'association des sylviculteurs de la Rhénanie-du-Nord-Westphalie (*Waldbauernverband Nordrhein-Westfalen*). Des crédits sont débloqués. En 1955, le forestier Karl Friedrich intègre la station de Bochum afin d'étudier les effets de la pollution sur le couvert forestier dans la région d'Oberhausen[14].

Wentzel s'attache à démontrer que les dégâts observés sur les arbres sont à attribuer aux émissions de l'industrie et non à celles des foyers domestiques. C'est la teneur de son rapport paru sous la forme d'un fascicule en 1957 et qui s'intitule : « Forêts mourantes »[15]. Ce dernier vise les propriétaires forestiers et guère le grand public. Face à la pollution, la seule solution envisagée à l'époque est d'adapter les essences. Sur ce plan,

---

[13] Ekkehard Koch, *Der Weg zum blauen Himmel über den Ruhr. Geschichte der Vorläufer Institute der Landesanstalt für Immissionsschutz*, Essen, VGB-Kraftwerkstechnik, Verlag Techn.-Wiss. Schriften, 1983.

[14] HStA Düsseldorf, NW 126, NW 452/424.

[15] Karl Friedrich Wentzel, *Sterbende Wälder*, Recklinghausen, Waldbauernverband NRW, Kreisgruppe Recklinghausen, 1957.

les forestiers sont fatalistes. En fait, leur action bloque sur l'article 906 du Code civil de l'Empire allemand - adopté le 18 août 1896 et entré en vigueur en 1900 - qui précise que la pollution au sein du bassin industriel est conforme à l'usage local (*ortsüblich*)[16]. Le verrou est donc juridique et ne peut être résolu qu'au niveau fédéral, c'est-à-dire au niveau politique.

Sur ce plan, l'action est menée par le groupe de travail interparlementaire pour une gestion naturelle (*Interpalamentarische Arbeitsgemeinschaft für naturgemäße Wirtschaftsweise*) fondé en 1952. Une première tentative pour modifier la loi a échoué en 1954. Une nouvelle offensive est lancée le 22 mars 1958. Wentzel est alors consulté en tant qu'expert forestier. Il n'est qu'un spécialiste parmi d'autres, qui joue sa partition de lobbyiste. Ainsi, il accompagne une délégation de parlementaires dans un peuplement mélangé de hêtres et de chênes proche de la ville de Herten (Nord de Bochum) le 13 octobre 1958, accompagné de journalistes de la presse écrite et télévisée du *Land* de Rhénanie-Palatinat. L'état de la forêt est tel qu'elle est qualifiée de « forêt fantôme »[17]. Du 6 au 8 octobre 1959 se tient dans la Ruhr la seconde journée internationale de travail des experts forestiers sur les dégâts par les fumées (*Arbeitstagung forstlicher Rauchschadensachverständiger*). Elle réunit les experts forestiers des deux Allemagne, de la Suisse, de l'Autriche et de la Tchécoslovaquie. La première a eu lieu à Munich en 1957 et a rencontré très peu d'écho dans la presse forestière et aucun dans les médias. En 1959, Wentzel en assure l'organisation. Il alterne les conférences et les excursions sur le terrain en compagnie des journalistes de la presse, de la radio et de la télévision[18]. Cette référence au média revient d'ailleurs comme un *leitmotiv* dans ses écrits en 1959/1960. Cette action publique a fini par ancrer la forêt dans la problématique de la pollution. En 1956, un article du *Spiegel* sur la question de la pollution dans la Ruhr ne fait pas référence aux forêts[19]. Il se cantonne aux aspects hygiéniques et aux obstacles juridiques. La photographie qui illustre les propos est celle d'une centrale thermique

---

16 Franz-Josef BRUEGGEMEIER, *Das unendliche Meer der Lüfte: Luftverschmutzung, Industrialisierung und Risikodebatten im 19. Jahrhundert*, Essen, Klartext, 1996 ; Kaï F. HÜNEMÖRDER, *Die Frühgeschichte der globalen Umweltkrise und die Formierung der deutschen Umweltpolitik (1950-1973)*, Stuttgart, Steiner Verlag, 2004.

17 Karl Friedrich WENTZEL, « Neues Immissionsrecht in der Bundesrepublik », *Der Forst- und Holzwirt*, n° 15, 1960, p. 248-255.

18 Karl Friedrich WENTZEL (dir.), *Waldrauchschäden im rheinischwestfälischen Industriegebiet*, Stuttgart, Steiner Verlag, 1960.

19 « Dein Schornstein raucht », *Der Spiegel*, 30 mai 1956, p. 16-18.

sur fond de cheminées rejetant dans l'atmosphère des nuages de fumées. En 1961, dans un nouvel article, la forêt est bien présente : photographie à l'appui (à nouveau à proximité de Herten)[20]. Le lecteur voit des arbres décharnés avec en arrière-plan des cheminées, le lien est aisé à tisser. La visibilité de la pollution a basculé des fumées (la source) aux arbres malades (les victimes).

En s'adressant au-delà du monde forestier, Wentzel a modifié ses propos. Il a élargi son discours aux conséquences pour l'agriculture et la santé humaine prenant appui sur les smogs de Donora au Sud-Est de Pittsburgh (1948) et de Londres (1952). Le premier provoqua officiellement la mort de 20 personnes et en affecta sérieusement 1 440. Le second engendra le décès de 4 000 personnes[21]. Cette insistance à faire référence aux conséquences humaines de la pollution, Wentzel l'explique sans ambages : « L'Homme est au centre de sa propre politique et il en sera toujours ainsi. [...] Veut-on aider la forêt ou bien faire passer une loi pour sa protection, il faut que le but soit relié étroitement avec les intérêts de l'Homme »[22]. Ainsi, il ne faut pas ramener le débat sur la forêt, mais sur l'être humain. Dans le discours de Wentzel, la forêt s'intègre à la *Landeskultur*. Elle fait partie d'un paysage, assure un espace de détente au citoyen. Cette demande de vert est réelle parmi la population. La fréquentation de l'espace forestier en Allemagne de la part des urbains augmente. L'argument économique de la forêt dans la Ruhr n'ayant aucune portée, Wentzel joue sur les aspects hygiéniques et culturels.

La loi est modifiée le 29 décembre 1959 ; désormais, l'implantation de nouvelles entreprises passe par une commission et, surtout, la notion de conformité à l'usage local est abolie. L'entreprise polluante doit apporter les moyens nécessaires pour réduire la pollution si ceux-ci sont viables économiquement. Ces normes sont définies par l'Union des ingénieurs allemands, qui garde la main sur les directives techniques. L'espace de régulation s'est déplacé de l'espace judiciaire à l'échelon fédéral, au niveau

---

20 « Zu blauen Himmeln », *Der Spiegel*, 8 août 1961, p. 22-36. De fait la forêt de Herten incarnait sur le plan médiatique la pollution dans la Ruhr.

21 Peter Brimblecombe, *The Big Smoke: A History of Air Pollution in London since Medieval Times*, Londres, New York, Methuen, 1987 ; Elisabeth T. Jacobs, Jefferey L. Burgess, Mark B. Abbott, « The Donora Smog Revisited: 70 Years After the Event That Inspired the Clean Air Act », *American Journal of Public Health*, 108, p. 85-88.

22 Karl Friedrich Wentzel, « Neues Immissionsrecht in der Bundesrepublik », *Der Forst- und Holzwirt*, n° 15, 1960, p. 251.

législatif. Dans ce processus pour faire changer la loi, quel fut le poids de Wentzel ? Il n'est qu'un acteur parmi d'autres avec les hygiénistes, les ingénieurs, les représentants de l'industrie… Toutefois, sa volonté de convoquer les médias, d'informer la population et les différentes institutions liées à la forêt – de la protection de la nature aux forestiers en passant par les propriétaires forestiers – a fini par inclure la forêt dans le débat sur la pollution.

Alerter le politique par la presse : les pluies acides en Suède et aux États-Unis, 1967-1979

Le 24 octobre 1967, le quotidien suédois *Dagens Nyheter* publie un article de Svante Odén, un agronome chargé de la rédaction d'un rapport par le gouvernement suédois sur l'acidification croissante des eaux de pluies et leurs conséquences pour l'environnement[23]. L'article d'Odén met l'accent sur l'importation de dioxyde de soufre (SO_2) par la Suède à une hauteur d'un million de tonnes par an avec pour corollaire une acidification des lacs et des sols, donc une diminution des populations de poisson et une perte de productivité des forêts. Odén a exposé ses résultats cinq jours auparavant, le 19 octobre 1967, lors du premier séminaire de l'*Ecology Committee of the Natural Science Research Council.* Toutefois, sa première publication a bien eu lieu dans la presse et non dans une revue scientifique[24].

Toujours le 24 octobre, en soirée, l'Académie suédoise des sciences de l'ingénieur tient sa réunion annuelle. Le professeur de chimie Sven Brohult fait une conférence sur les précipitations acides qui ne cessent de s'accroître et qui, à terme, peuvent affecter la croissance des arbres. Ces émissions proviennent du Royaume Uni, du nord de la France, des Pays-Bas, de la Belgique et de la RFA. Ce discours est rapporté par le *Svenska Dagbladet :* « Sulphur rain over Sweden is a threat to land and water » le 25 octobre. Le même jour, le *Dagens Nyheter* publie un éditorial intitulé : « Sulphur Poisoning ». Le 27 octobre, dans l'éditorial du *Svenska Dagbladet* « The killing rain », il est écrit : « The most worrying factor is the prospect that forest growth throughout much of the country can

[23] Svante Odén, « The Acidification of Precipitation », *Dagens Nyheter*, 24 octobre 1967.

[24] Lars J. Lundgren, *Acid Rain on the Agenda: A Picture of a Chain of Events in Sweden, 1966-1968*, Lund, Lund University Press, 1998.

be adversely affected—sulphur pollution could, in other words, directly threaten one of our most economically important natural ressources »[25]. De son côté, le *Dagens* public un éditorial intitulé : « The Swedish government and people immediately mobilized behind Odén ».

Pour la première fois, la presse s'empare d'une question relative à la pollution atmosphérique impliquant la forêt. Il faut préciser que l'intérêt pour les questions environnementales de la part de la presse suédoise ne faisait que croître depuis 1963, année où le nombre d'éditoriaux consacrés à l'environnement était de 106, alors qu'en 1969, il grimpe à 529. Le pouvoir politique suédois est alerté et, en mai 1968, le thème est discuté au parlement. La solution est internationale et l'espace de résolution passe par le Conseil de l'Europe et surtout l'OCDE. Or, au sein de cette institution, le rapport d'Odén est accueilli avec froideur. Il faut attendre 1970 pour voir l'OCDE s'engager dans une étude sur la pollution transfrontière[26]. La conférence sur l'environnement humain prévue en 1972 à Stockholm, suite à une décision de l'ONU de décembre 1968, offre une opportunité à la Suède de porter cette question sur la scène internationale. Un rapport sur les pluies acides est rédigé, remis aux participants. Il est relayé par la revue *Ambio*, fondée en 1972 par l'Académie royale des sciences suédoise. À la télévision française, ce thème n'est pas du tout abordé, bien que la conférence fasse l'objet de plusieurs émissions[27]. Le *New York Times* l'aborde le 12 juin dans un article[28]. Le *Spiegel* ignore cette question. La presse étrangère ne prend pas le relais. Dans les faits, de nombreux délégués sont revenus dans leur pays avec l'idée : « that the scientists were exaggerating ; that acidification problems were not very much to worry about ; that the problems only applied to southern Scandinavia and, furthermore, only to the sport and commercial fishermen there »[29].

---

25 *Ibid.*, p. 81.

26 Michel Dupuy, *Histoire de la pollution atmosphérique en Europe et en RDA au XXe siècle*, Paris, L'Harmattan, 2003.

27 Michel Dupuy, « Environnement et télévision depuis les années 1970 », dans Charles-François Mathis & Jean-François Mouhot (dir.), *Une protection de l'environnement à la française, XIXe-XXe siècle ?*, Seyssel, Champ Vallon, 2013, p. 263-280.

28 Walter Sullivan, « UN Parley Told of Sulfur 'Rains', Sweden describes dangers to Fish, Trees, Buildings », *The New York Times*, 12 juin 1972.

29 Anders Dahlgren, Swedish minister of Agriculture, « Ecological effects of acid deposition », National Swedish Environment Protection Board, 1983, p. 26.

Le gouvernement suédois, malgré l'aide de la Norvège et de la Finlande, peine à faire reconnaître au niveau des instances internationales le thème des pluies acides. Il est d'ailleurs inquiet des conséquences éventuelles sur une ressource économique, la forêt, tandis que le public est davantage sensibilisé sur la disparition des poissons[30].

En 1972, le débat sur les pluies acides est lancé aux États-Unis dans deux revues généralistes[31]. Cependant, le premier écho dans la presse a lieu en 1974 suite à la publication le 14 juin dans *Science* d'un article des écologues Gene E. Likens et F. Herbert Bormann intitulé : « Acid rain: a serious environmental problem ». Hausse constante des émissions de SO_2, acidification des pluies, des lacs, perte de croissance des arbres et de fertilité des sols, tous ces éléments sont évoqués. La veille, le *New York Times* en donne un résumé en première page[32]. De fait, la section d'écologie et systématique de l'université Cornell, où officie Likens, intègre le répertoire des journalistes. Malgré tout, les articles restent sporadiques, liés aux grandes conférences, aux lois, aucune réelle campagne n'est entreprise. Aucune figure scientifique n'émerge aux États-Unis. La presse prend ses sources auprès des scientifiques, puis, avec l'entrée en lice du politique à partir de 1979, auprès des gouvernements (États-Unis et Canada), mais également des écologistes[33].

Dans les années 1970, que ce soit aux États-Unis ou dans d'autres pays européens, le thème des pluies acides souffre d'un handicap : la catastrophe n'est pas visible. Sur le plan scientifique, la pollution transfrontière est admise, l'acidification des lacs guère contestée. En revanche, il n'existe pas d'unanimité au niveau des conséquences pour la forêt. Par

---

30 Rolf Lidskog, Göran Sundqvist, *Governing the Air: The Dynamics of Science, Policy, and Citizen Interaction*, Cambridge, MIT Press, 2011 ; Karin Bäckstrand, Gunilla Öberg, « Conceptualization of the acidification theory in Swedish environmental research », *Environmental Review*, n° 4, 1996, p. 123-132.

31 Noye M. Johnson, Robert C. Reynolds, Gene E. Likens, « Atmospheric Sulfur: Its Effect on the Chemical Weathering of New England », *Science*, n° 177, 1972, p. 514-516 ; Gene E. Likens, Herbert F. Bormann, Noye M. Johnson, « Acid rain », *Environment*, n° 14, 1972, p. 33-40.

32 Boyce Rensberger, « Acid in Rain Found Up Sharply in East; Smoke Curb Cited », *New York Times*, 13 juin 1974.

33 William C. Clark and Nancy M. Dickson (dir.), « The Press and Global Environmental Change: An international comparison of Elite Newspaper Reporting on the Acid Rain Issue from 1972 to 1992 », CSIA Discussion Paper 95-12, Kennedy School of Government, Harvard University, December, 1995.

essence, cette pollution tant dans les sources que dans les effets ne peut être réduite qu'à l'échelon international. Dans un premier temps, les experts des différents pays ont émis des rapports au sein de l'OCDE. Le relais a été pris par la Commission économique pour l'Europe des Nations unies à partir de 1976 en vue de la rédaction d'une convention. Les pays scandinaves alliés aux pays de l'Europe de l'Est (URSS en tête) parviennent à convaincre les pays récalcitrants, la Grande-Bretagne et la RFA, à adopter en 1979, hors pression médiatique, la Convention sur la pollution atmosphérique transfrontière à longue distance, ratifiée en 1982[34].

Odén et la presse ont joué en 1967 un rôle déterminant pour impliquer le pouvoir politique suédois, puis faire pression sur l'OCDE. Le fait de publier un rapport dans un quotidien est une première en matière de pollution atmosphérique. Par la suite, la dynamique a été institutionnelle tant au sein de l'OCDE que des différents pouvoirs. Comme pour la Ruhr, le contexte a joué un rôle important, l'environnement s'est affirmé comme une valeur auprès du public, le scientifique qui intervient dans l'espace public peut alors trouver un écho. Toutefois, cette question ne s'est pas transformée en affaire dans les médias allemands, français ou états-uniens.

Agir sur la société : l'affaire du *Waldsterben* (dépérissement des forêts), 1978-2003

L'affaire du *Waldsterben* est partie du constat d'un dépérissement du sapin dans le sud de la RFA à partir de 1975[35]. La pollution est bien évoquée à l'état d'hypothèse, mais ne convainc pas la communauté

---

34 Michel Dupuy, « Science et pouvoir en RDA : la pollution atmosphérique transfrontalière », dans Laurent Coumel, Raphaël Morera, Alexis Vrignon (dir.), *Pouvoirs et environnement. Entre confiance et défiance, XVe-XXIe siècle*, Rennes, Presses universitaires de Rennes, 2018, p. 159-174.

35 Michel Dupuy, « Des *Rauchschäden* (dommages par les fumées) au *Waldsterben* (dépérissement des forêts) en Allemagne de 1880 à nos jours : Hypothèses, certitudes et doutes », *Allemagne d'aujourd'hui*, n° 150, 1999, p. 85-105 ; Rudi Holzberger, *Das sogenannte Waldsterben. Zur Karriere eines Klischees: Das Thema Wald im journalistischen Diskurs*, Eppe, Bergatreute, 1995 ; Roland Schäfer, « Lamettasyndrom und Säuresteppe: Das Waldsterben und die Forstwissenschaften 1979-2007 », rapport de recherche, Institut für Forstökonomie, Universität Freiburg, 2012, https://www.econstor.eu/bitstream/10419/58310/1/689199651.pdf.

scientifique, où quelques figures émergent : le pathologiste forestier Peter Schütt (université de Münich) et les pédologues Bernard Ulrich (Göttingen) et Karl-Eugen Rehfuess (Münich). Ce débat interne au champ scientifique se déroule dans les revues scientifiques et les conférences. Toutefois, les premiers échos paraissent dans la presse et des alarmes sont lancées par les scientifiques lors d'entretiens avec les journalistes. Ainsi Schütt déclare dans un grand journal allemand le 26 avril 1981 : « Si cela continue ainsi, alors la forêt va mourir »[36]. Ulrich fait part de son inquiétude dans le *Hamburger Abendblatt* du 10 octobre 1981 : « Les premières grandes forêts seront déjà mortes dans les cinq prochaines années. [...] Elles ne sont plus à sauver ». Schütt commence à employer le terme de *Waldsterben* qu'il destine dans un premier temps à la presse (mai 1981). Dans un second temps, cette expression figure dans un projet de recherche au sein du ministère de l'Économie[37]. Ce mot n'a pas encore de portée symbolique. Il s'immisce également dans le dernier article de la série de trois consacrés par le *Spiegel* au problème de la pollution atmosphérique en novembre 1981[38].

À la fin de l'année 1981 commence à s'imposer, parmi la communauté scientifique, l'idée que la cause est anthropique, liée à la pollution de l'air. Le débat se déroule au sein du champ scientifique et n'interfère pas avec l'espace public. Dans la presse, les articles restent sporadiques. À la mi-1982, les médias commencent à s'emparer du sujet. En juin se tient à Stockholm la conférence sur l'acidification de l'environnement, au cours de laquelle la RFA annonce qu'elle va ratifier, le 15 juillet 1982, la Convention sur la pollution atmosphérique transfrontière. D'opposante, elle en devient le fer-de-lance. En été, paraît le premier rapport sur l'état des forêts, 7,7 % de la forêt allemande est touchée par la pollution. L'agenda est politique, la presse transforme la question du dépérissement en affaire.

Dans cette seconde moitié de l'année 1982, l'intervention de scientifiques dans les médias ne vise plus seulement à alarmer, mais à faire passer leurs idées. Le champ scientifique s'étend à l'espace public. Ainsi,

---

36 *Welt am Sonntag*, 26 avril 1981.

37 Roland Schäfer, « Lamettasyndrom und Säuresteppe: Das Waldsterben und die Forstwissenschaften 1979-2007 », rapport de recherche, Institut für Forstökonomie, Universität Freiburg, 2012, https://www.econstor.eu/bitstream/10419/58310/1/689199651.pdf.

38 *Der Spiegel*, n° 47, 48, 49, les 16, 23 et 30 novembre 1981.

en décembre 1982, des scientifiques de l'agence régionale de protection contre les pollutions du *Land* de Rhénanie du Nord-Westphalie (*Landesanstalt für Immissionsschutz* – LIS) publient un rapport dans lequel ils évoquent une autre origine au *Waldsterben* liée au gaz d'échappement des véhicules, à savoir l'ozone[39]. Friedhelm Farthmann, le ministre du Travail et des Affaires sociales du *Land*, tient une conférence de presse le 21 décembre 1982, assurant ainsi une publicité au rapport tant auprès du public que des scientifiques. La mission du politique est d'écarter l'hypothèse que ce travail est téléguidé par l'industrie liée au charbon et appelle à une réduction des émissions de SO_2. Les réactions sont promptes. Les scientifiques du LIS sont accusés par la presse d'être à la solde du lobby du charbon dans la Ruhr.

En mai 1983, Horst Courtois, professeur de pathologie forestière à l'université de Freiburg, avance comme hypothèse dans deux revues forestières que le dépérissement du sapin est dû à un champignon[40]. Ces publications ne suscitent aucune réaction parmi la communauté scientifique. La presse lui prête cependant attention. Il publie alors un article en octobre 1983 dans le *Handelsblatt*[41]. Mais son hypothèse n'est pas reprise.

En 1983, Günther Reichelt, conseiller pédagogique en biologie et directeur d'un laboratoire d'analyse environnementale à Villingen/Schwennigen, émet l'hypothèse que les rayons radioactifs aux environs des centrales nucléaires et les émissions naturelles en relation avec la pollution de l'air ont renforcé le dépérissement des forêts[42]. Il s'inscrit dans le travail de Schütt sur le stress. Il utilise tout l'éventail de publication : ouvrage, presse scientifique et quotidienne. Son hypothèse est discutée et s'éteint en 1986. Si les revues scientifiques et les rapports sont

---

39 Cette agence étudie les effets de la pollution, désignés en Allemagne par le mot « immiscions », qui se distingue des émissions (rejets). Bernd PRINZ, Georg KRAUSE, Heinrich STRATMANN, *Vorläufiger Bericht der Landesanstalt für Immissionsschutz über Untersuchungen zur Aufklärung der Waldschäden in der Bundesrepublik Deutschland*, Landesanstalt für Immissionsschutz des Landes Nordrhein-Westfalen, Essen (LIS-Berichte; 28), 1982.

40 Horst COURTOIS, « Die Pathogenese des Tannensterbens und ihre natürlichen Mechanismen ». *AFJZ*, n° 154, 1983, p. 93-98 ; Horst COURTOIS, « Zur Entstehung und zum Ablauf des Tannensterbens », *Holz-Zentralblatt*, n° 109, 1983, p. 93-94.

41 Horst COURTOIS, « Übergreifende Betrachtung statt Suche nach dem Schwarzen Peter », *Handelsblatt*, 14-15 octobre 1983.

42 Günther REICHELT, Roland KOLLERT, *Waldschäden durch Radioaktivität? Synergismen beim Waldsterben*. Karlsruhe, Müller, 1985.

ouverts aux hypothèses, le débat reste cadenassé par les figures qui se sont imposées à la fin des années 1970 et par l'arrivée du LIS en 1982. Schütt et Ulrich incarnent dans les médias le *Waldsterben*. La presse apparaît comme un moyen pour décadenasser le débat : sans succès.

En 1996, Heinrich Spiecker, professeur de croissance de la forêt à Freiburg, publie une étude européenne menée dans le cadre de l'European Forest Institute (EFI) situé à Joensuu en Finlande[43]. Ce rapport est lancé lors d'une conférence de presse le 31 août 1996. Le constat est clair : la forêt a crû en volume sur pied de 43 % en Europe entre 1950 et 1990. Cet accroissement est dû aux progrès de la sylviculture et aux rejets de gaz carbonique, qui ont agi comme un engrais pour les arbres. La première réaction provient de la presse partagée entre l'étonnement et le soupçon. L'EFI n'est-il pas supporté par le gouvernement finlandais qui a des intérêts dans la forêt[44] ? Le 3 septembre, se fondant sur les articles parus dans les médias, des scientifiques du centre de recherche sur les écosystèmes forestiers de Göttingen (centre d'Ulrich) réagissent via la presse. Les résultats de Spiecker et de son équipe sont peu fondés, comprennent des erreurs, et présenter de telles conclusions ne va pas dans le sens d'une réduction des émissions. D'autres s'inquiètent que cet accroissement est anormal et fragilise davantage le manteau forestier. La presse est partagée. La presse scientifique s'empare à son tour du rapport. Des scientifiques trouvent que les auteurs ont négligé les facteurs écologiques, qu'ils manquent d'impartialité et que cela fait une mauvaise publicité. Toutefois, leurs conclusions finissent par être acceptées par la communauté scientifique. Ulrich ne s'exprime pas sur ce sujet dans une revue scientifique, mais via la presse quotidienne, dans *Die Woche*, le 22 novembre 1996. Il attribue ce renouveau de la forêt aux mesures drastiques prises à partir de 1982 : obligation d'équiper les centrales thermiques de filtre contre le SO_2, pot catalytique. Il se reproche de ne pas avoir assez vanté les bons résultats récents autant qu'il a alarmé dans les années 1980. Ce passage par la presse et non par des revues scientifiques lui évite deux écueils. Le premier est lié au rythme de publication, le second au comité de lecture.

---

43 Heinrich Spiecker, Kari Mielikäinen, Michael Köhl, Jens Peter Skovsgaard (eds.), *Growth Trends in European Forests*, Berlin, EFI et Springer, 1996.

44 Kaisu Makkonen-Spiecker, « Analysis of Media Reactions on the EFI Research Report 'Growth Trends in European Forests – Studies from 12 Countries' », rapport de recherche, Joensuu, European Forest Institute, 1999.

Le rapport de l'EFI arrive dans une phase où le *Waldsterben* n'est plus au cœur de la problématique environnementale en Allemagne. Une nouvelle préoccupation occupe désormais le devant de la scène : le réchauffement climatique[45]. En outre, depuis 1987, la presse s'intéresse moins au *Waldsterben* et commence à ouvrir ses colonnes aux sceptiques comme le pédologue Heinz Zöttl (Freiburg). Toutefois, cette extension du champ scientifique à l'espace public où des scientifiques sont non seulement interviewés, mais aussi rédacteurs d'articles, où la presse devient le vecteur de diffusion de nouvelles hypothèses, a suscité des réactions d'animosité parmi la communauté scientifique. Ainsi, si en matière de vocabulaire, le *Waldsterben* a été très vite adopté, en 1983, au sein du monde politique et par certains scientifiques, une nouvelle expression surgit pour tenter, en vain, de se distinguer des médias : nouveaux types de dégâts forestiers (*neuartige Waldschäden*). En revanche, l'affaire du *Waldsterben* a accéléré la diffusion de l'approche systémique de la nature au sein de la foresterie et des médias, où le concept d'écosystème prend son envol à partir de 1984 suite au dépérissement des forêts, à la déforestation de la forêt amazonienne, à la pollution du Rhin, etc.

Dans cette histoire du *Waldsterben*, les scientifiques ont tiré l'alarme auprès des médias, car la catastrophe était visible. Cette incursion dans l'espace public a adossé le champ médiatique au champ scientifique. Les médias sont devenus alors le vecteur d'hypothèses scientifiques, le relai des débats, toutefois, l'explication, la démonstration relèvent toujours des revues scientifiques, des colloques. À ce titre, les citations des scientifiques ne mentionnent aucun article de la presse quotidienne.

Nous venons de balayer un siècle de relation entre les scientifiques et les médias à propos de la pollution atmosphérique et de la forêt. L'incursion dans le champ médiatique n'a jamais été neutre. Elle vise à résoudre un problème lié à la pollution de l'air : agir sur une décision de justice, sur l'élaboration d'une loi, alerter le politique. En posant le débat au sein de l'espace public, volontairement ou non, ce débat finit, la plupart du temps, par rejaillir au sein du champ scientifique. Ce passage par l'espace public est facilité par la mécanique propre aux médias vis-à-vis de la parole scientifique. Elle n'est guère discutée, échappe au comité de

---

45 Peter Weingart, Anita Engels, Petra Pansegrau, « Risks of communication: discourses on climate change in science, politics, and the mass media », *Public Understanding Science*, n° 9, 2000, p. 261-283.

lecture, touche un large public hors de sa propre discipline et permet une prompte réaction. Les médias sont également un moyen de propagation d'une théorie une scientifique, toutefois la validation reste du ressort du champ scientifique voire du judiciaire avec l'affaire de Katowice.

From databases to "information for the general public"

The long path toward the emergence of a public action for popularization in France at the turn of the 70's

ANDRÉE BERGERON
Centre Alexandre Koyré (UMR 8560 CNRS/EHESS/MNHN)

Popularization, although rarely considered by historians of science policy, is far from being a secondary aspect of the organization of research. Quite the reverse, these two dimensions are intrinsically linked. Indeed, since popularization plays a significant role in the construction of representations of scientific activity and of its economic, social, political functions, it accompanies, translates and legitimizes choices made to define the place and the role of science in a society. It is used as such by public authorities when new objectives are assigned to science (as it is the case in this beginning of the 21th century, for instance) or when public perceptions of science are affected by major events such as environmental or sanitary crises.

In the French case, the most emblematic example of this tight connection is probably the quasi-simultaneous creation of the *Palais de la découverte*[1] (1936) and the *Centre national de la recherche scientifique*,

---

1 On the creation of the Palais de la découverte, see: Andrée BERGERON & Charlotte BIGG, "Built in Thoughts Rather than Stone. The Palais de la découverte and the 1937 Paris International Exposition," in Elsa CANADELLI, Marco BERETTA & Laura RONZON (eds.), *Behind the Exhibit: Displaying Science and Technology at World's Fairs and Museums in the Twentieth Century*, Washington D.C., Smithsonian Institution Scholarly Press, *Artefacts Studies in the History of Science and Technology* vol. 12, 2019, p. 108–131 https://doi.org/10.5479/si.9781944466237; Jacqueline EIDELMAN, "The Cathedral of French Science. The early years of the Palais de la Découverte", in Terry SHINN & Richard WHITLEY (eds.), *Expository science. Forms and Functions of Popularisation*, Dortrecht-Boston-Lancaster, D. Reidel Publishing Compagny, 1985, p. 195–207; Pascal ORY, "Une 'cathédrale pour les temps nouveaux'? Le Palais de la Découverte (1934–1940)," in Régine ROBIN (ed.), *Masses et culture de masse dans les années 30*, Paris, Editions Ouvrières, 1991, p. 180–204.

(CNRS, National Centre for Scientific Research)[2] (1939) by Jean Perrin and his colleagues. Both were due to the efforts of the same group of prominent scientists, sharing the same conception of science, the same views about what scientific research should be and the urgency to act in its reorganization. The two projects also owed their success to the ability of their founding figures to master political games and to navigate the administrative structures.

This well-known success story is just one example. Looking more carefully and over a longer term at public action in the organization of research shows that popularization seems to be a constant, though sometimes subterranean, concern of authorities and that a renewed political interest for research usually comes with a renewed political interest for popularization.[3]

As a case study, I propose in this paper to retrace the genesis of an administrative organization that from the 1970s onwards became the privileged interlocutor in France of all those, including professional popularisers or militant scientists, who requested financial or symbolic support for their actions by public authorities: the *Bureau national de l'Information scientifique et technique* (BNIST, National Office of the Scientific and Technological Information), within which a section "scientific popularization" was created in 1976.

(Re)constructing scientific information and documentation in France

In order to understand the genesis of the BNIST, one has to go back to the end of the Second World War.

In France, at that time, the sector of scientific information and documentation was largely fragmented. The Documentation centre of the CNRS was its main organization.[4] It was created before the Second

---

2 On the creation of CNRS, see Jean-François Picard, *La République des savants. La recherche française et le CNRS*, Paris, Flammarion, 1990; Denis Guthleben, *Histoire du CNRS de 1939 à nos jours, une ambition nationale*, Paris, Armand Colin, 2013.

3 Andrée Bergeron, "Université et culture scientifique : sur l'inscription culturelle des sciences", in Soraya Boudia, Anne Rasmussen, Sébastien Soubiran (eds.), *Patrimoine, savoirs et communautés savantes*, Rennes, Presses universitaires de Rennes, 2009, p. 209–223.

4 On the general history of scientific information and documentation in France, see: Jean-Michel Salaün, "La fin de l'IST ? Histoire des politiques publiques françaises

World War under the joint impulse of three major figures of science and the organization of research:

- Henri Laugier, director of the new CNRS;
- Henri Longchambon, who headed the CNRS applied science section;
- Pierre Auger, who came from Jean Perrin's laboratory and who pioneered the initiative[5].

The three men moved in the same circles and they had previously been mobilized for the creation of the CNRS. They had also met and collaborated during the interwar period on another prominent project of French science: the creation of the *Palais de la découverte*:

- Laugier was one of the main architects of the *Palais de la découverte*, and had often represented Jean Perrin in the preparation meetings. He also played a large part in the development of the section of biology;
- Longchambon managed the project of the hall of crystallography;
- Auger worked on the display of cosmic ray research.

In 1939, at the onset of war, Pierre Auger, then general secretary of the *Annual tables of the constants*, worried about the need "to continue ensuring the scientific circulation of information, in spite of the restrictions due to the war."[6] Within a broader context of scientific mobilization, he

---

en information scientifique et technique," rapport de recherche, Centre d'études et de recherches en sciences de l'information, Lyon, École nationale supérieure des sciences de l'information et des bibliothèques, 1991; Jean Astruc, Jacques Le Maguer, Jean-François Picard, "Le CNRS et l'information scientifique et technique en France," *Solaris*, n°4,1997; Serge Cacaly & Yves-François Le Coadic, "Fifty years of scientific and technical information policy in France (1955–2005)," *Journal of Information Science*, vol. 33, no. 3, 2007, p. 377–384; Yves-François Le Coadic & Serge Chambaud, "Politics and policies in the scientific and technical information sector in France," *Journal of Information Science*, vol. 19, no. 6, 1993, p. 473–479.

5 On the history of the CNRS documentation centre see Jean-Michel Salaün, "La fin de l'IST ? Histoire des politiques publiques françaises en information scientifique et technique," rapport de recherche, Centre d'études et de recherches en sciences de l'information, Lyon, École nationale supérieure des sciences de l'information et des bibliothèques, 1991, and Jean Astruc, Jacques Le Maguer, Jean-François Picard, "Le CNRS et l'information scientifique et technique en France," *Solaris*, n°4,1997.

6 Jean-François Picard & Elisabeth Pradoura, "Entretien avec Pierre Auger", 23 April 1986, http://www.histcnrs.fr/archives-orales/auger.html.

proposed to Laugier and Longchambon, who were then in charge of the CNRS, to create a department within the CNRS that would be specifically dedicated to the circulation of scientific information. His idea was to set up the publication of a monthly journal, the *Bulletin analytique*[7] compiling tables of contents of major scientific journals worldwide. The Documentation Centre (as it was named) came into existence shortly afterwards. Auger, until his departure for the United States in 1941, was in charge of the Documentation centre, then Jean Wyart took it over. Wyart was in close touch with Longchambon. Like his three colleagues, he was a former contributor of the *Palais de la découverte* (he took part in the conception of crystallography hall). In the more than difficult context of the German occupation and of the Vichy France, where paper was difficult to find, and communications and travels were highly problematic, Jean Wyart managed to set up the networks necessary to collect reviews and essential materials.[8] His efforts were successful: at the end of the war, the CNRS Documentation Centre was internationally considered as a model of its kind.

During the immediate post-war period, a number of public research organisation were created in France in addition to the CNRS. They in turn developed their own specialized documentation centres, such as, for instance, the Atomic Energy Commission (CEA, *Commissariat à l'Énergie atomique*), the National Institute for Statistics and Economic Studies (INSEE, *Institut national de la Statistique et des Études économiques*) or the National Institute of the Demographic Studies (INED, *Institut national d'Études démographiques*).[9] Not only the public research sector considered scientific information to be an important issue: private industrial companies, such as Merlin-Gérin or Pechiney for instance, and main national mining companies created their own documentation centres.[10]

In the early 1960s, another event is worth mentioning for our narrative: the reorganization of the Ministry of Armament, and specifically of military research. In 1961, Prime Minister Pierre Messmer, concerned about the development of a striking force based on ballistic missiles,

7 *Ibid.*

8 Jean-François PICARD & Elisabeth PRADOURA, "Entretien avec Jean Wyart", 5, 12 and 20 March 1986, http://www.histcnrs.fr/archives-orales/wyart.html.

9 Martine COMBEROUSSE, *Histoire de l'information scientifique et technique,* Paris, Armand Colin, 2005, p. 86.

10 *Ibid.*

created the DMA (*Délégation ministérielle à l'Armement*).[11] A Department of research and testing resources (DRME, *Direction des Recherches et des Moyens d'Essais*) was established within the DMA, its central mission being "to follow and support researches likely contribute to the national defence in a long-term perspective".[12] It also aimed to bring civilian research (DGRST, Délégation générale à la Recherche scientifique et technique,[13] universities, CNRS, public or private institutes or research centres) closer to the Defense Department. Two physicists (civilians) were named as heads of the DRME: Lucien Malavard as director, and Pierre Aigrain[14] as scientific director. Attached to the DRME, a Scientific Information Office (BIS, *Bureau d'Informations scientifiques*) was created, in charge of monitoring scientific research. Laurent Citti was its first director. According to specialists, the BIS was very effective in particular through its pioneering work in data compilation leading to the implementation of the first databases in France.[15]

From the Caen colloquium (1956) to the Boutry report (1963)

The picture here, crudely put, is one of a fairly heterogeneous set for a question that many, in the context of that time putting the accent on reconstruction and modernization, agreed to consider as fundamental. It is against this background that, in 1963, a report was commissioned by the DGRST, in connection with the *Commissariat general au plan,* (State Planning Commission). The panel of designated experts, chaired by

11 Dominique Pestre, "La creation de la DMA et de la DRME en 1961 : projet politique ou construction conjoncturelle ?," in Alain Chatriot & Vincent Duclert, *Le gouvernement de la recherche. Histoire d'un engagement politique, de Pierre Mendès-France à Charles de Gaulle (1953–1969),* Paris, La Découverte, 2006.

12 Décret du 21 avril 1961 et arrêté du 7 août 1961.

13 General delegation for scientific and technical research, DGRST was the interministerial body founded in 1961 in order to pilot research policy in France.

14 Physicist, specialist of semiconductors, Pierre Aigrain held numerous important positions in the administration of science. He was Deputy Minister for Research (*secrétaire d'État à la Recherche*) from 1978 to 1981.

15 Jean-Michel Salaün, "La fin de l'IST ? Histoire des politiques publiques françaises en information scientifique et technique", rapport de recherche, Centre d'études et de recherches en sciences de l'information, Lyon, École nationale supérieure des sciences de l'information et des bibliothèques, 1991.

Georges-Albert Boutry, a professor at the CNAM (*Conservatoire national des arts et métiers*/National conservatory of arts and crafts), was essentially composed of documentation or library professionals. Jean Wyart, director of the CNRS Documentation centre, as well as Jean-Louis Crémieux-Brilhac, deputy director of the public publisher *Documentation française*, whose important role in the structuring of French public research during the 1950s is well known, were amongst them.[16]

The report, known as "Boutry report",[17] discussed different issues relative to the circulation of primary sources but also questions relative to scientific popularization. This was not a marginal topic since a whole chapter out of five was dedicated to this aspect. To use the wording of the report, it claimed: "popularization, if it is of high quality, constitutes a national necessity".[18]

The marked interest showed by such a technical panel in popularization may seem unexpected: it is less surprising if one remembers some aspects of the two colloquia held shortly before in Caen (1956) and in Grenoble (1957).

Considered by historians as a milestone in the reorganisation of French public research during the post-war years[19], the Caen colloquium (as it is known today) brought together the *élite* of the French public and private research, politicians and manufacturers and journalists. It was organised by a group of scientists strongly supported by Pierre Mendès-France. Mendès-France's active help is anything but surprising if one refers his inaugural address as new Prime Minister back in 1953: "The Republic needs scholars!" The same statement was repeated—and completed—by many colloquium participants: The Republic needed scholars, but also

---

16 Jean-Louis Crémieux-Brilhac, a close adviser to Pierre Mendès-France, played a key role in the organization of the two colloquia mentioned below. See Alain Chatriot & Vincent Duclert, *Le gouvernement de la recherche. Histoire d'un engagement politique, de Pierre Mendès-France à Charles de Gaulle (1953–1969)*, Paris, La Découverte, 2006.

17 "Rapport à M. le ministre d'État chargé de la Recherche scientifique et des Questions atomiques et spatiales," DGRST, 22 avril 1963, Centre des archives contemporaines (CAC), 19860236/1.

18 Boutry report, p. 6.

19 Jean-François Picard, *La République des savants : la recherche française et le CNRS*, Paris, Flammarion, 1990, 339 p.; Alain Chatriot & Vincent Duclert, *Le gouvernement de la recherche. Histoire d'un engagement politique, de Pierre Mendès-France à Charles de Gaulle (1953–1969)*, Paris, La Découverte, 2006.

engineers and technicians. Both the introduction and the resolutions[20] adopted noted as matter of urgent concern the lack of scientific or technical students that qualified annually, the need for scientific training in the secondary and technical education system, which would be "a real humanism". A considerable part of the conclusions of the colloquium emphasized the imperious necessity of stimulating scientific vocations and recruiting candidates for scientific trainings.

To insure the growth of the country, one would need, it stated a doubling, in ten years, of students' number and a tripling of engineering classes. It called for a teaching reform at every level (from the medium level to higher education), but also for the promotion of scientific vocations and for the recruitment of school children as science students. This could not be done effectively without "better information for families and children [...] on the importance of scientific opportunities, [and] the organization of an effective propaganda (exhibitions, conferences, movies, press, radio [etc.]), with the help of higher education and industry".[21]

One year later, from 3 to 5 October 1957, another colloquium entitled "The relations between University and Industry" was organized partially by the same actors in Grenoble. During this time window, precisely on October 4th, the success of Sputnik was made public. This news came across like a thunderclap reinforcing the delegates' convictions and giving them a powerful argument to convince whoever was concerned.

In Grenoble the same arguments, as in Caen, were presented and specified. In his report the physicist Louis Weil, general reporter of the colloquium, strongly emphasized the need to intensify the recruitment of scientific and technical staff.

This included:

- "To make intense propaganda by the means of the Press, Cinema, Television and Records for the benefit of science which absolutely has to stop appearing to be difficult, even repulsive, and should become the partner of our everyday life", and

---

20 "Résolutions adoptées à la séance de clôture du 3 novembre 1956," *Cahiers de la République*, 5, janvier-février 1957, p. 15–24, reproduced in Alain Chatriot & Vincent Duclert, *Le gouvernement de la recherche. Histoire d'un engagement politique, de Pierre Mendès-France à Charles de Gaulle (1953–1969)*, Paris, La Découverte, 2006, p. 361–369.

21 *Ibid.*, p. 363.

- To convince and train the potential and underexploited reserves i.e. lower classes and girls.
- Finally, "the constant update of the knowledge of engineers, professors, doctors"[22] etc. appeared as another necessity.

To summarize, one of the basic ideas of the successive colloquia of Caen and Grenoble was the assertion that the development of research was the indispensable condition for "the essential recovery of the standard of living of the French people and the place of France in the world".[23] This would be possible only through a radical increase of the number of technicians, engineers, and scientists, all trained by the nation, and whose knowledge would be constantly updated.

That is why the massive development of popularization, of *propaganda* to use the term employed at that time, using *modern techniques* was fundamental: it was considered as the most modern, powerful and adapted means to entice young boys and girls to enter the scientific and technical professions. It was the most adapted instrument for an ongoing professional training, allowing technicians and engineers to acquire or maintain scientific and technical knowledge.

The Boutry report

Those three fundamentals claims (to justify the place granted to science in society; to encourage science vocations, in particular amongst the reserve of untapped resources (girls and popular classes); to maintain updated the knowledge of the trained professionals) were again included in the Boutry report in 1963, 6 years after Grenoble. A range of personalities, some of which attended the colloquiums of Caen and/or Grenoble or even had been involved in their organisation, prepared it. It may be worth noticing that it is about the same time and for the same reasons, (working for a strong development of the training and a growth of the

---

22 "Rapport général de Louis Weil," in *Colloque de Grenoble. Les relations Université-Industrie*, p. 4–5. Supplément aux *Cahiers de la République*, 11, janvier-février 1958.

23 "Manifeste de Grenoble," in *Colloque de Grenoble. Les relations Université-Industrie*, p. 6. Supplément aux *Cahiers de la République*, 11, janvier-février 1958.

recruitment of technicians, engineers and scientists), that C.P. Snow published in 1959 his famous book *The two cultures*.[24]

The authors of the Boutry report specifically insisted on two points:

- The necessity to legitimize public efforts in favour of science ("The public has to understand how the credits granted to scientific research are used and why governments grant to science and its development the priority which we know"[25]);
- The "literature of high popularization" was perceived as an effective instrument aimed at "all those who professionally wish to specialize [and who] have to maintain and develop their general knowledge and to be kept informed of current scientific and technical developments". Accordingly, the report recommended to encourage the creation "by fusion of already valid periodicals" of "a magazine of high popularization" which looked much like what, during the following years, became the magazine *La Recherche*. The experts pointed to another (major!) benefit: such a magazine "would supply to the Delegation[26] with very widely read means of expression".[27]

The main outcome of the report is to recommend the creation of a "coordinating body endowed with the people, the credits, the competence and the authority sufficient to be able to reconsider [...] a federal organisation of the French scientific and technical documentation".[28] The national committee of scientific and technical documentation, attached to the DGRST, is thus created by decree in 1968.[29]

It was rapidly considered unsatisfactory, in particular due to structural motives. For that reason, a new panel was set up at the end of the 1960s part of the preparation of the 6th plan, on the specific topic of

---

24 Stefan Collini, "Introduction," in Charles Percy Snow, *The Two Cultures*, Cambridge, Cambridge University Press, 1993, p. vii-lxxi; David Edgerton, "CP Snow as Anti-historian of British Science: Revisiting the Technocratic Moment, 1959–1964," *History of Science*, 43, 2005, p. 187–208; Guy Ortolano, "The literature and the science of 'two cultures' historiography," *Studies in History and Philosophy of Science*, 39, 2008, p. 143–150.

25 Boutry report, p. 13.

26 Delegation and Delegate refer here (and in what follows) to the General delegation for scientific and technical research (DGRST) and to its head, respectively.

27 Boutry report, p. 35.

28 *Ibid.*, p. 28.

29 *JO* 39, 15 February 1969, p. 1769–1770.

scientific information and documentation: the so-called sectorial group 5 (GR5), working in the general framework of the commission in charge of research and under the aegis of the DGRST. The GR5 worked in narrow contact with the National Centre of Documentation and under the extremely watchful chair of the head of DGRST: since 1968, the above-cited physicist Pierre Aigrain.

Between 40 and 50 persons[30] (lists diverge) took part in the work of the GR 5, split in 5 working subgroups:

1 / Exact and natural sciences documentation network;
2 / Human sciences documentation network;
3 / General written information;
4 / Audio-visual information;
5 / Staffs.

Popularization was essentially addressed by subgroups 3 and 4.[31] Here "audio-visual" should be understood in the widest sense of "what is not essentially written", thus including museums, scientific youth clubs, *Maisons de la culture* and other cultural institutions. Both subgroups met regularly and returned a documented work, seeking external expertise when required. To take just one example, the physicist Pierre Auger was a member of the broadcasting programme committee of the ORTF and the producer of the radio program *Les grandes avenues de la science*, besides his manifold activities and responsibilities in science.

Two remarks can be made at this stage

---

[30] Délégation générale à la recherche scientifique et technique/Commissariat général du Plan, *Rapport de la commission Recherche*, tome 2, Coll. Rapports des commissions du 6e plan. 1971–1975, Paris, La Documentation française, 1971, p. 331–332 and "Sous-groupes de travail – composition," DGRST, 2 January 1970, and "Annexe – composition des 5 sous-groupes de travail" (no date mentioned), CAC 19860236/6.

[31] Subgroup 3 and 4 included, inter alia: representatives of documentation and publication sectors for several research institution, a representative of the Army documentation, of the National Library, two publishers (Michel Chodkiewicz for Les Éditions du Seuil, and Pierre Beres for Hermann), an anglicist (Paul Bacquet) and a physicist (Michel Hulin who would later run the Palais de la Découverte) as well as personalities directly linked to popularization, such as Jean Rose, head of the Palais de la Découverte, Michel Tréguer, producer to the ORTF (*Office de radiodiffusion-télévision française*), Hugues de Varine better known for his role in developing ecomuseology. Michel Chodkiewicz and Jean Rose leaded subgroups 3 and 4, respectively. "Annexe – composition des 5 sous-groupes de travail," (no date mentioned), DGRST, CAC 19860236/6.

1 – Little was left of their proposals in the summary report returned by the GR5 in 1971. As successive versions of the reports were produced, the popularization concerns were put into the background of the report.

Besides, in the part devoted to the programming of proposed actions, the document clearly indicated that, in the face of the limited resources available, the effort must focus on the establishment of the documentary network. To put it another way, it should focus on the scientific information in the strict sense, *e.g.* specialised information. While the topic of popularization persisted under the heading "extended diffusion network", the program was strongly reduced and was finally allocated a projected 10 MF operating budget on a 145 MF total managed by the GR5—despite the reaffirmation of "the interest that would have represented certain operations studied by the subgroup 4".[32]

All this clearly indicates that contrary to what prevailed for the Boutry report, popularization (even if it was of high quality) with all its expected benefits in terms of propaganda and professional upgrading came here second, while it was earlier considered as a prerequisite for any action.

2 – While in 1963 what was at stake with popularization was to convince of the obvious interest (for the State) to invest in science or (for young people) to commit in science, in 1971 the concern was rather to improve the "quality" of popularization. The objectives were manifold: To fight against false sciences and their wide dissemination,[33] to remedy the assumed disability of scientists to communicate information toward general public[34] or to increase the activities of scientific clubs for youths.[35]

---

32 "Rapport du groupe de réflexion n°5 'information scientifique et technique' sur la programmation des actions proposées," DGRST, 26 janvier 1971, CAC 19860236/1

33 François Le Lionnais (president of the Union of the French scientific writers and former assistant of Pierre Auger at the UNESCO science department) insisted on this point. Commission de la recherche 6e plan, "Compte-rendu de la réunion du 7 avril 1970," Commission de la recherche 6e plan, CAC 19860236/6, p. 1.

34 Nicolas Vichney, journalist at *Le Monde*, member of the association of the scientific journalists and author of famous papers on nuclear France defended this position. Nicolas Vichney, "Note sur la diffusion de l'information scientifique de caractère non documentaire," 12 January 1970, CAC 19860236/6, p. 1.

35 One of their national leaders insisted on the fact that "young people not only can find [in the scientific clubs] a healthy activity [...] but also assert their judgment on the basis of the scientific spirit" which was, he added, essential to gain the sense

The main conclusion of the GR5 work was what was expected: the panel recommended the creation of a lean and permanent structure, more operational this time, that is, endowed with credits and staff. It was to become the National Office of the Scientific Information, the BNIST.

The National Office of the Scientific Information

Another 2 years were needed before the decree formalizing the BNIST appeared.[36] The difficult part was to put together the board that would constitute the BNIST jointly with the permanent secretariat. Indeed, in order to insure a greater efficiency, the GR5 proposed a sectorial organisation (by sector of activity and by branch) of the French system of scientific information supervised by a restricted board. The difficulty was to represent simultaneously with a restricted number or persons the various administrations; Paris and the province; the existing sectorial networks and the networks to be created; the administrators of information, the users and the experts. The choice of future members was followed very closely by the General Delegate, Pierre Aigrain, and by the head of the Documentation centre of the Armies.[37]

As a result, in the end, the board was mainly composed of science or documentation experts (in the public or private sector) and persons in charge of the scientific affairs in the relevant ministries. No room was made for journalists, audio-visual producers or museum professionals, though these activities were at the core of the work of two GR5 subgroups. But the military sector was strongly represented since the board included *inter alia* the director of the DRME, Jacques-Emile Dubois (representing the Ministry of the Armies); a chief armament engineer representing the Prime Minister; Laurent Citti, Pierre Aigrain and Lucien Malavard (the three of them coming from DRME). Lucien Malavard was also appointed president of the BNIST.[38]

---

of responsibility. Jean-Claude Guiraudon, "Les clubs scientifiques et techniques," Report attached to the project presented on the 10 March 1970, undated, CAC 19860236/6, p. 4.

36 Décret 73–115 of 5 February 1973, *JO* 7 February 1973, p. 1479.

37 Mainly CAC 19860336/2.

38 In contrast, one may note that the panel commissioned in 1963 for the Boutry report didn't include any no representative of the military sector, not even from DRME.

The BNIST was implemented on 26 June 1973 in the presence of the Minister of the Industrial and Scientific development, Jean Charbonnel. In his speech, he summarized the main official missions of the BNIST and added what seemed to be more a personal conception, declaring:

> The problem of scientific and technical information goes beyond support for research and decision. Indeed, we irreparably move forward to an ever more scientific and technical civilization. Yet the majority of our fellow countrymen possess a dramatically insufficient scientific culture. In this direction as well, I do expect of you a precious collaboration: I wish that your office gives special attention to this problem of the integration of the scientific data in the individual culture in order to facilitate the non-specialists' understanding of science. You will merge here cultural action and will give to your work its real dimension.[39]

This wish remained, for a while, unheeded. The personalities in presence (essentially experts in the sciences and documentation), the low budget allocations, but also the adopted sectorial organization largely explain the fact that, during its first 2 years, the action of the BNIST (which was real and tangible) remained very technical and very specialized. Until 1975, only users of scientific information in its specialized form (standards, publications, databanks, etc.) had their place in the BNIST.

In other words, the action of the BNIST was only concerned with the scientific and technical information for industry and research.

Things changed at the end of 1975. The president and the board of the BNIST were renewed. Laurent Citti, former of the DRME and now director of the *Laboratoire national d'essai* (LNE) at the CNAM succeeded his former boss Lucien Malavard. Two journalists joined the board: Robert Clarke, a scientific journalist in print and audio-visual media, and Dominique Verguèse, who chaired the association of the scientific journalists.

The new president of the BNIST took office and declared:

> However important is our action regarding scientific and technical information for industry and research, the BNIST would not have fulfilled its whole mission if it would have limited itself to this matter and did not intervene in the problems of scientific and technical publishing, popularization [...] for

---

39 Jean CHARBONNEL, "Discourse of 26 June 1973," *Rapport annuel d'activité*, 1973, Paris, BNIST.

> the scientific and technical information of the whole national community and thus of the general public.
>
> The Minister insists that the BNIST is a driving element of the development of the scientific and technical culture in France. It is essential, indeed, to leave the cultural underdevelopment in which we find ourselves in this domain today, to allow a blossoming of each one in a society always more science and technology based. To take into account this new orientation, I shall say of this new dimension given to the BNIST, the Minister decided to remodel [the board] and to involve knowledgeable personalities in this field.[40]

From now on, the objective was thus to define a coherent action plan quickly leading to practical achievements. To this end, a "scientific and technical cultural action" sector was created within the BNIST. Lucie Degail, is recruited to head this sector with an allocated budget. From 1976, actions are developed such as the participation to the youth fairs, support to program "Science in the city", the regular support to the monthly *La Recherche*, commissioning studies on the French and Science, etc.

A battle for information

How is it possible to understand at the same time, the constancy of policy-makers concerns about popularization, the slowness of its consideration by the BNIST and the outbreak of 1976?

Several arguments can be put forward.

Because of the shortage, at the time of the implementation of the BNIST what was urgently posed was not popularization of science. But I do not think that this explanation is sufficient.

First, compared to the turn of the 1950s and the 1960s, the general context of the 70s is quite different. At the beginning of the 1970s, the issue was no longer reconstructing a country but to gain in efficiency. The priority was no longer to increase the number of technicians, engineers and scientists but to develop effective, finalized and successful research. Pierre Aigrain, who oversaw all this operation, personified precisely this policy orientation. His connexions with industry have always been very

40 Laurent Citti, "Opening address," (no date mentioned) *Rapport annuel d'activité*, 1973, Paris, BNIST, p. 49.

strong; he does not arise from the Faculty of Science of Paris but from the army and later Rocard's laboratory. Moreover, in 1973, after implementing the BNIST and naming its board, he left the DGRST and after having been professor at MIT for a year, joined Thomson Group as general technical director. On the opposite, his successor until 1976, Hubert Curien, was trained at the university of Paris, in the laboratory of crystallography at the head of which he succeeds Jean Wyart. He showed later during his career, as Minister for Research and Technology in particular, a keen interest in popularization and scientific culture. His influence may have played a part in the reorientation of the priorities of the BNIST.

Second, the public perception of science and technology differed a lot in 1975 compared to what it was at the beginning of the 1960s. The rise of public protests is obvious, public authorities were fully aware of this point. In a report written in 1971 for the OECD, the former Delegate to the research, Pierre Piganiol, already drew the attention: "it is essential that the citizen is informed and enlightened [if we wish] that the public keeps an objective, even confident, attitude towards his government and towards science, while the dangers to which our ambient environment is exposed are the subject of contradictory opinions (whether contraceptive pills, DDT or whatsoever)."[41]

Indeed, the turning point in the BNIST philosophy comes at a specific moment. On 6 March 1974, French authorities launched a major program for the massive construction of electronuclear equipment. This program, known as "Messmer's plan",[42] generalized the use of nuclear power through the project of constructing thirteen nuclear plants. Messmer's plan, as one might expect, was not affected by the governmental changes following Georges Pompidou's death (2 April 1974) and the election of Valery Giscard d'Estaing as president of the Republic. The plan was never discussed in parliament. Political opponents decried in that respect a policy of *fait accompli.*[43] However, more than one year later, on 14 May 1975, Michel d'Ornano, Minister for Industry and Research, delivered a speech on the energy policy in front of the French National

---

41 Pierre Piganiol, *L'information dans une société en évolution. Quelques considérations de caractère politique*, Paris, Organisation de coopération et de développement économiques, 1971, p. 28.

42 Named after Prime Minister Pierre Messmer.

43 Dorothy Nelkin & Michael Pollak, "Political parties and the nuclear energy debate in France and Germany," *Comparative Politics*, vol. 12, n° 2, 1980, p. 127–141.

Assembly.[44] After having justified government's choices, in a second and long part of his address to the parliament, the minister started to systematically address the most frequent criticisms towards nuclear energy. Using a common rhetoric, he denied the danger due to the radioactivity of nuclear facilities (which is bellow natural radioactivity) and emphasized the high level of control due to the efficiency of nuclear safety authorities. Finally, he acknowledged the existence of frequent apprehensions toward nuclear energy. These apprehensions, he said, were legitimate given that "until recently, the discussion of nuclear issues was confined within a limited circle of experts and insiders. The government [was] therefore committed [...] to develop information and leave nothing in the shadows".[45] He indicated two recent initiatives, due to his administration, to support this assertion: a new booklet series, entitled *Dossiers de l'énergie,* had been launched by his services, giving detailed information and quantitative data; following his request, the CEA and EDF (Électricité de France) were opening specialized information centres for general public. Information was indeed one of the main areas of disagreement during the parliamentary debate following this discourse (without vote).[46] Even strong supporters of nuclear energy (like the communists) or members of the majority deplored the lack of information on this vast nuclear program and above all the failure to consult Parliament.

The year 1975 was a turning point in the French nuclear history, and information constituted a central issue. In February, a group of physicists made a very critical appeal, the "*Appel des scientifiques à propos du programme électronucléaire français*" that collected more than 400 signatures of scientists within one week.[47] In November, the Association of Scientists for Information on Nuclear Energy (*Groupement des scientifiques pour l'information sur l'énergie nucléaire*—GSIEN) was founded with the objective of disseminating information against what appeared to its member as a strong tendency of nuclear officials to turn information into propaganda and to maintain secret. This commitment of scientists

---

44 Michel d'Ornano, "Déclaration sur la politique de l'énergie," jeudi 15 mai 1975, *Journal officiel de la République française*, débats parlementaires, Assemblée nationale, Compte-rendu intégral des séances, 34, AN, 1975, p. 2649–2655.

45 *Ibid.*, p. 2654.

46 *Ibid.*, p. 2655–2699.

47 Sezin Topçu, *La France nucléaire. L'art de gouverner une technologie contestée,* Paris, Seuil, 2013, p. 79–83.

was a hard blow for nuclear promoters who redoubled their efforts in the battle of information.[48]

The renewing of the BNIST came on this general background. Michel d'Ornano was precisely the minister who insisted that the BNIST intervened "for the scientific and technical information of the whole national community and thus of the general public". The changes at the BNIST offered a good opportunity to activate this part of its missions. In doing so, deliberately or not, the State developed a new instrument for its action to promote (trust in) science and technology, in general, and technological choices of the nation in particular. What was at stake was precisely what Pierre Piganiol highlighted four years ago: "that the public keeps an objective, even confident, attitude towards his government and towards science."

Everything suggests that, at the end of 1975, as Maurice Herzog, adviser to Michel d'Ornano, declared during the above-mentioned parliamentary debate, "the time [had] come to inform all citizens so that the logic finally overrides irrational".[49]

---

[48] In her thesis, Sezin Topçu shows how EDF developed from 1975 onwards a massive information policy. This policy, she says, had the property to combine two *a priori* paradoxical forms of action: 1/ a large scale use of (reassuring) information and communication campaigns; 2/ at the same time, maintain secret much of documents (dealing with sanitary concerns or technical data). The aim was to forge an "enlightened public", assuming that more knowledge would lead to more support. At the same time, EDF and CEA initiated sociological studies in order to portray the nuclear energy opponent. Most of those studies emphasized the pessimism and the lack of confidence in progress that, they said, characterised anti-nuclear people (Sezin Topçu, "L'agir contestataire à l'épreuve de l'atome. Critique et gouvernement de la critique dans l'histoire de l'énergie nucléaire en France (1968–2008)," thèse de doctorat de l'EHESS, 2010, p. 143–162).

[49] *Journal officiel de la République française*, débats parlementaires, Assemblée nationale, Compte-rendu intégral des séances, 34, AN, 1975, p. 2665.

Les classements académiques médiatiques

Sociohistoire d'une coproduction capitaliste entre média, État et monde académique en France, 1976-1989

Julie Bouchard
Université Sorbonne Paris nord & LabSic

Dans la plupart des pays industrialisés, le champ de l'enseignement supérieur et de la recherche (ESR) fait l'objet de classements diffusés dans les médias, principalement dans la presse. Le rôle de celle-ci ne se limite pas à la médiatisation de classements déjà existants[1] ; certains titres sont engagés dans la production même de classements académiques. Les classements internationaux qui ont proliféré au cours des années 2000 en fournissent quelques exemples : certains sont produits par des journaux et des magazines (*Times Higher Education* [Royaume-Uni], *US News & World Report* [États-Unis]) coexistant, dans les sociétés néolibérales décentralisées, avec d'autres types de producteurs publics et privés comme des départements, agences, centres de recherche ou institutions académiques en lien avec les politiques publiques (Centre pour les universités de niveau mondial de l'université Jiao Tong de Shanghai [Chine], Centre pour le développement de l'enseignement supérieur avec le magazine *die Zeit* [Allemagne], laboratoire Cybermetrics lab [Espagne], Centre pour les études de la science et de la technologie de l'université de Leiden [Pays-Bas], Centre d'étude des politiques de l'enseignement supérieur de l'université de Twente [Pays-Bas], Conseil pour l'accréditation et l'évaluation de l'enseignement supérieur [Taiwan]), des organisations

---

1 Christine Barats, « Médiatisation du 'classement de Shanghai' et processus de co-construction : analyse socio-discursive d'un corpus de presse et entretiens compréhensifs » et Xavier Pons, « La médiatisation de Pisa en France : travail journalistique et action publique », dans Julie Bouchard, Étienne Candel, Hélène Cardy & Gustavo Gomez-Méjia (dir.), *La médiatisation de l'évaluation/Evaluation in the Media*, Berne, Peter Lang, 2015, respectivement p. 215-235 et p. 193-214.

internationales (OCDE, par exemple), des pouvoirs publics (Commission européenne), des industriels du Web (ratemyprofessors.com).

Avant les années 2000, le foisonnement d'initiatives et l'agitation provoquée par les classements internationaux, plusieurs pays ont vu l'émergence et le développement de classements académiques médiatiques (CAM) à l'échelle nationale. Les chronologies existantes, encore approximatives, montrent que ce phénomène s'est progressivement étendu dans et entre les pays depuis les années 1970. En France, par exemple, deux magazines grand public spécialisés en éducation, *Le Monde de l'éducation* et *l'Étudiant*, ont commencé à produire régulièrement des classements respectivement en 1976 et 1979[2]. Aux États-Unis, le magazine hebdomadaire d'actualités *US News & World Report* a publié ses premiers classements des « Best Colleges » en 1983[3]. En Allemagne, le magazine *Der Spiegel* a produit des classements d'universités dans les années 1980[4]. Au Canada, le magazine d'actualités *Maclean's* en a fait autant à partir de 1991[5]. Au Royaume-Uni, le *Times Higher Education Supplement* a publié dans le journal *The Times* des classements nationaux au début des années 1990[6] suivi du *Guardian* qui a publié ses propres *league tables* académiques à partir de 1999. Cette liste non exhaustive pourrait s'étendre longuement en incluant d'autres titres et d'autres pays, mais elle permet de saisir le phénomène : s'il y a peu de classements d'établissements d'enseignement supérieur et de recherche (ÉESR) entre 1870 et 1970, alors principalement produits par des acteurs et des institutions

---

2 Julie Bouchard, « La fabrique d'un classement médiatique de l'enseignement supérieur et de la recherche », *Quaderni, L'évaluation de la recherche : pour une réouverture des controverses*, n° 77, 2012, p. 25-40.

3 Jamil Salmi & Alenoush Saroyan, « Les palmarès d'universités comme moyen d'action : usages et abus », *Politiques et gestion de l'enseignement supérieur*, vol. 2, n° 19, 2007, p. 33-74.

4 Isabel Roessler, « What Happened? What Remains? What's to Come? 15 years of Rankings Experience », Arbeitspaper n° 168, Centrum für Hochschulentwicklung, 2013, 24 p.

5 Charles H. Bélanger & Robert Davidson, « Ranking Canadian Universities. A case of Controversy », *Tertiary Education and Management*, vol. 3, n° 1, 1997, p. 44-51.

6 Ellen Hazelkorn, *Rankings and the Reshaping of Higher Education: The Battle for World-Class Excellence*, New York, Palgrave Macmillan, 2011.

académiques ou administratives[7], les entreprises de presse sont progressivement devenues, depuis les années 1970 et dans plusieurs pays, des producteurs dominants de classements académiques. En d'autres termes, parmi les évolutions qui ont affecté le champ de l'enseignement supérieur au cours des quatre dernières décennies, se trouvent l'émergence et la prédominance des entreprises médiatiques dans la production et la popularisation des classements académiques[8].

Notre ambition n'est pas ici de conduire une énième analyse critique des critères et des méthodologies des classements médiatiques, ni d'étudier leurs usages et leurs effets. Les classements académiques ont été abondamment critiqués au cours de la dernière décennie par les sciences humaines et sociales. Federkeil, van Vught et Westerheijden[9] ont identifié sept types de « problèmes » ou « biais » méthodologiques soulevés par la littérature académique sur les classements : a) l'indétermination des publics visés ; b) la non prise en compte de la diversité des institutions de l'ESR ; c) la faible étendue des dimensions considérées ; d) les indicateurs globaux composites ; e) la forme tabulaire ; f) les biais thématiques et régionaux des données de publication et de citation ; g) l'indétermination et la volatilité des méthodologies. Bien que les classements soient souvent présentés par leurs promoteurs comme « neutres » et « objectifs », ces « valorimètres »[10] ont des conséquences pour l'ESR, transformant partiellement les représentations, les relations et les conduites. Les études portant sur les effets des classements, telles que les ont résumées van

---

7 Jamil Salmi & Alenoush Saroyan, « Les palmarès d'universités comme moyen d'action : usages et abus », *Politiques et gestion de l'enseignement supérieur*, vol. 2, n° 19, 2007, p. 33-74.

8 Ellen Hazelkorn, *Rankings and the Reshaping of Higher Education: The Battle for World-Class Excellence*, New York, Palgrave Macmillan, 2011.

9 Gero Federkeil, Frans van Vught & Donald F. Westerheijden, « An evaluation and Critique of Current Rankings », dans Frans van Vught & Frank Ziegele (dir.), *Higher Education Dynamics, Multidimensional Ranking. The Design and Development of U-Multirank*, New York, Springer, 2012, vol. 37, p. 39-70. Frans van Vught & Donald F. Westerheijden, « Impact of Rankings », dans Frans van Vught & Frank Ziegele (dir.), *Higher Education Dynamics, Multidimensional Ranking. The Design and Development of U-Multirank*, New York, Springer, 2012, vol. 37, p. 39-70.

10 Bruno Latour & Vincent Antonin Lépinay, *L'économie, science des intérêts passionnés*, Paris, La Découverte, 2008.

Vught et Westerheijden[11], ont mis en lumière certaines de leurs influences sur : a) les choix des étudiants ; b) le management institutionnel ; c) le financement public ; d) la course à la réputation et à la compétition ; e) la qualité ; f) les inégalités ; g) le jeu autour des classements.

En ajustant la focale à la production des CAM, nous nous intéressons à ses relations avec l'institution d'un « capitalisme académique », défini au plus général dans la théorie éponyme comme le processus d'extension du domaine du marché au sein du champ académique. La thèse que nous développons est que le classement académique médiatique en tant que tel est la partie émergée ou le résultat d'un processus plus vaste, qui autorise la production de classements académiques dans un cadre médiatique et marchand. La période d'émergence sur laquelle nous nous concentrons, 1976–1989, est envisagée comme un « moment privilégié » pour l'étude des conditions sociales d'existence des CAM en France, un détour historique utile à la compréhension du monde actuel[12] et à la dénaturalisation ou à la déconstruction d'une petite conquête du marché au sein de l'ESR français dans ses rapports avec l'espace politique et l'espace académique. Deux études de cas portant sur deux magazines, *Le Monde de l'éducation* (1974-2008) et *l'Étudiant* (1972-), permettront de développer l'analyse en nous appuyant sur une étude de contenu et une série de dix entretiens semi-structurés[13].

La « théorie du capitalisme académique » est d'abord présentée et notre approche y est située. Puis, nous nous attelons à la genèse socio-technique de la production des CAM articulée, dans une perspective média-centrée et micro, aux quatre dimensions constitutives et reliées

---

11 Frans van Vught & Donald F. Westerheijden, « Impact of Rankings », dans Frans van Vught & Frank Ziegele (dir.), *Higher Education Dynamics, Multidimensional Ranking. The Design and Development of U-Multirank*, New York, Springer, 2012, vol. 37, p. 39-70.

12 Armand Mattelart, « Pour une analyse de classe de la communication », dans Fabien Granjon & Michel Senecal, *Communication, idéologies et hégémonies culturelles*, Paris, Presses des Mines, 1979 [2015], p. 85-126.

13 Les dix entretiens ont duré entre 45 minutes et trois heures en face-à-face. Ils ont été conduits auprès de responsables des magazines, de journalistes et d'autres acteurs impliqués dans la production des palmarès au cours de la période couverte par l'enquête. Pour *Le Monde de l'éducation*, les entretiens se sont déroulés entre novembre 2010 et juillet 2011. Les entretiens concernant le magazine *l'Etudiant* ont eu lieu entre janvier et octobre 2015. Cinq grandes thématiques ont jalonné les entretiens : la genèse des palmarès, les motivations, le processus de production, l'économie des palmarès et la réception.

de sa polychrésie[14] : a) les CAM en tant que produit informationnel à la vente et source de revenus pour les magazines ; b) les CAM en tant qu'instrument associé à la mise en place d'un marché de la coordination dans l'espace académique ; c) les CAM en tant que résultat d'un processus de définition, de calcul, d'attribution et de hiérarchisation de valeurs des entités académiques et d) les CAM en tant qu'espace publicitaire pour l'ESR et les magazines.

Capitalisme académique et classements médiatiques : des articulations à décrypter

La notion de « capitalisme académique » est liée à une théorie en évolution, qui se qualifie elle-même, ainsi que le phénomène qu'elle entend étudier[15]. La « théorie du capitalisme académique » (TCA) s'est développée depuis les années 1990 autour des travaux des chercheurs états-uniens sur l'enseignement supérieur, Sheila Slaughter, Larry Leslie et Gary Rhoades, qui ont publié entre autres deux ouvrages sur la question : *Academic Capitalism : Politics, Policies and the Entrepreneurial University*[16] et *Academic Capitalism and the New Economy : Markets, State, and Higher Education*[17]. Sheila Slaughter[18] en a proposé une « re-théorisation » dans un chapitre d'ouvrage intitulé « Retheorizing Academic Capitalism ». Dans ces travaux, le phénomène des CAM occupe une place ambiguë : intégrés ici ou là à l'analyse, critiqués parfois, les classements sont aussi assimilés à une des multiples facettes du capitalisme

---

[14] Yves Jeanneret, *Critique de la trivialité. Les médiations de la communication, enjeu de pouvoir*, Paris, Éditions Non Standard, 2014, 765 p.

[15] Tuukka Kaidesoja & Ilkka Kauppinen, « How to Explain Academic Capitalism. A Mechanism-Based Approach », dans Brendan Cantwell & Ilkka Kauppinen (dir.). *Academic Capitalism in the Age of Globalization*, Baltimore, Johns Hopkins University Press, 2014, p. 166-186.

[16] Sheila Slaughter & Larry L. Leslie, *Academic Capitalism: Politics, Policies and the Entrepreneurial University. Markets, State, and Higher Education*, Baltimore, Johns Hopkins University Press, 1997.

[17] Sheila Slaughter & Gary Rhoades, *Academic Capitalism: Politics, Policies and the Entrepreneurial University. Markets, State, and Higher Education*, Baltimore, Johns Hopkins University Press, 2004.

[18] Sheila Slaughter, « Retheorizing Academic Capitalism. Actors, Mechanisms, Fields and Networks », dans Brendan Cantwell & Ilkka Kaupinnen (dir.). *Academic Capitalism in the Age of Globalization*, Baltimore, Johns Hopkins University Press, 2014, p. 10-32.

académique, mais sans faire l'objet d'une attention approfondie, laissant ouverte l'analyse de leurs articulations.

La TCA a pour projet central l'analyse du phénomène social concret de l'extension et de l'incorporation des logiques et conduites de marché dans le champ académique ayant pour finalité la création de revenus et de profits. La TCA, principalement fondée sur l'observation des expériences états-uniennes et anglo-saxonnes, plus particulièrement sur le secteur public et privé à but non lucratif, fait l'hypothèse générale d'une « révolution tranquille » depuis les années 1970 au cours de laquelle un « régime du capitalisme académique de la connaissance » a pris peu à peu le pas sur un « régime du bien public de la connaissance ». Le premier idéal, indissociable de la doxa de la « société de la connaissance », de « l'économie de la connaissance » et de la « nouvelle économie », valorise la privatisation du savoir et la recherche de profit pour lesquelles les intérêts des institutions, des inventeurs académiques et des entreprises priment sur ceux du public. L'intérêt public pour les produits de la science est subsumé dans la croissance accrue attendue d'une économie de la connaissance forte[19].

Le second idéal repose sur l'idée d'« une séparation relativement forte entre les secteurs publics et privés »[20] et la connaissance, considérée comme libre, désintéressée et autonome, est valorisée en tant que bien public offert à tout citoyen. Entre ces deux idéaux-types extrêmes et opposés, se déploie en réalité un large éventail « d'agencements »[21] qui façonnent en degré et en nature, dans l'espace et dans le temps, le caractère plus ou moins « capitaliste » ([re]génération du capital et recherche de profit), plus ou moins « marchand » (le marché comme organisation d'un espace d'échanges marchands) et plus ou moins « public » (organisation de l'autonomie et de la liberté académique) de la recherche et de l'enseignement supérieur. Moins en tant que description d'un état de fait plus ou moins prégnant et en évolution dans différents contextes nationaux et organisationnels[22] qu'en tant que théorie attachée à l'analyse des processus par lesquels le champ académique se trouve pénétré par les logiques

---

19 Sheila Slaughter & Gary Rhoades, *Academic Capitalism: Politics, Policies and the Entrepreneurial University. Markets, State, and Higher Education*, Baltimore, Johns Hopkins University Press, 2004, p. 29.

20 *Ibid.*

21 Michel Callon *et al.*, *Sociologie des agencements marchands*, Paris, Presses des Mines, 2013.

22 Jean-Louis Dérouet & Romuald Normand, « L'université française, entre crise et refondation. Vers un nouveau régime académique ? », *Artigos*, n° 32, 2011, p. 7-22.

de marché, la TCA fournit un cadre théorique général pour l'analyse de pays, anglo-saxons ou non[23], ici en l'occurrence la France.

Des activités hétérogènes tournées vers la génération de revenus sont particulièrement scrutées par la TCA : brevets, accords de licence, copyright, droit d'auteur, entreprises dérivées, entreprises indépendantes, partenariats université-industrie, vente de produits et services dérivés des activités de formation, recherche de contrats et subventions externes, fonds de dotation, frais de scolarité… Tout en étant considérés comme partie intégrante du capitalisme académique contemporain, les CAM sont maintenus à distance des recherches sur la formation d'un marché de l'ESR. Dans sa forme la plus développée, la TCA dresse le constat suivant sur les CAM :

> Bien que l'évaluation par les pairs reste importante dans les disciplines académiques, les universités en tant qu'institutions ne sont plus les juges de leur propre performance. À la place, des organisations extérieures, comme le *US News and World Report,* évaluent la performance des collèges et des universités, jugeant leur performance pour le consommateur étudiant/parent. Dans une certaine mesure, de tels acteurs externes ont remplacé les associations d'accréditation, créant de nouveaux circuits de connaissances qui s'étendent à l'extérieur de la profession d'éducation, mariant l'éducation et la consommation. Les institutions sont en compétition pour leur position, autant concernées à maintenir leur place dans ces lieux que dans les classements au sein des disciplines par les pairs académiques. Quand le *US News and World Report* développe de nouvelles catégories de classement, comme le degré de « câblage » ou le « ratio port à l'oreiller » concernant les technologies d'information dans les dortoirs, les collèges et les universités sont en compétition pour un rang élevé, même si la relation entre les dépenses en infrastructures et les performances éducatives n'est pas examinée[24].

Ce constat s'accompagne d'une conception particulière, et discutable, des rapports entre le champ médiatique et le champ académique. Comme souvent, le premier est vu comme un producteur parfaitement indépendant du second qui, quant à lui, entretient un rapport de pure et

---

23 Sheila Slaughter & Brendan Cantwell, « Transatlantic Moves to the Markets. The United States and the European Union », *Higher Education*, vol. 63, 2012.

24 Sheila Slaughter & Gary Rhoades, *Academic Capitalism: Politics, Policies and the Entrepreneurial University. Markets, State, and Higher Education*, Baltimore, Johns Hopkins University Press, 2004, p. 23. Les auteurs font allusion dans la citation aux indicateurs utilisés par *usn* pour quantifier et rendre comparable le niveau d'équipement des campus universitaires dans les infrastructures numériques.

simple réaction face aux médias. Or questionner et examiner les conditions d'émergence et d'existence des CAM en suivant leur processus de production et les « manières de faire »[25] permet de saisir les rapports d'interdépendance entre l'espace des médias et l'espace de l'ESR ainsi que d'autres espaces sociaux impliqués. À condition d'abandonner les présupposés de dénonciation et de célébration à l'endroit de ce produit médiatique, l'occasion est donnée, à l'instar du projet de la TCA ou d'approches en sciences de l'information et de la communication et en sociologie des médias[26] : a) de porter attention à des groupes, des champs, des réseaux ou des organisations d'acteurs externes au champ académique et à leur interaction avec celui-ci ; b) d'envisager le capitalisme académique et les CAM comme des phénomènes sociaux situés dans l'espace et le temps et composites, c'est-à-dire façonnés de manière dynamique par des discours et des représentations, des techniques, des relations sociales et des normes organisationnelles et professionnelles[27].

Résumée en recourant aux principaux concepts de la TCA, notre analyse consiste à approcher les « réseaux d'intermédiation » qu'active la production des CAM, c'est-à-dire les réseaux d'acteurs et les organisations ainsi que les actions concrètes mises en œuvre qui contribuent à rendre cette production, coûteuse et lucrative pour leurs producteurs, acceptable et effective pour les acteurs hétérogènes concernés. Organisations privées et publiques, responsables de magazines, journalistes, représentants d'ÉESR, services des pouvoirs publics se trouvent engagés, volontairement ou contraints, dans cette co-production médiatique. La TCA assimile les CAM à des nouveaux « circuits de connaissance » promus par les réseaux d'intermédiation. La valeur des entités académiques, principalement les formations et les établissements, est instituée, définie, calculée et attribuée non pas strictement à l'intérieur du champ académique, mais au carrefour de considérations médiatiques, politiques et académiques. Enfin, des « organisations interstitielles » et des acteurs

---

25 Denis Ruellan, *Le journalisme ou le professionnalisme du flou. Identités et savoir-faire des journalistes français*, Grenoble, Presses universitaires de Grenoble, 1993.

26 Pierre Mœglin, *Les industries éducatives*, Paris, Presses universitaires de France, coll. « Que sais-je ? », 2010. Bernard Miège, *La société conquise par la communication. 1. Logiques sociales*, Grenoble, Presses universitaires de Grenoble, 1996.

27 Joëlle Le Marec, « Ce que le terrain fait aux concepts. Vers une théorie des composites », Habilitation à diriger des recherches, Université Paris 7, 2001.

des champs académique et politique se sont progressivement transformés pour s'adapter à la production et à l'existence des CAM.

Les classements académiques médiatiques : une information à la vente

Le phénomène de la parution régulière de classements académiques en France est à situer au croisement des évolutions du champ médiatique et du champ de l'ESR au cours des années 1970. Les deux titres observés appartiennent à la même vaste catégorie officielle en France[28] de la « presse des jeunes », une des plus anciennes formes de presse spécialisée qui, depuis le milieu du XVIIIe siècle, propose de diverses manières au public de jeunes un enjeu d'éducation, en lien plus ou moins étroit avec l'institution scolaire[29]. Officiellement toujours, la « presse des jeunes » est une des sous-catégories de la « presse spécialisée grand public ». Tous deux créés dans les années 1970 (1972, *l'Étudiant,* d'abord sous le nom *d'Impact génération* ; 1974, *Le Monde de l'éducation*) comme des magazines mensuels traitant principalement, mais non exclusivement, des questions d'éducation, les supports participent au déploiement du genre magazine qui acquiert une place dominante dans le secteur de la presse périodique au cours des années 1960-1970[30]. Ils en épousent plus ou moins les principales caractéristiques canoniques : rythme de parution relativement lent qui permet de ne pas dépendre de l'actualité ; segmentation des publics et des contenus ; focalisation sur les attentes réelles ou pressenties du lectorat ; importance des visuels qui accompagnent les textes des espaces rédactionnels et publicitaires, valorisation au sein de groupes…[31]. Derrière cette mise en catégorie qui unifie, des logiques et dynamiques variées ont conduit à la création des magazines.

Les deux titres émanent de groupes d'acteurs entretenant chacun des rapports spécifiques avec les champs des médias et de l'ESR. Le magazine

---

28 Selon la nomenclature administrative du Service juridique et technique de l'information et de la communication.

29 Jean-Marie CHARON, *La presse magazine*, Paris, La Découverte, coll. « Repères », 2008 [1999].

30 Gilles FEYEL, « Naissance, constitution progressive et épanouissement d'un genre de presse aux limites floues : le magazine », *Réseaux*, n° 105, 2001, p. 19-51.

31 Jean-Marie CHARON, *La presse magazine*, Paris, La Découverte, coll. « Repères », 2008 [1999].

l'Étudiant a été créé en-dehors de toute entreprise de presse préexistante par des personnalités à l'origine extérieures à l'espace médiatique et journalistique. *L'Étudiant* est un projet d'entrepreneur qui, à peine diplômé d'une école de commerce, cofonde l'entreprise dont il reste le principal propriétaire jusque dans les années 2000. Pris d'un sentiment d'« échec » et d'« amertume » pour exclusion de la « voie royale » après trois années de classes préparatoires aux grandes écoles de commerce, se voyant comme un « traitre » pour refuser de reprendre l'entreprise familiale, il s'extirpe de cette « double contrainte » en choisissant l'entrepreneuriat plutôt que la fonction de cadre et son groupe social auxquels sont généralement destinés les diplômés d'écoles de commerce[32]. L'idée du magazine *l'Étudiant* est en outre la conséquence directe de l'expérience estudiantine de son fondateur qui envisage l'information dans son rapport au choix et à la prise de décision. Il s'étonne de la situation d'étudiants privilégiés extrapolée au public du quasi-million d'étudiants en France. Destinataires et sources d'une information journalistique classique, les étudiants lui paraissent en revanche mal informés pour éclairer leurs choix :

> Là où on a des vrais choix à faire, on a des choix d'orientation scolaire, on a des choix d'orientation professionnelle, on a des choix d'information quotidienne et on a des choix même de vie. C'est à cette époque qu'on choisit son style de vie, son style politique, son style de vêtement, on choisit tout, tout. Or paradoxalement, dans cette époque fondamentale des choix, il n'y avait pas d'info ! Mon étude de marché s'arrêtait là. Mais vraiment ! Si y'a pas d'info, faut en créer ! [...] Donc on a fait les produits où le marché a répondu. Et si le marché répondait c'est qu'on avait raison. S'il ne répondait pas c'est qu'on avait tort[33].

Le Monde de l'éducation est quant à lui porté à l'origine par des journalistes salariés du quotidien *Le Monde,* qui ont rejoint le journal dans les années 1960 au sein du service éducation créé dans les années 1950. Ces journalistes salariés-innovateurs fidèles à leur journal prestigieux, formés dans les universités aux lettres, aux sciences humaines ou encore au droit, sont à la fois les témoins et les artisans engagés dans la construction d'une « nouvelle professionnalité »[34] du journalisme spécialisé en éducation. Au

---

[32] Luc Boltanski, *Les cadres. La formation d'un groupe social,* Paris, Éditions de Minuit, 1982.

[33] Entretien, fondateur, *l'Étudiant*, 17 septembre 2015.

[34] Yann Forestier, « L'école : entre choix techniques et enjeux identitaires : la construction ambiguë d'un objet médiatique (1959-2008) », *Le temps des médias,* n° 24, 2015, p. 195-208.

sein du quotidien, ils s'activent à la reconnaissance de l'éducation comme spécialité aussi légitime que les secteurs de l'économie, de la politique ou des affaires internationales et ils ont vu croître les effectifs à la rubrique éducation[35]. Couvrant pour le journal réformes et projets de réforme de l'enseignement supérieur et de la recherche, certains ont aussi œuvré dans les réseaux politico-académiques qui, dans les années 1950-1960, tout à la fois militent pour la rénovation de l'enseignement supérieur et réclament et orchestrent leur mise en débat[36]. Au sein d'associations professionnelles comme l'Association presse information jeunesse, créée en 1966, certains sont engagés dans les rapprochements entre éducation et médias, puis jeunes et médias, avec la création en 1970 de l'Association des journalistes universitaires. Les événements de Mai-68 déclenchent chez ces journalistes une série de réflexions et d'actions ayant trait au contenu, à la forme et aux méthodes journalistiques sur et/ou pour les jeunes, à l'éducation des jeunes à la lecture des journaux et à la sensibilisation des patrons de journaux à la cible commerciale que représentent les jeunes, futurs lecteurs potentiels de la presse quotidienne et magazine. La création d'un mensuel spécialisé en éducation est proposée au directeur du journal dans les années 1970, au moment où la routine s'est installée au sein du service du quotidien et que l'actualité des réformes s'essouffle.

> C'est à ce moment-là que j'ai proposé au journal de faire un journal spécialisé en éducation qui serait parallèle au *Monde*, qui était *Le Monde de l'Éducation*. L'idée a été très bien accueillie par [...] le rédacteur en chef à l'époque parce qu'il y avait un lectorat du *Monde* qui était tout trouvé, les étudiants, les enseignants, les parents. *Le Monde* était lui-même un porteur pour ce genre de publication[37].

L'émergence des magazines est encore à contextualiser dans son rapport avec les caractéristiques et l'évolution de l'espace de l'ESR. L'actualité des mouvements sociaux et étudiants de Mai-68 a éveillé certains journalistes à l'importance et la complexité des questions ayant trait à

---

35 Jean G. Padioleau, « Systèmes d'interaction et rhétoriques journalistiques », *Sociologie du travail*, n° 3, juillet-septembre, 1976, p. 256-282.

36 Jean-Louis Crémieux-Brilhac, « Le mouvement pour l'expansion de la recherche scientifique, 1954-1968 », dans Jean-Louis Crémieux-Brilhac & Jean-François Picard, *Henri Laugier en son siècle*, Paris, CNRS Éditions, coll. « Cahiers pour l'histoire du CNRS », 1995, p. 123-138.

37 Entretien, directeur, *Le Monde de l'éducation*, 11 octobre 2010.

l'éducation[38]. Résultant à la fois du *baby-boom* d'après la Seconde Guerre mondiale, de l'urbanisation, de l'industrialisation, de l'accès des femmes au marché du travail, de la valeur sociale accordée au diplôme, de la crise de l'emploi dans les années 1970 qui accentue la représentation du diplôme comme moyen d'accès au marché du travail et des politiques publiques favorables à la « démocratisation » des études secondaires et post-secondaires, la massification des effectifs étudiants a été considérable à cette époque : dans les années 1960 et 1970, le nombre d'étudiants inscrits dans le supérieur a quasiment quadruplé, passant de 310 000 en 1960 à 1 175 000 en 1980, et leurs origines sociales se sont diversifiées[39]. À la massification des publics, qui affecte et caractérise les universités plus fortement que les écoles, s'est jointe la création de nouveaux programmes, diplômes, établissements et disciplines universitaires. Dans ce contexte, l'offre d'information sur l'éducation dans les magazines se développe non seulement dans une optique de mise en débat ou de traitement des problèmes complexes d'éducation, mais aussi de réponse à une demande d'information utile, réelle ou pressentie.

Initiés par les responsables des mensuels, les classements académiques surviennent comme un moyen parmi d'autres d'accomplir leur mission d'information auprès de leur lectorat, selon des modalités concrètes qui, dans les premières années d'existence des magazines, restent à définir. La publication d'information dans le cadre d'un rendez-vous régulier pâtit du manque d'actualité sur l'éducation en même temps que la périodicité mensuelle autorise à inventer des contenus originaux indépendants de l'actualité extérieure[40]. Les CAM sont un moyen pour les magazines de « créer un fait journalistique », de faire de l'information et de la nouvelle avec des classements qui, bien qu'encore inhabituels dans l'ESR, ont connu par ailleurs une extension progressive dans la presse depuis la fin du 19e siècle[41].

---

38 Yann Forestier, « L'école : entre choix techniques et enjeux identitaires : la construction ambiguë d'un objet médiatique (1959-2008) », *Le temps des médias*, n° 24, 2015, p. 195-208.

39 Maria Vasconcellos, *L'enseignement supérieur en France*, Paris, La Découverte, coll. « Repères », 2006.

40 Jean-Marie Charon, *La presse magazine*, Paris, La Découverte, coll. « Repères », 2008 [1999].

41 Pensons à la première liste des *bestsellers* de la revue états-unienne littéraire *The Bookman* en 1895 – Michael Korda, *Making the List: A Cultural History of the American Bestseller, 1900–1999*, New York, Barnes and Noble, 2001 –, le premier

À partir des années 1970, les CAM s'installent durablement dans le paysage français de l'ESR (graphique 1). Leur production saisie sur un temps long permet d'en préciser certaines caractéristiques. On assiste d'abord à l'extension du domaine du classement académique médiatique. À partir des années 1970 et jusqu'à nos jours, le nombre de parutions dédiées chaque année aux classements académiques a eu tendance globalement à augmenter. Jusqu'au milieu des années 1980, chaque titre a consacré environ une parution par an aux palmarès de l'ESR. À partir de 1987, il devient fréquent que les magazines dédient chaque année deux ou trois parutions, puis trois ou quatre à partir de 1998 et six ou sept entre 2007 et 2010. Ensuite, l'augmentation de la fréquence des parutions dédiées aux classements s'accompagne à la fois d'une couverture plus large de types d'établissements et de formations et d'une concentration de cette couverture sur les « filières sélectives », entités *a priori* plus classables que d'autres : classes préparatoires, troisièmes cycles universitaires, puis, plus tard dans les années 1980, diplômes universitaires de technologie et instituts universitaires de technologie, sections de technicien supérieur et brevets de technicien supérieur, écoles de commerce après les classes préparatoires, écoles de commerce après le bac, écoles d'infirmières, magistères et masters… Enfin, l'extension des CAM n'est pas purement linéaire et comporte des éléments de stabilité et d'instabilité. Elle découle de politiques éditoriales qui ne sont ni immuables ni

hit-parade musical du magazine *Billboard* en 1936 – Marc Kaiser, « Les politiques publiques liées aux musiques populaires en France : la dimension culturelle en question », thèse de doctorat en sciences de l'information et de la communication, Université Sorbonne-Nouvelle Paris 3, 2012 –, les comparaisons des divers produits et services produits et diffusés avec la presse consumériste naissant dans les années 1930, les classements des entreprises et des cadres dans la presse économique et, plus récemment, les classements des hôpitaux – Philippe Ponet, « Les logiques d'une consécration journalistique. L'exemple des '50 meilleurs hôpitaux de France' », *Questions de communication*, n° 11, 2007, p. 91-110 ; Philippe Ponet, « La guerre des mondes : de quelques rapports entre univers sociaux différenciés. Le cas des 'palmarès des hôpitaux' », *Politix*, vol. 18, n° 72, 2005, p. 125-154 ; Frédéric Pierru, « La fabrique des palmarès. Genèse d'un secteur d'action publique et renouvellement d'un genre journalistique – Le cas du palmarès des hôpitaux », dans Jean-Baptiste Legavre (dir.), *La presse écrite : objets délaissés*, Paris, L'Harmattan, 2004 –, musées – Thierry Baubias, « La médiatisation du Palmarès des musées de France : dispositif, légitimité et registre de valeurs », dans Julie Bouchard, Étienne Candel, Hélène Cardy & Gustavo Gomez-Méjia (dir.), *La médiatisation*

irréversibles : *Le Monde de l'éducation* en changeant de politique éditoriale a par exemple cessé de produire des CAM en 1998.

Graphique 1 Nombre de parutions par an dédiées à des classements entre 1976 et 2010 dans les mensuels *Le Monde de l'éducation* et *l'Étudiant* (© Julie Bouchard)

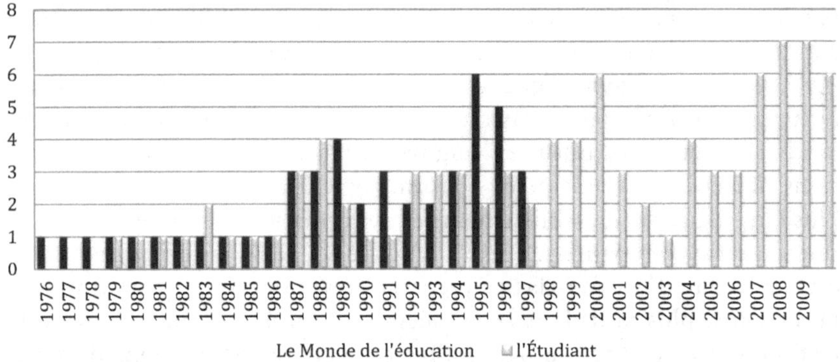

Alimentant le contenu des magazines, les CAM participent en outre d'une ambition à la fois journalistique et commerciale de captation de l'attention des lecteurs-consommateurs, quitte à proposer une information envers laquelle les journalistes peuvent se montrer sceptiques. La simplicité même du genre palmarès confère à l'instrument une dimension spectaculaire à laquelle les entrepreneurs de palmarès sont sensibles pour attirer le lectorat. La production des CAM trouve en définitive moins son ressort dans une croyance dans la vérité ou l'objectivité de l'instrument que dans une soumission consentie à la « technique spectaculaire »[42] et porteuse d'un rapport contrarié qui couple la production d'un instrument à sa critique plutôt qu'à la crédulité dans l'instrument lui-même. La simplicité justifie le recours aux CAM qui sont aussi critiqués pour cette même raison :

> C'est sûr que le classement c'est effectivement l'élément spectaculaire. C'est ça qui permet d'accrocher 'journalistiquement' l'information. Faire

de l'évaluation/Evaluation in the Media, Berne, Peter Lang, 2015, p. 237-253 – et autres institutions publiques.

[42] Guy Debord, *La société du spectacle*, Paris, Buchet-Chastel, 1967.

une enquête où on analyserait les différents centres de recherche, ça passerait complètement inaperçu. C'est vrai que le classement ça a un côté choc comme ça qui peut avoir un côté totalement arbitraire si on veut mais en tout cas qui fait apparaître d'une façon visible des gagnants et des perdants. C'est quelque chose qui s'est répandu de plus en plus dans la presse dans tous les domaines. Tout le monde classe tout le monde. L'idée d'introduire quelque chose qui par définition est inclassable dans un système de classement ça choque et ça attire l'attention[43].

Le palmarès, c'est pour ça d'ailleurs qu'on a évolué, le palmarès à plat, c'est comment dirais-je une vision simplifiée du monde, ou du sujet. C'est une vision simplifiée. En tant que vision simplifiée, on va dire unidimensionnelle, elle est assez populaire. Par exemple, il y a des sites entiers qui sont centrés par exemple sur les dix meilleurs bouquins, « the ten best things to do », des mini « top ten », comme si on pouvait ranger le monde entier, comme si le monde entier pouvait être résumé à une suite de listes hiérarchisées. Évidemment, la réponse c'est non. C'est une vision. C'est pour cela que moi, même si je fais beaucoup de palmarès, je ne suis pas dupe de la limite de ces palmarès. C'est une vision de la chose. Mais il s'avère que cette vision, comme elle est assez simple à appréhender, elle est partagée par beaucoup de monde[44].

Considéré comme accrocheur par sa simplicité, le genre palmarès est encore valorisé par ses producteurs qui assurent aussi sa mise en visibilité dans le magazine. Systématiquement, les classements apparaissent en Une des magazines et l'étiquette « exclusif » associée au scoop et à la primeur leur est souvent accolée (Figures 1 & 1b). Facilement repérables dans le sommaire, les classements font parfois l'objet de commentaires dans les éditoriaux des magazines. Enfin, la rusticité et la simplicité de la forme tabulaire, ordonnant les ÉESR tels des compétiteurs sportifs, la publication et la diffusion des performances comparées des établissements et des formations, la périodicité régulière de la parution des classements, leurs conséquences possibles ou réelles et les controverses dont ils sont l'objet, chargent les CAM d'une vaste gamme de réactions émotionnelles potentielles (anxiété, joie, déception, humour, surprise, colère…)[45]. Le CAM est façonné en tant que produit journalistique destiné à faire vendre les magazines.

---

43 Entretien, directeur, *Le Monde de l'éducation*, 11 octobre 2010.

44 Entretien, rédacteur en chef, *l'Étudiant*, 7 janvier 2015.

45 Wendy Espeland & Michael Sauder, *Engines of Anxiety: Academic Rankings, Reputation, and Accountability*, New York, Russell Sage Foundation, 2016.

Figure 1 Les classements à la Une *Le Monde de l'éducation* (1976-1989)

Figure 1b Les classements à la Une *l'Étudiant* (1976-1989)

Les classements académiques médiatiques : une intermédiation active entre établissements et étudiants

Avec les CAM, un travail et un marché de la coordination[46] de l'espace académique se mettent en place. En classant les entités académiques, les producteurs médiatiques envisagent moins le palmarès comme instrument de réforme et de contrôle du monde académique que comme un produit d'information destiné aux étudiants et à leurs familles. Les magazines opèrent à la manière de « centres de calcul »[47] en collectant des données auprès de sources d'information, en les centralisant, les manipulant, les analysant et, finalement, en commercialisant un contenu et une forme inédits adressés aux étudiants et à leurs parents. En intermédiaires actifs, les magazines créent avec les classements une nouvelle information

[46] Lucien Karpik, *L'économie des singularités*, Paris, Gallimard, 2007.

[47] Bruno Latour, *La science en action*, Paris, Gallimard, coll. « Folio-Essais », 1989.

sur les ÉESR en tentant de résoudre un problème pratique qui affecte à la fois les étudiants et les établissements : la difficulté pour des étudiants et parents de plus en plus nombreux d'obtenir des informations directement auprès d'établissements de plus en plus sollicités. Pour les entreprises médiatiques, cette situation liée à la massification représente une opportunité de marché évidente bien que non suffisante du point de vue de l'analyse des conditions sociales qui autorisent l'avènement des CAM. Elle suppose, d'une part, l'existence de rapports de collaboration avec les sources d'information, parfois obtenus de haute ou petite lutte par la négociation, la confrontation ou la dénonciation. Elle suppose, d'autre part, une certaine représentation de l'étudiant et de l'orientation.

La production de CAM implique le recours à des sources d'information, que sont en particulier les ÉESR eux-mêmes, entités évaluées engagées plus ou moins volontairement dans la production des instruments extérieurs qui les jugent. Des enseignants-chercheurs acceptent ou refusent à titre personnel de répondre aux enquêtes de réputation des magazines. Des services au sein des établissements ou dans d'autres institutions publiques du secteur délivrent ou non aux magazines les données chiffrées. Avec le temps, ils se sont adaptés à la demande médiatique permettant et facilitant la production des CAM.

En réaction aux mutations et revendications sociétales sur le « droit à l'information »[48] ou la « démocratisation de l'information », marottes journalistiques mobilisées comme justification à la production des CAM, la loi du 17 juillet 1978 sur l'accès aux documents administratifs instaure un cadre juridique favorable à la communication des renseignements demandés par les journalistes aux institutions publiques. Confrontés aux refus de certains établissements de fournir les données demandées, les responsables de magazines ont parfois esté en justice leurs directeurs. Dans le cas des palmarès des lycées d'un magazine, la Commission d'accès aux documents administratifs a donné raison aux journalistes en reconnaissant le caractère « communicable » des données non-nominatives sur les effectifs d'élèves. Cette ouverture des données publiques, si l'on veut parler comme aujourd'hui, avec les enjeux moraux qu'elle sous-tend, a pour corollaire le développement d'un marché de l'information sur l'ESR dont les CAM sont un produit.

---

[48] Sylvie Bardou-Boisnier & Isabelle Pailliart, « Information publique : stratégies de production, dispositifs de diffusion et usages sociaux », *Les enjeux de l'information et de la communication*, n° 13/2, 2012, p. 3-10.

Si l'écriture des palmarès peut être considérée de manière générale comme un moyen de rendre acceptables les CAM, elle constitue aussi un moyen de pression exercé sur les établissements et les pouvoirs publics à répondre aux demandes de renseignements des magazines. Non strictement une information mentionnée, comme elles le deviendront plus tard, les sources constituent un sujet récurrent dans les jeunes années des palmarès. Les magazines dénoncent la culture du secret dans certains établissements de classes préparatoires, par exemple, qui refusent de transmettre leurs statistiques ainsi que l'absence d'une culture de l'évaluation chiffrée dans les universités pour apprécier l'efficacité des formations :

> Les chiffres dont nous souhaitions disposer semblent être pour certains tout aussi importants et 'confidentiels' que des informations concernant la défense nationale… On peut se demander pourquoi ? En essayant de soustraire à l'information du public ces renseignements, on en grossit l'importance et on nourrit les rumeurs les plus mal fondées… Le meilleur moyen de ramener à leur juste et modeste valeur des données statistiques, c'est de les publier et de faire entrer leur publication dans les mœurs[49].
>
> Ainsi, par exemple, aucune université n'a pu nous indiquer de façon précise le taux de réussite des étudiants aux DEUG. D'une façon générale, les universités ignorent tout de leur rendement pédagogique, au point que le CNE lui-même a déploré le 'manque absolu d'outils internes d'évaluation de données chiffrées sur l'efficacité des formations dispensées'. Pour l'appréciation de la qualité des formations, il n'est d'autres méthodes que le système des jurys d'enseignants et de chercheurs, auxquels se tient *Le Monde de l'éducation*. Même s'il est parfois mal perçu, ce système est le plus répandu, notamment aux États-Unis, et, au fil des années, apparaissent des constantes, preuve que la méthode n'est pas sans validité. Mais cette évaluation n'est réellement pertinente que si elle s'accompagne d'une autre, menée à partir de critères quantifiables. Or, aujourd'hui, celle-ci est rendue impossible du fait des universités elles-mêmes. Sur ce plan, les universités – nouvelle loi ou pas – doivent se montrer plus responsables et l'administration centrale plus

49 « Le palmarès des prépa », *Les dossiers de l'Étudiant*, « Les grandes écoles », n° 17, décembre 1980, p. 40

> exigeante. Rien ne sert de créer des instances d'évaluation si, sur le terrain, les universités ne se dotent pas d'outils d'analyse efficaces[50].

Pour inciter à répondre les établissements qui s'y refusent, les magazines utilisent en outre des « petites formes »[51]. Ces innovations éditoriales, repérables, récurrentes, variables et transitoires (Figure 2) matérialisent la volonté journalistique d'inciter les sources à répondre. Elles sont composées d'éléments visuels identifiables (encadrés, intertitres...), d'éléments textuels qui distinguent et récompensent publiquement les bonnes sources (« remerciements », « félicitations », « prix orange », « ils nous ont tout dit ») et stigmatisent publiquement les mauvaises sources (« taupes secrètes », « non c'est non », « prix citron », « soupe à la grimace »), qui sont, enfin, mentionnées. Ce dispositif a été en usage tant que des sources ont refusé de répondre. Un collaborateur impliqué dans les palmarès des classes préparatoires au *Monde de l'éducation* évoque la dénonciation publique de l'absence de réponse de certains établissements comme une petite vengeance :

> Il y a eu des réticences des grandes écoles. En particulier d'Ulm. Puis je les *[les données]* ai eues finalement. Puis une année je ne les ai pas eues. Alors il y a eu un encart de trois lignes un peu vengeresses. Un peu comme certains recteurs, les dirigeants des établissements réticents estimaient que c'était des données publiques et qu'ils n'avaient à refiler cela au méchant privé, qui va faire des sous là-dessus. Classique quoi [52] !

---

50 Jean-Michel Croissandeau, « Universités : le degré zéro de l'information », *Le Monde de l'éducation*, juillet-août, 1986, p. 9.

51 Étienne Candel, Valérie Jeanne-Perrier & Emmanuël Souchier, « Petites formes, grands desseins. D'une grammaire des énoncés éditoriaux à la standardisation des écritures », dans Jean Davallon (dir.), *L'économie des écritures sur le web, volume 1 : Traces d'usage dans un corpus de sites de tourisme*, Paris, Hermès-Lavoisier, 2012, p. 165-201.

52 Entretien, journaliste, *Le Monde de l'éducation*, 3 octobre 2011.

Nos prix

Prix Orange
Pour la gentillesse de leur accueil, la « facilité » avec laquelle elles ont ouvert leurs livres de statistiques, même si certaines ont été difficiles à convaincre. Nous remercions ici la plupart des responsables interrogés.

Prix Citron
Pour leur non-coopération, un certain nombre serait néanmoins à citer aussi nous serons… discrets.
Une mention pourtant pour le lycée Thiers de Marseille (dont les résultats sont un quasi secret d'État) et pour le lycée Condorcet de Paris, qui lui aussi a méchamment refusé de répondre à notre questionnaire, bien anodin pourtant.

DES CHIFFRES ET DES LETTRES

Plusieurs sources ont servi à l'élaboration de ce palmarès. Les effectifs de chaque classe ont été fournis par la Direction de l'évaluation et de la prospective (DEP) du ministère de l'Éducation nationale. Ce document comporte parfois quelques inexactitudes, notamment parce qu'il comptabilise pour chaque prépa tous les inscrits en début d'année et que sur ce nombre certains se réorientent très vite, mais il nous a paru préférable d'utiliser cette source plutôt que d'interroger les prépas elles-mêmes.
Seule exception à cette règle : lorsque le bureau des concours des grandes écoles nous indiquait un nombre de présentés plus important que l'effectif des prépas correspondantes, nous avons tenu compte du chiffre le plus élevé.
Le nombre d'entrées et leur établissement d'origine nous ont été communiqués directement par les bureaux des concours des grandes écoles. □

Des sources sûres

Nous remercions ici la plupart des responsables interrogés, en particulier ceux qui n'ont pas ménagé leurs efforts pour donner un coup de main à leur ordinateur… et oui, dans quelques-unes (nous ne les citerons pas) des plus grandes écoles scientifiques, les programmes ne sont pas au point, ou sont mal utilisés, bref fiches d'un côté, listages de l'autre, on travaille comme au bon vieux temps ! Une mention particulière pour l'Ecole normale supérieure de Fontenay, qui cette année nous a répondu sans difficulté et très aimablement, quitte à courir le risque de nous voir publier avant elle une partie de ses statistiques…

espérer figurer parmi les vingt premières. Cela dit, une certaine hiérarchie subsiste et nous nous devons de vous en informer, ne serait-ce que pour que vous choisissiez, en fonction de vos capacités, le type d'établissement qui vous convient le mieux (sous réserve, toujours de l'acceptation de votre dossier de candidature).

Non c'est non !

Nous avons encore fait une tentative auprès de l'école Centrale, qui détient les résultats du concours commun Centrale-Supelec. Même question, même réponse. A notre sens, ne pas divulger des résultats, par peur qu'ils soient mal interprétés, déformés ou simplement

Figure 2 Inciter les sources par les petites formes. *L'Étudiant*, 1979, 1982, 1992.

Le rapport aux sources de l'ESR, fournisseurs de données, entités évaluées et annonceurs potentiels, s'appuie en outre sur les relations de coopération développées en coulisse entre les magazines et certains interlocuteurs en mesure d'orienter et de faciliter la production et l'acceptabilité des CAM. La Direction de l'évaluation et de la prospective (DEP) au ministère de l'Éducation nationale, tournée vers la promotion d'une « culture de l'évaluation » et du « résultat » sous la direction Jean-Pierre Boisivon entre 1987 et 1990, puis de Claude Thélot entre 1990 et 1997, développe une trentaine d'indicateurs dont les acteurs de l'éducation sont invités à se saisir[53]. En réaction à la publication des palmarès des lycées depuis le début des années 1980[54], malgré le caractère insatisfaisant des statistiques brutes reconnu par les journalistes qui réclament en même temps aux services de la statistique publique de meilleurs indicateurs,

---

53 Xavier Pons, « Les statisticiens du ministère de l'Éducation nationale : évolution d'un métier d'État », *Histoire de l'éducation*, n° 140-141, 2014, p. 115-132.

54 Catherine Agulhon, « La mesure en éducation, un outil au service du politique. L'exemple de la production française », *OSP. L'orientation scolaire et professionnelle*, vol. 35, n° 3, 2006, p. 315-366.

le directeur de la DEP invite deux journalistes du *Monde de l'éducation* à qui il propose de produire trois indicateurs (« taux attendus » ; « taux réels » et « valeur ajoutée ») en s'assurant de l'intérêt des journalistes à les utiliser dans leurs classements dont le processus de production se trouve simplifié :

> Et X, nous invitant une fois à la DEP, et nous disant : 'voilà, j'ai fait travailler mes équipes, je vous propose les trois taux qu'on voit maintenant. Est-ce que comme cela, ça vous va ? Voilà pourquoi on les a faits. Est-ce que si on fait cela, vous les publiez ?' On dit OK. Banco ! Et c'est comme cela après que la DEP a publié ses résultats au Bac. [...] Donc ils ont publié cela et moi d'un seul coup je me suis trouvé très à l'aise. Parce qu'évidemment, ils ont centralisé cela au niveau de la DEP. Moi j'avais leur fichier et j'avais plus qu'à mettre cela en forme. Après j'avais réglé cela en 15 jours si vous voulez. Mais il y a eu d'une certaine manière un combat, c'est un grand mot, mais un comportement du *Monde de l'éduc* autour de cela qui était à la fois pédagogique et de pression sur les pouvoirs publics. Cela rentrait directement dans les logiques et les questions d'évaluation[55].

Les rédactions de leur côté font appel à des représentants des établissements évalués, le plus souvent à l'échelle de la direction ou dans les institutions représentatives, pour le lancement ou la préparation de leurs classements. Un « comité scientifique » a été formé pour le palmarès des universités à *l'Étudiant*, des « tables rondes » ont été prévues pour discuter des critères et des méthodologies. Des « contacts » individuels professionnels avec des responsables d'établissements furent activés pour la validation et l'ajustement des critères et des méthodologies du classement des classes préparatoires dans ce mensuel. Un rédacteur au *Monde de l'éducation* conçoit sa pratique de l'évaluation comme un « système » fondée sur une « négociation » avec des acteurs stratégiques du supérieur selon le type de palmarès : la DEP pour les lycées ; la conférence des grandes écoles pour les classes préparatoires ; l'Association des directeurs d'IUT (ADIUT) pour les IUT ; la chambre de commerce pour les écoles de commerce, etc. Cette conception est illustrée ici dans le récit de son expérience des classements des classes préparatoires :

> Ce qui est intéressant, c'est que, à la fin, avec la conférence des grandes écoles, j'avais d'excellents contacts. Ce qui facilite des choses quand même.

---

[55] Entretien, journaliste, *Le Monde de l'éducation*, 3 octobre 2011.

> C'est moi qui ai pris contact avec eux. Au début il n'y avait pas de contact ou pas forcément des bons. En plus, le patron de la conférence à une certaine époque, c'était le patron d'une école que j'avais bien connu, [...], qui m'a organisé pour le Monde.fr une réunion d'un certain nombre de responsables de grandes écoles. Je l'avais connu lorsqu'il était à la commission Hamon. On a fait cela à l'INT gestion, chez lui, il avait invité des directeurs d'écoles et l'ordre du jour était simple : qu'est-ce qu'il faut mettre en avant comme critère dans les palmarès de prépas ? La même démarche qui venait bien après que dans les écoles de commerce. La même démarche participative, etc. On bâtit ensemble l'outil d'évaluation. Cela me donnait en plus l'aval de la conférence. Je n'avais plus aucune difficulté pour avoir les données. Après des années besogneuses, cela devenait... Au point de vue technique, c'était beaucoup plus facile. Au point de vue conceptuel, c'était plus élaboré[56].

La production des CAM participe en outre d'une représentation de l'orientation scolaire et professionnelle et des évolutions de ce domaine. À l'œuvre dès qu'il y a différenciation au sein du système d'éducation et spécialisation technique du monde du travail, l'orientation a connu un éclatement en France à partir des années 1970-1980[57]. Contenue dans le paradigme d'une psychologie de la mesure et des tests offerts comme un service public dans lequel la responsabilité de la décision d'orientation incombe aux experts et à l'école, l'activité d'orientation s'est « éparpillée » au-dedans comme au-dehors de l'espace de l'éducation, comme service public ou marchand, en déléguant la responsabilité du choix de l'orientation à l'étudiant et à la famille par l'information[58].

L'orientation passant d'une conception paternaliste à une conception libérale, les magazines produisent et vendent avec les palmarès de l'information qui se veut utile aux nouveaux décideurs : les étudiants et leurs parents. Dans l'esprit de leurs producteurs, les CAM sont envisagés comme un outil d'information et d'aide à la décision destiné à guider les étudiants dans leur orientation scolaire et professionnelle. Un des magazines, *l'Étudiant*, dans la tradition de la presse consumériste, a adopté pour devise « L'information pour choisir ». La finalité d'aide à la décision du lectorat associée aux CAM constitue dans les colonnes des magazines une justification publique récurrente aux premières heures des palmarès

---

56 *Ibid.*

57 Francis Danvers, « Pour une histoire de l'orientation professionnelle », *Histoire de l'éducation*, n° 37, 1988, p. 3-15.

58 *Ibid.*

parfois situés dans des rubriques telles que « orientation » ou « guide ». L'étudiant, lecteur et acheteur de CAM, se double dans les magazines, implicitement ou explicitement, de la figure de l'étudiant acteur de son orientation, procédant ou devant procéder à des choix de manière informée en tant qu'usager-consommateur.

Les classements académiques médiatiques : institution, calcul et mise en tableau d'une hiérarchie de valeurs

La confiance placée dans les dispositifs de jugement impersonnels quantifiés procède parfois du détournement à l'égard des dispositifs de jugements personnels[59]. En promouvant les CAM, les rédacteurs s'opposent à la « réputation » des ÉESR comme seul dispositif d'information. L'usage journalistique du terme « réputation » désigne principalement dans ce contexte la valeur attribuée à une entité découlant de jugements personnels circulant dans des réseaux locaux[60]. Associant de manière péjorative la réputation à la « rumeur », au « bouche-à-oreille », au « préjugé », à une connaissance confidentielle des ÉESR, les magazines justifient leurs classements de trois façons complémentaires. Les classements sont envisagés dans leur dimension cognitive comme un outil de preuve de la réputation des établissements les plus prestigieux ; ils sont supposés attester ou non la valeur attribuée à certains établissements, plus particulièrement aux institutions sélectives comme les écoles et les classes préparatoires : « [...] nous avons voulu clarifier une hiérarchie qui flotte sur les lèvres de chacun depuis plus de vingt ans sans jamais avoir été testée réellement », écrit *l'Etudiant* dans son classement des classes préparatoires de 1982. Les classeurs justifient aussi leur instrument comme un moyen de doter en réputation les établissements et formations récents et moins connus ; les classements sont pour eux un moyen d'offrir une représentation élargie de l'ESR au-delà des institutions les plus prestigieuses en capturant une diversité d'établissements et de formations susceptibles de correspondre à la diversité des profils d'étudiants. Enfin, en produisant et en publiant des classements, leurs producteurs partagent l'ambition de transcender la localité de la réputation. Dans ses premiers

59 Theodore M. Porter, *Trust in Numbers: The Pursuit of Objectivity in Science and Public Life*, Princeton, Princeton University Press, 1995.

60 Antoine Lilti, *Figures publiques*, Paris, Fayard, 2014, 436 p.

classements d'universités, par exemple, *Le Monde de l'éducation* s'oppose au « mythe » de l'homogénéité des ÉESR dont la fonction serait de maintenir l'information sur les hiérarchies des établissements entre les mains d'une minorité privilégiée.

Or, nous pensons qu'à partir du moment où une telle échelle de valeur existe elle doit être sue. Les étudiants doivent en être informés pour en tenir compte dans leur propre orientation. Faire comme si toutes les formations se valent, alors que toute personne informée sait qu'il n'en est rien, revient à tromper les étudiants[61].

La représentation du monde universitaire comme service public uniforme délivré sur le territoire national avec une égale valeur pour tous les citoyens, est en incompatibilité logique avec l'idée de classement qui repose au contraire sur l'affirmation d'une hiérarchie de formations et d'établissements de valeurs inégales, prophétie auto-réalisatrice fondatrice des CAM, condition nécessaire à la mise en place d'un marché de la coordination par le classement.

La volonté de rendre publique une hiérarchie des valeurs au sein de l'ESR se confond avec la volonté, le pouvoir et la possibilité de l'instituer[62]. À la fois point de départ et aboutissement d'un processus sociotechnique sélectif et normatif, le classement est un instrument d'évaluation qui, comme toute évaluation, produit les valeurs qu'il définit selon des caractéristiques qui lui sont propres. Recouvrant des pratiques et des formes hétérogènes de mise en ordre[63], le classement apparaît entre autres comme un instrument de mise en calcul du monde fondé sur l'établissement d'une valeur ordinale associée ou non à une valeur cardinale. À partir d'items sélectionnés ayant des valeurs numériques selon des critères communs, une liste hiérarchisée est établie. Cette technique particulière suppose un mode spécifique de calcul[64], c'est-à-dire à la fois de qualification et de calcul de valeurs, ainsi que de mise en ordre hiérarchique en

61 *Le Monde de l'éducation*, 1977.

62 Alain Desrosières, « Refléter ou instituer : l'invention des indicateurs statistiques », dans Alain Desrosières, *Pour une sociologie historique de la quantification*, Paris, Presses des Mines, coll. « Sciences sociales », 2008, p. 187-203.

63 Delphine Gardey, *Écrire, calculer, classer. Comment une révolution de papier a transformé les sociétés contemporaines (1800-1940)*, Paris, La Découverte, 2008.

64 Franck Cochoy, *Une sociologie du packaging ou l'âne de Buridan face au marché*, Paris, Presses universitaires de France, coll. « Sciences sociales et sociétés », 2002.

rendant commensurable ce qui demeure, sans médiations, incommensurable.

La production des CAM dans les années 1970 et 1980 est caractérisée par la relative imbrication des entités évaluées, des méthodologies et des critères. Nous désignons par le terme de configurations de valeurs, les agencements qui font tenir ensemble l'objet évalué, les techniques pour l'évaluer et les valeurs produites (Tableau 1). Certains CAM, intégrant l'opinion, reposent sur la collecte et l'agrégation d'opinions individuelles concernant des formations ou des établissements. Cette configuration de la valeur d'opinion convoque les avis et préférences cumulés d'individus dans la fabrique de la valeur des entités. Utilisée parfois faute de statistiques jugées meilleures par les acteurs, l'enquête de réputation permet aux producteurs de classer assez aisément des entités peu « statistisées ». Ainsi, par exemple, *Le Monde de l'éducation* a-t-il pu produire avec cette méthodologie son classement des formations universitaires de 3e cycle chaque année entre 1976 et 1987 selon le critère des préférences personnelles comptabilisées par l'indicateur du nombre de citations. Outre l'agrégation des opinions, la configuration de la valeur d'opinion procède de la sélection des avis individuels qui comptent (et de l'exclusion des avis individuels qui ne comptent pas). Deux catégories d'acteurs se trouvent principalement intégrées dans cette configuration : des représentants du monde académique d'une part ; des représentants du monde du travail et de l'entreprise d'autre part. Les formations dites « sélectives » sont regroupées dans la configuration de la valeur de productivité. Fondés sur des statistiques publiques, rattachés à la bureaucratie des chiffres d'État, les CAM des classes préparatoires, des formations universitaires de médecine et de pharmacie, des sections de techniciens supérieurs ou des diplômes universitaires de technologie, sont constitués d'indicateurs de productivité développés par les mensuels à partir des données publiques. Depuis 1985, *l'Étudiant* établit son classement des classes préparatoires en calculant leur « potentiel d'intégration » ou le rapport entre le nombre d'élèves intégrés dans une école et le nombre d'élèves inscrits dans une classe préparatoire sur la base des données fournies par les services d'institutions publiques. Pour d'autres types de formations ou d'établissements sélectifs, des « taux de réussite », des « taux de rendement », des « taux d'intégration » sont définis et mesurés. Il arrive que les mensuels se lancent pour certains palmarès dans des enquêtes par questionnaire relativement lourdes, en collaboration avec des représentants d'établissements concernés. Indépendante ou complémentaire d'une enquête de réputation, la configuration de la valeur d'activité se déploie en marge de la routine statistique officielle institutionnalisée autour de critères et d'indicateurs qui définissent et mesurent les activités jugées pertinentes. Le mensuel *l'Étudiant* a ainsi réalisé en 1983 et 1984 un palmarès des universités ayant retenu, en plus d'un critère de « productivité », quatre critères d'activités accompagnés d'une batterie d'indicateurs : « professionnalisation », « innovation et dynamisme », « recherche d'emploi » et « ouverture internationale ». En somme, à tel ou tel type d'entité évaluée est associée une représentation spécifique de ce qui fait sa valeur, résultat non seulement des caractéristiques propres à telle ou telle catégorie d'établissements ou de formation, mais aussi de son état de calculabilité et, partant, des techniques et des sources utilisées pour la rendre calculable et calculé.

Tableau 1 Entités, méthodologies et critères des classements au *Monde de l'éducation* et *l'Étudiant* (1976-1989) : imbrications et configurations de valeurs

Principales entités concernées *(exemples)*	**Méthodologies**	**Critères/indicateurs (exemples)**	**Configurations de valeurs**
Formations universitaires de 3e cycle, écoles de commerce	Enquête de réputation	Nombre de citations issues d'une somme de préférences individuelles ordonnées	Opinion (mesure des préférences subjectives)
Formations dites « sélectives » : concours, numerus clausus, dossier	Statistiques publiques		Productivité(performances ou résultats)
Classes préparatoires		« Potentiel d'intégration » : nombre d'élèves intégrés dans une école/nombre d'élèves inscrits dans une classe préparatoire	
Sections de techniciens supérieurs		« Taux de réussite » : pourcentage de réussite à l'examen terminal « Taux de rendement » : pourcentage des élèves sortis deux ans après avec diplôme	
Formations universitaires en pharmacie		« Pourcentage de réussite »: nombre de places/ nombre de candidats au concours de fin de première année	
Diplômes universitaires de technologie		« Taux de rendement » : nombre de diplômés/ nombre d'étudiants inscrits deux ans avant « Pourcentage de réussite » des étudiants inscrits en deuxième année « Taux d'intégration » : nouveaux inscrits en première année/nombre de candidatures déposées	

(*suite*)

Tableau 1 Suite

Principales entités concernées *(exemples)*	Méthodologies	Critères/indicateurs (exemples)	Configurations de valeurs
Universités, écoles de commerce	Enquête par questionnaire		Activité (moyens et ressources)
Universités		« Professionnalisation » : proportion de diplômes professionnels de 2e et 3e cycles/ensemble des diplômes de 2e et 3e cycles de l'université – pourcentage des étudiants inscrits dans les filières professionnelles de 2e et 3e cycles/effectif total des étudiants inscrits en 2e et 3e cycles« Innovation et dynamisme » : nombre de créations de nouveaux diplômes d'État et d'université sur 5 ans/nombre total de diplômes délivrés par l'université – « rareté » : pourcentage d'étudiants poursuivant une formation dispensée dans moins de 5 universités pour le second cycle « Productivité » : nombre d'étudiants diplômés/nombre d'étudiants inscrits par filière « Recherche d'emploi » : nombre de personnes en charge des questions d'emploi pour 100 étudiants – pourcentage des étudiants de 2e et 3e cycles ayant suivi une session « formation-emploi » – existence d'un relais apec dans l'université « Ouverture internationale » : nombre de conventions ou accords passés dans le cadre de l'enseignement et de la recherche – nombre de professeurs étrangers associés – nombre de congrès ou colloques internationaux organisés depuis deux ans	

Résultat ultime des entreprises de calcul, objet des attentions ultérieures, la liste-tableau est la technologie intellectuelle et visuelle canonique qui donne concrètement forme aux intentions journalistiques. Souvent associée par ses promoteurs à un gain de « transparence », la forme sémiotique de la liste-tableau organise en réalité le visible et l'invisible[65], elle inscrit et fige la « relation dynamique entre la simplification et l'élaboration »[66]. La liste-tableau délivre une information originale qui suppose dans le même temps l'élimination d'une vaste quantité d'éléments jugés non pertinents pour diverses raisons. Simplifiée, l'information gagne en accessibilité, en facilité de traitement et en autorité[67]. Effaçant les détails sur ses conditions de production, la liste-tableau gagne en robustesse, considérée comme plus réelle que ce qui est laissé en dehors de son cadre. Dissociée de son processus de production, la liste-tableau propose enfin une information décontextualisée qui autorise sa circulation et sa réutilisation, en tout ou en partie, à distance. En dehors de son foyer de production, elle peut être alors réinvestie dans d'autres contextes où des acteurs peuvent s'en approprier le sens par la recontextualisation[68].

Telle qu'exploitée dans les magazines, la liste-tableau homodifférencie. En effet, elle unifie en établissant une relation commune entre les entités qui partagent la même échelle, la même colonne de résultats. Ce faisant, les entités sont appréciées dans le cadre d'une relation hiérarchique où l'hétérogénéité est diminuée. Dans le même moment, les classements différencient les entités en leur attribuant une position ou une valeur ordinale unique. Le rapport établi entre les entités est un rapport d'intervalle, d'écart, de magnitude qui discrétise les entités. Quelle que soit la valeur cardinale attribuée et l'écart entre les entités, chaque différence de valeur compte et donne lieu à une position spécifique : chaque entité

---

65 Yves Jeanneret, « Figures of knowledge : le chiffre médiatisé comme transmutation de langages », communication au séminaire « Médias et palmarès », 21 septembre, MSH Paris-Nord, 2010.

66 Wendy N. Espeland, « Rankled by Rankings: How Media Rankings Redefined Higher Education », dans Julie Bouchard, Étienne Candel, Hélène Cardy & Gustavo Gomez-Méjia (dir.), *La médiatisation de l'évaluation/Evaluation in the Media*, Berne, Peter Lang, 2015, p. 25-37.

67 Wendy N. Espeland & Michael Sauder, « Rankings and Reactivity: How Public Measures Recreate Social Worlds », *American Journal of Sociology*, vol. 113, n° 1, 2007, p. 1-40.

68 *Ibid.*

acquiert une valeur singulière dans la série[69]. Cette propriété double articule ensemble mise en valeur (création, attribution, valorisation), mise en comparaison (rassemblement d'entités) et mise en compétition (hiérarchisation). La valeur d'une entité, ordinale, est relative à celle des autres dans un rapport hiérarchique contenu dans l'économie sémiotique de la page (« premier » a une plus haute valeur que « quinzième » et « en haut de » correspond à « meilleur que »).

Les classements académiques médiatiques : un espace publicitaire pour l'ESR et les magazines

Les producteurs espèrent avec les CAM développer les ventes des magazines. Elle est la condition préalable aux rentrées publicitaires provenant de la vente d'espaces à des annonceurs. Cette « double vente » sépare, mais aussi relie, souvent dans la tension, les espaces rédactionnels et publicitaires sur le lieu de travail et sur le support imprimé[70]. Les classements académiques s'accompagnent de pages de publicités vendues par des équipes commerciales internes ou externes aux magazines. Ceux-ci constituent un support pour des annonceurs proposant leurs produits et services (livres, papier à cigarettes, cartes de réduction, prêts bancaires, etc.) à l'audience ciblée des mensuels. Phénomène relativement nouveau, ils donnent en outre l'occasion à des établissements ou à des formations académiques de devenir eux-mêmes annonceurs et clients des magazines.

Dès l'origine fortement dépendant des rentrées publicitaires, le fondateur de *l'Étudiant* décrit comme des avènements simultanés celui du mensuel et celui de la publicité destinée aux étudiants :

> Les gens qui ont passé la pub dans *l'Étudiant* au début n'avaient jamais passé de pub nulle part pour la plupart. J'ai créé le média en même temps que les annonceurs. Donc quand je suis allé voir mes premiers annonceurs, qu'ils soient école, établissement d'enseignement et de formation, ou qu'ils soient Société générale ou bnp, ils n'avaient jamais passé de pub dans ce domaine. Donc j'ai des gens qui m'achetaient de la pub sans savoir ce qu'ils allaient

---

69 *Ibid.*

70 Stéphane Cabrolié, « La double vente du journal quotidien », dans François Vatin (dir.), *Évaluer et valoriser. Une sociologie économique de la mesure*, Toulouse, Presses universitaires du Mirail, p. 177-195.

> dire. Et je rédigeais avec eux leur texte. Je les aidais à rédiger leur texte. [...] J'ai été obligé de faire ça. Si je ne l'avais pas fait, moi je faisais la quête ![71]

Tandis que la publicité se développe au mensuel *l'Étudiant* à grand renfort de ressources, au *Monde de l'éducation*, porté par le prestige du quotidien, les revenus publicitaires paraissent avoir été aussi maigres que dédaignés :

> Et nous, on était le produit d'une époque. Et on était à une époque où *Le Monde* était un journal de référence. À l'époque, toutes les initiatives du *Monde* marchaient. Nous, on pouvait lancer des journaux comme ça ! Le premier numéro du *Monde de l'éducation*, les pages n'étaient pas coupées. Je me souviens quand on a voulu mettre un encart dans *Le Monde* pour *Le Monde de l'éducation*, ils ont dit 'mais ça va pas non, vos lecteurs ils peuvent pas faire comme tout le monde et mettre un chèque dans une enveloppe'. C'était la préhistoire. *Le Monde de l'éducation* ne vivait que des ventes de ses lecteurs et de ses abonnés. Il y avait très peu de publicité[72].

Le choix du périmètre des établissements ou des formations classés peut dépendre des recettes publicitaires qu'il est plus ou moins susceptible de générer. Considérées comme de mauvais annonceurs, les universités, par exemple, n'ont fait l'objet de classements que de manière isolée en 1983 et 1984 au mensuel *l'Étudiant*. Dans la production des classements en tant que telle, en revanche, prévaut le principe d'une coupure entre classement et publicité. Ce principe, généralement accepté par les acteurs, en partie garant de la crédibilité des classements, est parfois mis à l'épreuve dans des situations concrètes où des annonceurs menacent d'annuler leur budget publicitaire pour un support au motif qu'ils sont en mauvaise position dans un palmarès. Entre relations commerciales avec des clients annonceurs et crédibilité du classement en tant que travail journalistique s'engage un processus de justification : les classeurs sont invités à justifier et expliciter les critères et les méthodologies auprès des responsables de magazines qui en font de même auprès des annonceurs évalués plaignants. Enfin, si l'espace publicitaire recoupe en partie celui du classement, les deux espaces sont surtout complémentaires : la plupart des annonceurs sont des entités académiques qui ne sont pas représentées dans les listes-tableaux. Simultanément, les CAM articulent

71 Entretien, fondateur, *L'Étudiant*, 17 septembre 2015.

72 Entretien, rédacteur en chef, *Le Monde de l'éducation*, 10 novembre 2010.

formation d'un marché du jugement académique et formation d'un marché publicitaire académique.

En analysant l'émergence des classements académiques médiatiques en France dans les années 1970-1980, il s'est agi de décrire et de comprendre dans une perspective pragmatique, en partant de l'expérience et des actions d'individus, d'organisations et de réseaux, les dynamiques sociotechniques que sous-tendent leur production et leur intégration dans le paysage académique. Le point de vue média-centré que nous avons adopté a consisté à entrouvrir la boîte noire de cette production médiatique et marchande afin d'éclairer à travers elle les mécanismes d'extension du domaine du marché dans le champ académique. Cette extension, ainsi que nous l'avons analysée, ne réside pas dans la toute-puissance dont disposerait *a priori* la presse, mais dans sa capacité *a posteriori* à enrôler et donc à transformer, par le conflit ou la collaboration, des acteurs concernés aux intérêts hétérogènes. La production des classements académiques médiatiques s'avère être une co-production impliquant des rapports d'interdépendance. Autorisée par un cadre règlementaire et sociétal, cette production médiatique est notamment tributaire de sources que sont principalement les services de l'État et les acteurs et institutions académiques qui se sont eux-mêmes peu à peu adaptés à cette production. L'analyse de la production des classements académiques médiatiques a permis en outre de saisir le caractère multidimensionnel du marché qu'elle institue. Les CAM sont à la fois façonnés comme une information-produit destinée à la vente des magazines, comme un intermédiaire actif entre les établissements d'enseignement supérieur, prestataires de formations, et leurs publics, les étudiants s'orientant de manière informée, comme un processus d'évaluation qui qualifie, calcule et attribue des valeurs aux entités académiques publiquement mises en comparaison et en concurrence, et, enfin, comme processus de création d'un espace publicitaire académique.

Notre analyse invite à nuancer certaines études comparées soulignant les contrastes entre les mécanismes d'un capitalisme académique états-unien et ceux d'un capitalisme académique européen : dans le premier cas, la voie empruntée relèverait de dynamiques incrémentales insufflées par une variété d'organisations non gouvernementales tandis que, dans le second cas, elle reposerait sur les initiatives plus récentes des pouvoirs publics européens orchestrant une compétition entre les États-Nations d'Europe[73]. Sans nier

---

[73] Sheila SLAUGHTER & Brendan CANTWELL, « Transatlantic Moves to the Markets... », art. cité, p. 583-606.

de telles différences de part et d'autre de l'Atlantique, notre analyse s'est attachée dans un cadre national européen, en l'occurrence la France, aux mécanismes incrémentaux et antérieurs à la période actuelle, qui illustrent là aussi la longue intégration silencieuse du marché dans le champ académique.

La propagande pour la science : le Bureau universitaire de statistiques et l'orientation vers les carrières scientifiques, de 1945 à la fin des années 1950

Pierre Verschueren
Centre Lucien Febvre, université de Franche-Comté

Avec les deux bombes nucléaires larguées sur le Japon les 6 et 9 août 1945, la science fait irruption dans les médias ; en France, l'opinion publique ne manifeste guère d'indignation, plutôt une grande joie patriotique et scientiste[1]. Dans *Le Monde*, *Le Figaro*, *L'Humanité*, comme dans la grande majorité des journaux et revues, le bombardement lui-même est comme occulté : c'est la victoire de la science qui est mise en valeur, l'entrée dans une nouvelle ère fondée sur la puissance de la physique – Albert Camus est bien seul à proclamer que « la civilisation mécanique vient de parvenir à son dernier degré de sauvagerie »[2]. David Pace recense ainsi plus de 73 livres et brochures publiés en France entre 1945 et 1949 comportant l'expression « ère » ou « âge atomique » dans leur titre[3]. Sur ce point, la production imprimée semble constituer un reflet assez fidèle de l'opinion publique : début 1946, un sondage de l'Institut français d'opinion publique (IFOP) indique que 64 % des Français souhaitent que la France se dote de « l'arme atomique »[4]. Si Hiroshima et Nagasaki,

---

1 Robert Belot, *L'Atome et la France. Aux origines de la technoscience française*, Paris, Odile Jacob, 2015.

2 Albert Camus, *Combat*, 8 août 1945.

3 David Pace, « Old Wine, New Bottles. Atomic energy and ideology of science in post-war France », *French Historical Studies*, vol. 17, n° 1, 1991, p. 38-61.

4 Sondage IFOP, « L'utilisation de la bombe atomique », janvier 1946, cité par Sezin Topçu, « Atome, gloire et désenchantement. Résister à la France atomique avant 1968 », dans Céline Pessis, Sezin Topçu, Christophe Bonneuil (dir.), *Une autre histoire des « Trente Glorieuses ». Modernisation, contestations et pollutions dans la France d'après-guerre*, Paris, La Découverte, 2015, p. 189-209, p. 192.

en tant qu'événement, disparaissent assez vite de l'arène publique, ce moment est à l'origine d'un basculement profond de la place des sciences dans les représentations : elles incarnent désormais l'essence même de la modernité, le socle de tous les futurs. *Le Figaro littéraire* évoque ainsi, en 1947, un « nouveau *cedant arma togae*» :

> Voici une vérité qui est devenue une des lapalissades du siècle : ce qui fait, en temps de paix, la prospérité d'une nation, en temps de guerre sa force, ce n'est plus seulement la sueur de ses ouvriers ou de ses paysans et les baïonnettes de ses soldats, ce sont ses savants en blouse blanche[5].

Une série de porte-paroles et d'intellectuels, au premier rang desquels les physiciens Frédéric Joliot et Pierre Auger, et des organisations comme l'Association des travailleurs scientifiques (ATS)[6], saisissent cette occasion pour instituer les scientifiques non plus seulement comme garants du prestige intellectuel de la nation, mais aussi comme artisans indispensables à tout programme de retour au statut de grande puissance. Ils réclament en particulier de profondes réformes de l'enseignement supérieur et de la recherche, afin de renforcer et massifier le plus rapidement possible la formation des futures générations scientifiques. Il n'est de science que d'hommes : depuis le plan Langevin-Wallon et la campagne de 1946, visant à inscrire la recherche dans le plan Monnet, jusqu'au colloque de Caen de 1956, organisé par le « mouvement pour l'expansion de la recherche scientifique », une nébuleuse réformatrice[7] étendue d'acteurs – universitaires, mais aussi politiques et industriels – souligne à de nombreuses reprises la nécessité de mettre en place un système rationalisé

---

5 Paul Guth, « La France cessera-t-elle d'inventer ? Le drame présent des laboratoires », *Le Figaro littéraire*, n° 60, 14 juin 1947, p. 1 et 3.

6 Michel Pinault, « De l'Association des travailleurs scientifiques au syndicat national des chercheurs scientifiques, l'émergence d'un syndicalisme de chercheurs (1944-1956) », dans Danielle Tartakowsky, Françoise Tétard (dir.), *Syndicats et associations : concurrence ou complémentarité ?*, Rennes, Presses universitaires de Rennes, 2006, p. 77-86.

7 Je reprends ici le terme de Christian Topalov (dir.), *Laboratoires du nouveau siècle. La nébuleuse réformatrice et ses réseaux en France (1880-1914)*, Paris, Éditions de l'EHESS, 1999. Sur cette nébuleuse, voir Alain Chatriot &Vincent Duclert (dir.), *Le gouvernement de la recherche. Histoire d'un engagement politique, de Pierre Mendès France au général de Gaulle (1953-1969)*, Paris, La Découverte, 2006 et François Jacq, « Pratiques scientifiques, formes d'organisation et représentations politiques de la science dans la France de l'après-guerre. La politique de la science comme énoncé collectif (1944-1962) », thèse en sociologie de l'École nationale supérieure des Mines de Paris, 1996.

et planifié d'orientation des jeunes gens, système qui permette d'en attirer un nombre grandissant vers les sciences en général, les laboratoires en particulier.

De fait, la reconstruction du pays au sortir de l'Occupation doit s'appuyer aux yeux des dirigeants sur une jeunesse adaptée aux besoins nouveaux du monde contemporain ; or, culturellement, ce sont les disciplines scientifiques qui sont devenues le symbole de cette nouveauté[8] : avec *Spoutnik*, en 1957, omniprésent dans les publications pour la jeunesse, la science connaît son apogée en tant que « nouvelle frontière ». La question n'est pas neuve[9], mais le débat est réactivé avec la prévision d'une croissance soutenue des effectifs de l'enseignement : après la Seconde Guerre mondiale, la France est le premier pays au monde à organiser un service public d'orientation professionnelle, qui devient au cours des années 1950 un secteur de l'Éducation nationale à part entière, lié à la planification, le Bureau universitaire de statistiques (BUS). Parmi ses missions, cet organisme prend en charge la mise en place d'une propagande[10] en faveur des disciplines et des carrières scientifiques, à destination des élèves de l'enseignement secondaire[11] et de leurs parents.

En se concentrant sur ses activités et sur le message précis qu'il développe, cet article a pour objectif de contribuer à l'étude des dispositifs mis en place pour encourager et soutenir ce qu'Antoine Prost a appelé

---

[8] Ludivine Bantigny aborde plus largement cette question dans Ludivine Bantigny, *Le plus bel âge ? Jeunes et jeunesse en France de l'aube des « Trente Glorieuses » à la guerre d'Algérie*, Paris, Fayard, 2007, p. 93-106.

[9] Bruno Belhoste, Hélène Gispert, Nicole Hulin (dir.), *Les sciences au lycée. Un siècle de réformes des mathématiques et de la physique en France et à l'étranger*, Paris, Vuibert ; INRP, 1996. Il faut souligner qu'en 1942 le mathématicien Jean Delsarte fonde un « groupement d'études préparatoires en vue d'une meilleure orientation des étudiants vers la recherche scientifique », qui s'intègre dans l'ébullition intellectuelle plus générale des milieux résistants concernant les questions éducatives, étudiée par Jean-François Muracciole, *Les enfants de la défaite. La Résistance, l'éducation et la culture*, Paris, Presses de Sciences Po, 1998.

[10] Le terme n'est pas entendu ici dans un sens péjoratif : il désigne simplement un ensemble de techniques de persuasion, mis en œuvre pour propager une idée et stimuler l'adoption de comportements au sein d'un public-cible.

[11] Les autres ordres d'enseignement relèvent en effet des centres d'orientation professionnelle. Voir Jérôme Martin, « De l'orientation professionnelle à l'orientation scolaire : l'Association générale des orienteurs de France et la construction de la profession de conseiller d'orientation (1931-1956) », *Histoire de l'éducation*, n° 142, 2014, p. 109-128.

la « conversion de la bourgeoisie aux mathématiques »[12] – afin de mieux comprendre la transformation profonde que connaît le système des emplois scientifiques après la Seconde Guerre mondiale[13]. Après avoir analysé le fonctionnement et les moyens d'action du BUS, nous nous attacherons à étudier le discours développé par la principale revue grand public qu'il publie, le mensuel *Avenirs* – qui tire à 10 000 exemplaires environ, 20 000 pour les numéros spéciaux, pendant les années 1950[14] – ; celui-ci non seulement accorde une place importante aux carrières de l'industrie et de l'enseignement, mais contribue à inscrire la recherche scientifique dans les représentations comme un avenir professionnel presque « comme les autres ».

Orienter les jeunes vers la science

Le BUS est une organisation dont l'existence précède la transformation des représentations sociales de la science[15] : il est créé en 1933 sous le régime de la loi de 1901 sur les associations, mais sous le patronage d'Anatole de Monzie, alors ministre de l'Éducation nationale, avec le soutien de la Confédération des travailleurs intellectuels[16], de l'Union nationale des Associations générales des étudiants de France, de la Fédération des associations de parents d'élèves des lycées et collèges et de

---

12 Antoine Prost, *Histoire générale de l'enseignement et de l'éducation en France. Tome IV : L'école et la famille dans une société en mutation, depuis 1930*, Paris, Perrin, 2004, p. 455.

13 Pour une étude portant spécifiquement sur les transformations du métier de physicien et de chimiste, voir Pierre Verschueren, « Des savants aux chercheurs. Les sciences physiques comme métier (France, 1945-1968) », thèse de doctorat en histoire contemporaine, université Paris 1 Panthéon-Sorbonne, 2017. Cet article est une version remaniée de l'un des chapitres de cette thèse.

14 Marie-Françoise de Nanteuil, « Quels *Avenirs* pour l'orientation professionnelle ? Analyse d'une publication du BUS et de l'Onisep de 1947 à 2001 », *Perspectives documentaires en éducation*, n° 60, 2003, p. 55-70.

15 Sur l'histoire générale du BUS, voir Francis Danvers, « Le Bureau universitaire de statistiques d'Alfred Rosier : mémoire et modernité », *L'Orientation scolaire et professionnelle*, 19 (1), 1990, p. 5-23.

16 Alain Chatriot, « La lutte contre le "chômage intellectuel" : l'action de la Confédération des travailleurs intellectuels (CTI) face à la crise des années trente », *Le Mouvement social*, n° 214, 2006, p. 77-91 ; Luc Boltanski, *Les cadres. La formation d'un groupe social*, Paris, Minuit, 1982, p. 63-128.

l'Institut national d'orientation professionnelle. Sa mission première est alors :

> par la publication régulière de statistiques sur les effectifs scolaires et sur les besoins des professions libérales et des cadres du commerce et de l'industrie, de fournir aux étudiants et élèves des universités, des grandes écoles, des écoles secondaires et techniques, tous renseignements utiles sur l'état du marché du travail intellectuel, ainsi que sur ses besoins réels afin de les conseiller, eux et leurs familles, sur les meilleurs débouchés susceptibles de leur offrir une situation[17].

L'objectif affiché est d'endiguer le chômage des diplômés ; ce sont alors les flux d'inscriptions dans les facultés de médecine et de droit, menant aux professions libérales, qui sont particulièrement visés, le nombre de licenciés en droit et de docteur en médecine étant dénoncé comme chroniquement trop important par rapport à la clientèle ou patientèle existante[18]. À la Libération, l'activité de l'organisme s'intensifie et s'élargit nettement : dès 1945, ses services centraux sont réorganisés et il s'installe au cœur du Quartier latin, à la fois au 5 place Saint-Michel et au 29 rue d'Ulm ; les succès qu'il remporte alors justifient sa transformation en établissement public en 1954 – avant une phase de routinisation et d'enlisement gestionnaire qui poussent à sa transformation en 1970 en Office national d'information sur les enseignements et les professions (ONISEP), aux missions élargies et renouvelées.

Le BUS, tel qu'il fonctionne de 1945 au début des années 1960, est une institution active, qui diffuse une abondante documentation dans les collèges et lycées, c'est-à-dire auprès de l'élite scolaire, par une série de

---

17 Statuts du BUS, cités dans Francis Danvers, « Le Bureau universitaire de statistiques d'Alfred Rosier » art. cité. Les objectifs du BUS sont exposés en détail dans Alfred Rosier, *Du chômage intellectuel. De l'encombrement des professions libérales*, Paris, Librairie Delagrave, 1934.

18 Sur ce *topos*, outre l'étude classique de Roger Chartier, « Espace social et imaginaire social : les intellectuels frustrés au XVIIe siècle », *Annales. Économies, Sociétés, Civilisations*, vol. 37, n° 2, 1982, p. 389-400, voir Cyprien Tasset, « Comment juguler la production de prolétaires intellectuels ? Les discours réformateurs contre la surproduction universitaire (xviie-xxie siècles) », dans Yasmina Bettahar & Marie-Jeanne Choffel-Mailfert (dir.), *Les universités au risque de l'histoire. Principes, configurations, modèles*, Nancy, Presses universitaires de Nancy & Éditions universitaires de Lorraine, 2014, p. 183-213 ; Cyprien Tasset, « Les intellectuels précaires, genèses et réalités d'une figure critique », thèse de doctorat en sociologie, École des hautes études en sciences sociales, 2015.

canaux de communication variés. Le cœur de l'activité est éditorial : le BUS publie un mensuel destiné au grand public, *Avenirs*, lancé en janvier 1947, ainsi que des dépliants consacrés à presque toutes les institutions d'enseignement supérieur, régulièrement mis à jour. La pénétration dans les établissements scolaires semble avoir été bonne, grâce à l'appui de professeurs délégués du BUS, chargés de faire connaître et de mettre à disposition ces publications aux élèves et à leurs collègues ; ils bénéficient même d'une heure de décharge pour tenir une permanence hebdomadaire[19] ; enfin, le BUS organise des tournées de conférences dans les lycées et collèges, dites « Tour d'horizon »[20].

L'action du Bureau ne se cantonne cependant pas au périmètre de l'Éducation nationale : elle passe aussi par une présence forte dans les journaux, où il cherche à toucher plus directement les parents. Ses archives, conservées aux Archives nationales, renferment ainsi d'impressionnants dossiers de coupures de presse ; la plupart se résument à des copies mot pour mot de textes envoyés directement par le Bureau aux rédactions, par le biais d'une circulaire bimensuelle, *Le BUS communique*[21]. À titre d'exemple, en 1949, 600 coupures de presses ont été réunies et classées. Si la presse nationale relaie systématiquement les principaux rapports du BUS, la lecture de ces dossiers de coupures de presses laisse surtout à penser que la presse quotidienne régionale trouve bien souvent dans ces publications un moyen de se fournir en entrefilets, pour remplir ses colonnes à peu de frais – ce qui rend peut-être les campagnes du BUS d'autant plus efficaces, puisque cela inscrit dans le quotidien les messages qu'il entend diffuser et les carrières qu'il entend promouvoir, normalisant par exemple efficacement auprès du lectorat des carrières rares ou naissantes. On retrouve enfin l'influence du BUS dans les publications pour la jeunesse, dans les pages du *Journal de Tintin* par exemple, ainsi que dans les médias audiovisuels : à partir de 1949, il dispose de sa propre émission de radio, « Échec au hasard », et est très impliqué dans l'émission de télévision l'« Avenir est à vous », créée en 1960[22].

---

19 André Caroff, *L'organisation de l'orientation des jeunes en France. Évolution des origines à nos jours*, Issy-les-Moulineaux, Éditions EAP, 1987, p. 159-165.

20 Le texte d'un certain nombre de ces conférences, qui s'adressent aux lycéen(ne)s et à leurs parents, est conservé aux Archives nationales [désormais AN], 63/AJ/50.

21 AN, 63/AJ/53-56.

22 Voir par exemple l'émission du 8 avril 1961, « Ils seront ingénieurs », disponible sur le site de l'Institut national de l'audiovisuel (https://www.ina.fr/video/CPF08006046/ils-seront-ingenieurs-video.html), et celle du 24 juin 1961, « Après le bac quel

Créé pour remédier au « chômage intellectuel » – c'est-à-dire celui des étudiants –, visant à « assurer une meilleure répartition des emplois » et entrant donc parfaitement avec les logiques planistes qui triomphent à la Libération[23], le BUS fonctionne rapidement comme une instance de propagande active pour les études scientifiques, industrielles et techniques, qu'il décrit systématiquement comme garantissant non seulement un emploi, mais une carrière. Il s'intègre ainsi dans ce que Philippe Bongrand appelle le processus de « fonctionnalisation économique » de l'institution scolaire, c'est-à-dire son orientation vers la réponse à des besoins estimés en cadres et techniciens[24]. Dès 1946, son fondateur et président Alfred Rosier, dans des conférences prononcées dans l'académie de Rennes, tresse ainsi des lauriers à l'ingénieur, après avoir dépeint le traditionnel et apocalyptique tableau de « l'engorgement des professions libérales », en particulier la médecine et le barreau ; il insiste particulièrement sur le brillant avenir offert à ceux qui se spécialiseront dans les problèmes du travail, de l'agriculture, et de la recherche, « pour laquelle le nombre des ingénieurs de recherche ayant reçu une formation ressortissant aux sciences physico-chimiques doit augmenter dans de larges proportions, car notre pays a un très grand handicap à remonter dans ce domaine[25] ».

Le BUS ne se limite en outre pas à prêcher la bonne parole aux lycéens : il joue un rôle militant en faveur des professions scientifiques au sein même des instances officielles et gouvernementales, s'insérant activement dans les divers réseaux, mouvements et instances qui se préoccupent alors de l'enseignement scientifique[26]. Il contribue ainsi aux différents projets de réforme de l'enseignement secondaire, du projet Berthoin (1955) au projet Billères (1956), en passant par le comité

métier ? » (https://www.ina.fr/video/CPF08006067/apres-le-bac-quel-metier-video.html).

23 Pour une étude de ce basculement au sein même du ministère des Finances, qui passe d'une « vulgate austéro-libérale » à une « logique expanso-atlantique », voir Michel Margairaz, *L'État, les finances et l'économie. Histoire d'une conversion (1932-1952)*, vol. II, Vincennes, Institut de la gestion publique et du développement économique, 1991, en particulier p. 1338-1339.

24 Philippe Bongrand, « La mise en système et l'économicisation de l'enseignement en France au début des années 1950 : la fonctionnalisation d'une institution », *Politix*, n° 98, 2012, p. 35-56.

25 « Conférence "Tour d'horizon" prononcée dans les lycées de garçon de l'académie de Rennes par M. Rosier », 1946, AN, 63/AJ/50.

26 Sur ses liens avec l'ATS par exemple, voir AN, 63/AJ/51.

Sarrailh (1954-1955)[27]. Ce dernier comité reçoit par exemple un épais document, qui constate en *incipit* « le fait primordial et caractéristique de notre époque : la prédominance des besoins dans les professions scientifiques et techniques[28] ». Les années qui suivent ne font que renforcer cette rhétorique, que l'on retrouve dans les débats de la commission Laugier du IIe Plan, consacrée à la recherche, dans le rapport Landucci sur l'emploi scientifique[29] et dans le rapport Longchambon, préparatoire au IIIe Plan[30], mais aussi dans la revue *Population*, de l'Institut national d'études démographiques[31] : tous insistent à loisir sur ce qu'ils perçoivent comme une nécessité pour rattraper le retard national[32], à savoir la formation rapide et complète d'une population nombreuse de scientifiques, chercheurs, ingénieurs et techniciens[33].

Cette propagande rencontre un franc succès ; ou du moins, elle s'avère congruente avec une tendance sociale lourde : une enquête de l'Institut national d'orientation professionnelle (INOP) citée par Ludivine

27 Voir les archives de ces différentes commissions, dans AN, F/17/17505-17508.

28 « Contribution à l'étude d'une réforme de l'enseignement. Note d'information établie par le Bureau universitaire de statistiques », 1954, AN, F/17/17506.

29 Conseil supérieur de la recherche scientifique et du progrès technique, *Pour assurer l'avenir, investir en hommes*, Paris, Imprimerie G. Lang, 1957.

30 Conseil supérieur de la recherche scientifique et du progrès technique, *Rapport sur la recherche scientifique et le progrès technique. Rapport au Président du conseil des ministres et au commissaire général au plan en vue de la préparation du 3e plan de modernisation et d'équipement*, Paris, Imprimerie G. Lang, 1957.

31 Selon Christelle Dormoy-Rajramanan, de 1949 à 1954 y dominent les thèmes de « niveau intellectuel », « sélection-orientation » et « effectifs à scolariser » : l'inégale « aptitude » des enfants devant justifier une politique scolaire reposant sur l'orientation et la sélection, devant elle-même juguler « l'afflux » des effectifs scolarisés ; à partir de 1955 apparaît la question de la répartition professionnelle des élèves et étudiants ; enfin, à partir de 1957, les besoins en enseignants font l'objet de nombreux articles ainsi que les effectifs dans l'enseignement supérieur. Voir Christelle Dormoy-Rajramanan, « Sociogenèse d'une invention institutionnelle : le centre universitaire expérimental de Vincennes », thèse de doctorat en science politique de l'université Paris-Ouest-Nanterre, 2014.

32 Sur cette perception chronique d'un retard, voir Julie Bouchard, *Comment le retard vient aux Français. Analyse d'un discours sur la recherche, l'innovation et la compétitivité (1940-1970)*, Villeneuve-d'Ascq, Presses universitaires du Septentrion, 2008.

33 On trouve un exemplaire de la plupart des rapports sur le sujet émis par le CSRSPT et les commissions du Plan aux AN, 63/AJ/52.

Bantigny[34], montre qu'en 1958, pour plus de 50 % des parents interrogés le meilleur métier que puisse choisir un garçon de vingt ans est celui d'ingénieur ou de technicien. Exemple parmi bien d'autres, le physico-chimiste Jean-Michel Chézeau, ancien directeur de l'École nationale supérieure de chimie de Mulhouse, d'origine sociale modeste – son père, policier, est décédé lorsqu'il avait dix ans –, explique avoir été orienté vers les sciences par ce consensus social quasi général :

> À l'époque, on était très influencés par les gens qui nous disaient : « Puisque tu es bon en maths, ou en sciences, il faut faire une école d'ingénieur, parce que c'est l'avenir de la France. La France a besoin d'ingénieurs [...]. » [...] « Si tu peux, fais des sciences. » Voilà, c'était ça[35].

Marque forte de ce basculement structurel des préférences, le recul du baccalauréat « philosophie » s'accélère après la fin des années 1940, au profit en particulier du baccalauréat « sciences expérimentales », comme le montre la figure 1 – toutes les filières connaissant une croissance en valeur absolue[36]. Au niveau des classes de première, la série A des lycées, c'est-à-dire la section latin-grec, est rapidement rattrapée par les séries scientifiques C et D, qui deviennent majoritaires à partir de 1953 : la sélection, et surtout la distinction de l'élite, se fait désormais non plus par le latin, mais par les mathématiques, perçues comme plus « démocratiques », donc plus légitimes en tant qu'outil de tri et de hiérarchisation[37]. La réforme Fouchet-Capelle de 1963 en tire les conséquences : la création des séries A, B, C, D, E du baccalauréat, plus

---

34 Ludivine Bantigny, *Le plus bel âge ? Jeunes et jeunesse en France de l'aube des « Trente Glorieuses » à la guerre d'Algérie*, Paris, Fayard, 2007, p. 100.

35 Entretien de Pierre Verschueren avec Jean-Michel Chézeau, 1er juin 2015.

36 Antoine Prost, *Histoire générale de l'enseignement et de l'éducation en France. Tome IV : L'école et la famille dans une société en mutation, depuis 1930*, Paris, Perrin, 2004, p. 259.

37 Voir Renaud d'Enfert, « Une réforme ambiguë : l'introduction des "mathématiques modernes" à l'école élémentaire (1960-1970) », dans Renaud d'Enfert & Pierre Kahn (dir.), *Le temps des réformes. Disciplines scolaires et politiques éducatives sous la Cinquième République. Les années 1960*, Grenoble, Presses universitaires de Grenoble, 2011, p. 53-73 ; Clémence Cardon-Quint, Renaud d'Enfert, Hélène Gispert, « Démocratiser, orienter, sélectionner : l'enseignement du français et des mathématiques dans le second degré (1945-années 1980) », dans Renaud d'Enfert & Joël Lebeaume (dir.), *Réformer les disciplines. Les savoirs scolaires à l'épreuve de la modernité, 1945-1985*, Rennes, Presses universitaires de Rennes, 2015, p. 37-60 ; Hélène Gispert, Muriel Guedj & Pierre Savaton, « Les disciplines scientifiques dans le second cycle du secondaire : hiérarchie et rapports de force », *ibid.*, p. 181-198.

spécialisées que les anciennes filières « philosophie » et « mathématiques », répond au développement programmé des études supérieures scientifiques et à la volonté d'y orienter les futurs étudiants ; à l'opposition entre enseignement « classique » et « moderne » est durablement substituée une nouvelle opposition entre « sciences » et « lettres » qui profite, de fait, aux sections scientifiques C et D[38]. Une transformation sociale aussi lourde et aussi rapide demande à être expliquée ; une étude fine d'*Avenirs* semble pouvoir y contribuer – sans surestimer les pouvoirs de la communication, il y a de bonnes raisons de croire que son contenu correspond, ou du moins cherche à correspondre, aux préventions, conceptions et espoirs des familles.

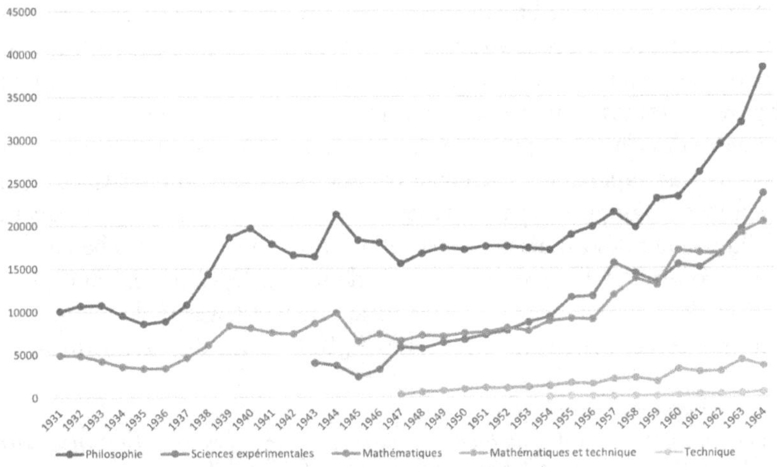

Figure 1 Séries au baccalauréat en pourcentage (1931-1964)
Annuaire statistique de la France. Résumé rétrospectif, Paris, INSEE, 1966 © INSEE

[38] Renaud D'ENFERT & Pierre KAHN, « Introduction », dans Renaud D'ENFERT & Joël LEBEAUME (dir.), *Réformer les disciplines. Les savoirs scolaires à l'épreuve de la modernité, 1945-1985*, Rennes, Presses universitaires de Rennes, 2015, p. 7-19.

Devenir ingénieur, devenir enseignant, selon *Avenirs*

Le mensuel *Avenirs* permet d'étudier plus précisément l'image des professions scientifiques, telle qu'elle est construite et diffusée par l'organisme le plus légitime institutionnellement pour ce qui concerne les questions d'orientation. Cette image est indubitablement valorisante[39] : la revue se plaît par exemple à mettre en scène l'opposition entre d'une part « un diplôme inutilisable : la licence de droit »[40] et d'autre part « un diplôme utilisable : la licence ès sciences »[41]. Là où le premier produirait des « généralistes à l'excès », « pratiquement inutilisables », le second ouvre des « débouchés appréciables » parce que les diplômés sont moins nombreux[42], les études plus spécialisées et la demande incomparablement plus importante :

> Les scientifiques sont recherchés. Les différentes techniques évoluent et se compliquent de jour en jour dans le monde ; la recherche scientifique atteint une ampleur inégalée. Or la France a, dans ce domaine, un gros retard à rattraper. Les spécialistes et les techniciens restent encore trop peu nombreux alors qu'on a d'eux un besoin urgent et croissant[43].

Le BUS fait là un constat qu'il va dès lors chercher à quantifier, mobilisant l'expertise statistique dont dispose son personnel ; l'opération aboutit en 1953 à l'idée que les débouchés seraient six fois plus importants pour les scientifiques que pour les littéraires[44], idée très largement reprise dans

---

39 *Avenirs* traite les carrières médicales séparément des carrières scientifiques – ne serait-ce que parce que la revue a durablement tendance à dissuader les lycéens qui s'y intéresseraient, dans la lignée de sa position initiale sur « l'engorgement » des professions libérales. Les carrières pharmaceutiques sont en revanche valorisées, parce qu'elles offrent des débouchés industriels grandissants – l'installation en officine étant toutefois découragée, les difficultés étant décrites comme « dramatiques » par Georges Le Guiner, « Le problème du placement des jeunes pharmaciens. Les différents débouchés offerts par la profession », *Avenirs*, n° 68, avril 1955, p. 10-17.

40 Jean-François Peristeris, « Un diplôme inutilisable : la licence de droit », *Avenirs*, n° 12, avril 1948, p. 4-6. Peristeris est lui-même licencié en droit.

41 Jean-François Peristeris, « Un diplôme utilisable : la licence ès sciences », *Avenirs*, n° 17, septembre 1948, p. 16-17.

42 On compte 5 400 nouveaux licenciés en droit en 1947, contre 1 400 licenciés ès sciences ; les licenciés ès lettres sont 2 200, *ibid.*, p. 16.

43 *Ibid.*, p. 16.

44 Sur le communiqué de presse annonçant ce résultat, et son succès médiatique retentissant, voir AN, 63/AJ/51.

la presse et qui devient rapidement le *leitmotiv*, presque le slogan, de nombreux acteurs – aidés en cela par sa reprise dans les rapports Landucci et Longchambon, jusqu'aux débats parlementaires. Dans cette perspective, les professions scientifiques qui sont avant tout représentées dans les pages d'*Avenirs* sont celles du monde de l'industrie et celui de l'enseignement, secteurs d'existence ancienne, connus du public, aux carrières bien balisées – et pour lesquelles il existe donc une attente de la part du lectorat, issu des classes moyennes et supérieures.

La toute première profession à bénéficier d'un article, très factuel, est ainsi celle d'ingénieur[45]. C'est aussi à cette profession qu'est consacré le premier numéro spécial de la revue, en décembre 1949[46] ; de nouveaux numéros spécialisés sont par la suite publiés, à intervalles réguliers, tous les trois ans environ, avec une inflation constante du nombre de pages – jusqu'à plus de 350 pages en 1955, soit dix fois plus qu'un numéro habituel[47]. Pour *Avenirs*, la reconstruction fait en effet des carrières d'ingénieurs le domaine de toutes les ambitions :

> La carrière d'ingénieur est, sans conteste, une de celles qui offrent actuellement le plus de perspectives d'avenir […]. Les élèves de toutes les grandes écoles seront assurés de trouver, après leurs études, des postes où ils pourront à la fois se réaliser pleinement et apporter une contribution importante au relèvement national[48].

Le BUS estime ainsi, en 1956, que si « la France veut reprendre son rang auprès des pays les plus évolués, elle devrait avoir un nombre d'ingénieurs de 247 000 »[49] contre environ 115 000 à cette date.

---

45 « La profession d'ingénieur », *Avenirs*, n° 1, janvier 1947, p. 3-44.

46 Numéro qui aborde la question de la recherche au travers de Maxime Laqueille, « Les conditions d'obtention du titre d'ingénieur-docteur », *Avenirs*, n° 25-26, décembre 1949, p. 44.

47 Ce qui amène la revue, à partir de 1961, à distinguer les carrières de la chimie et à leur consacrer des numéros spéciaux *ad hoc*.

48 René Naudin, « Le recrutement des grandes écoles », *Avenirs*, n° 17, septembre 1948, p. 23-24.

49 Paul Toublanc, « Carrières scientifiques et techniques. Quelques perspectives », *Avenirs*, hors série, mai 1956, p. 39-41, p. 39.

De manière générale, *Avenirs* s'attache à offrir un panorama équilibré et le plus complet possible des filières de formation[50], tout en proposant des articles plus détaillés sur les secteurs d'activité que la revue estime les plus propices, en lien avec les objectifs du Plan – agriculture, industries extractives, travaux publics, industries chimiques et électriques à la fin des années 1940, auxquelles s'ajoutent dans les années 1950 les industries nucléaires et aéronautiques. Ce volontarisme rencontre cependant une limite forte : les stéréotypes de genre. Si les métiers d'ingénieurs sont présentés comme « évidemment » masculins, malgré des exceptions, les métiers de techniciens, comme celui d'aide-chimiste par exemple, sont expressément décrits comme des « profession[s] qui convien[nent] parfaitement aux femmes »[51].

Les liens du BUS avec l'Éducation nationale étant puissants, les carrières de l'enseignement sont elles aussi bien représentées, en particulier pour le secondaire et le supérieur, et ce d'autant plus que les débuts de la massification scolaire rendent prévisible, puis nécessaire, la hausse du recrutement : dès son deuxième numéro, *Avenirs* évoque la « pénurie de professeurs » qui frappe « la plupart des pays »[52]. Quand la situation devient plus difficile encore, un numéro spécial est consacré à l'enseignement, préfacé par le ministre André Marie, en hiver 1951 :

> Nombreux sont les articles et les études qui ont mis l'accent sur la nécessité prochaine d'ouvrir des classes en grand nombre et d'accroître dans de larges proportions l'effectif des professeurs et des maîtres qualifiés. Les services de l'Éducation nationale le savent bien, qui mettent en œuvre tous les moyens placés à leur disposition[53].

Face à ces nécessités et prompte à flatter un corps enseignant sur lequel repose en grande partie son accès aux élèves et aux parents, la revue n'hésite pas à user d'une lourde artillerie rhétorique :

---

50 Elle suit de très près l'actualité des écoles d'ingénieurs, avec des articles comme Armand Heller, « La création des écoles supérieures d'ingénieurs », *Avenirs*, n° 4, avril 1947, p. 9-10.

51 « L'aide-chimiste », *Avenirs*, n° 10, janvier 1948, p. 26.

52 André Gommès, « Aux États-Unis, en Angleterre, en France : on ne trouve plus de professeurs », *Avenirs*, n° 2, 1947, p. 25-26.

53 René Naudin, « La situation de l'enseignement en France », *Avenirs*, n° 41-42, novembre-décembre 1951, p. 13 et 28, p. 28.

> Quelle fierté, et quel beau spectacle pour un professeur de voir s'éveiller, puis s'épanouir, les facultés intellectuelles et même morales des élèves assis devant celui qu'ils écoutent ! Que d'horizons aussi s'ouvrent à ces jeunes sur le monde antique et moderne aux mystères insoupçonnés ![54]

Si toutes les disciplines sont concernées, les sciences bénéficient d'une attention particulière et ce dès la première évocation des carrières enseignantes dans *Avenirs* : le deuxième numéro de la revue souligne par exemple la plus grande accessibilité statistique de l'agrégation dans les disciplines scientifiques, afin d'engager les lycéens à s'y orienter :

> Quoi qu'il en soit, la proportion moyenne des admis aux agrégations de sciences mathématiques, physiques et naturelles varie depuis quelques années entre 15 et 20 % et atteint même, en 1946, 25 % en physique et 29 % en sciences naturelles. Par contre, les pourcentages moyens sont en lettres de 10 à 15 % et seulement de 8 et 9 % en philosophie[55].

Le numéro spécial de 1951 se fait plus direct encore, soulignant que « les licenciés de sciences physiques sont très recherchés »[56] : de fait, non seulement le nombre de licenciés ès sciences physiques croît relativement peu avant le début des années 1960[57], mais les carrières de l'enseignement les attirent de moins en moins[58], au profit d'une part des carrières industrielles[59] et d'autre part d'un nouveau domaine professionnel, celui de la recherche scientifique.

---

54 Alfred Schneider, « Les carrières de l'enseignement du second degré », *Avenirs*, n° 41-42, novembre-décembre 1951, p. 29-37, p. 29.

55 René Naudin, « L'agrégation », *Avenirs*, n° 2, février 1947, p. 27-28, p. 28.

56 Alfred Schneider, « Les carrières de l'enseignement du second degré », *Avenirs*, n° 41-42, novembre-décembre 1951, p. 29-37, p. 30.

57 Le nombre d'étudiants des facultés des sciences augmente beaucoup plus vite, dans les années 1950, que le nombre de diplômes décernés : l'année de propédeutique, instaurée en 1948 et dont le taux de réussite oscille entre 35 et 40 %, crée un obstacle qui n'existait pas pour les générations précédentes.

58 René Naudin, « Les débouchés professionnels de la licence ès sciences », *Avenirs*, n° 92, mars 1958, p. 37-41 ; Henri Belliot, « Pénurie de recrutement et perspectives de débouchés dans l'enseignement scientifique », *Avenirs*, n° 126, novembre 1961, p. 5-16.

59 À partir du début des années 1950, les grandes écoles classiques ne suffisant plus aux besoins des secteurs industriels en main d'œuvre hautement qualifiées, ce qui permet le développement d'autres voies : René Freymann, « Comment un licencié ès sciences peut-il devenir ingénieur ? », *Avenirs*, n° 69-71, mai-juillet 1955, p. 282.

Un nouvel espace professionnel d'*Avenirs* : la recherche scientifique

C'est à partir du troisième numéro, en mars 1947, que les statistiques et les constats factuels, hérités de la mission première du BUS, se doublent d'un appareil rhétorique développé ; celui-ci se déploie en faveur des carrières de la recherche scientifique proprement dite. Cette perspective est inaugurée par un article du prix Nobel de physique Louis de Broglie, consacré à « la guerre et la formation des jeunes savants[60] » : ce savant, à la légitimité et à l'aura incontestable – qu'il met par ailleurs en avant, en signant « de l'Académie française, Secrétaire perpétuel de l'Académie des sciences » –, y exprime sa crainte que l'affaiblissement de la science française consécutif à la Première Guerre mondiale ne se reproduise au sortir de la Seconde. Il appelle en conséquence à la mobilisation en faveur de la future génération de scientifiques :

> De ce fait, dans la période d'après-guerre, il y a eu, pour l'intelligence française, des sortes de « classes creuses » formées par les générations dont la formation avait été profondément troublée par la guerre. Il n'est pas douteux qu'en particulier la science française n'ait eu à en souffrir et si, dans diverses branches de la science, la France n'a pas toujours été représentée dans ces dernières années aussi brillamment qu'elle aurait pu et dû l'être, c'est sans doute de ce côté qu'il faut en chercher la cause.
>
> Malheureusement, la guerre qui vient de se terminer risque d'avoir des effets analogues à ceux de la guerre précédente. Sans doute un moins grand nombre de jeunes gens ont péri du fait de la guerre, mais le nombre des prisonniers auquel il faudrait ajouter celui des déportés et travailleurs emmenés en Allemagne a été considérable. […] Situation d'autant plus regrettable que notre pays, qui a si souvent servi de guide au progrès scientifique, devra demain, pour pouvoir se relever et reprendre sa place parmi les nations, prouver à tous qu'il n'a rien perdu de ses grandes qualités traditionnelles et qu'il est toujours capable de fournir de grands animateurs et de bons ouvriers du progrès. De grands efforts doivent donc être faits pour pallier, dans la mesure du possible, les conséquences désastreuses que pourraient avoir pour le progrès de la Science et pour la pensée française les cruelles années que nous venons de traverser. Il faut, avant tout, réconforter les jeunes gens découragés par tant d'années gâchées et d'obstacles rencontrés ; il faut leur inspirer le courage de faire les efforts nécessaires pour regagner le

---

[60] Louis de Broglie, « La guerre et la formation des jeunes savants », *Avenirs*, n° 3, mars 1947, p. 1-2.

temps perdu et combler les lacunes d'une formation insuffisante. Dans tous les pays éprouvés par la guerre, le même problème se pose : il y a là, pour tous, une grande tâche à accomplir[61].

Deux numéros plus tard, c'est le zoologiste Georges Teissier, directeur du Centre national de la recherche scientifique (CNRS), qui défend à son tour dans les colonnes d'*Avenirs* « L'avenir de la science », sur un ton nettement plus conquérant :

Il faut, si l'on veut que la France vive, développer à la fois, et la recherche scientifique, et la recherche technique. Il ne faut pas qu'une politique stupidement utilitaire prétende discriminer parmi les disciplines scientifiques celles qui sont rentables et celles qui ne le sont pas. [...] On nous dit qu'il faut être parcimonieux vis-à-vis de la recherche parce que le pays est pauvre. Affirmons au contraire qu'il faut justement développer la recherche *parce que* le pays est pauvre. [...] Il est de toute façon certain qu'un développement considérable de l'enseignement technique sera requis pour la mise en œuvre du plan Monnet mais c'est surtout la réforme de l'enseignement supérieur qui jouera un grand rôle pour rendre à la France son rang primitif au premier rang des nations industrielles et à la tête du progrès scientifique. Il faudra appeler des couches de plus en plus larges de la population à la culture la plus haute et à la recherche[62].

À la suite de ces proclamations fracassantes, l'année 1948 voit les lignes d'*Avenirs* particulièrement occupées par les enjeux de l'année de propédeutique, qui vient alors d'être rendue obligatoire à l'entrée des facultés des sciences, ainsi que le développement des séries scientifiques au baccalauréat, au détriment des littéraires. La place de la recherche scientifique se normalise alors : elle n'est plus présente par l'intermédiaire d'articles ponctuels commandés à des figures éminentes, mais représente une part non-négligeable des sujets abordés par la revue de presse du mensuel[63] ; des articles spécialisés présentent au lectorat les possibilités offertes par certains secteurs précis, comme la géophysique[64], la recherche

61 *Ibid.*, p. 2.

62 Georges Teissier, « L'avenir de la science », *Avenirs*, n° 6, juin 1947, p. 27. Cet article est une reprise partiellement modifiée du discours de clôture qu'il a prononcé par lors du congrès de l'Union française universitaire, le 1er avril 1947 – discours qui s'intègre dans la campagne contre l'« oubli » de la recherche dans le plan Monnet.

63 Par exemple Jean-François Peristeris, « Revue de presse : la recherche scientifique en France et dans le monde », *Avenirs*, n° 10, janvier 1948, p. 27-29.

64 Alfred Schneider, « Les spécialisations de la faculté des sciences de Strasbourg », *Avenirs*, n° 11, mars 1948, p. 23-24.

atomique[65] ou la métrologie[66]. Au fil des textes qui ne lui sont pas explicitement consacrés, la recherche scientifique est présentée sous un jour particulièrement favorable dès que l'occasion se présente :

> Le chercheur scientifique exerce une activité passionnante mais qui exige, outre une solide formation scientifique générale, des connaissances très complètes et constamment tenues à jour dans la spécialité choisie, ainsi que des notions suffisantes dans les spécialités voisines. [...] La condition des chercheurs, qui fut longtemps misérable, a été considérablement améliorée durant ces dernières années [...]. Les débouchés dans la recherche scientifique sont largement ouverts : les chercheurs restent en effet, en France, en nombre très insuffisant malgré les efforts accomplis pour développer la recherche scientifique[67].

Le numéro d'avril 1949 est dès lors l'occasion pour le biochimiste Ernest Kahane[68], maître de recherches au CNRS, de renforcer cette position en publiant un grand article sur « les carrières de la recherche scientifiques ». Symboliquement, celles-ci se trouvent ainsi au même niveau que celles de la magistrature ou de la pharmacie, abordées dans le même numéro et disposant du même espace éditorial. Or cela ne va pas absolument de soi et Kahane en est conscient :

---

[65] Robert Poinot-Chazel, « La recherche atomique en France », *Avenirs*, n° 17, septembre 1948, p. 7-8 et 13.

[66] Anonyme, « Le Centre de métrologie de la faculté des sciences de Besançon », *Avenirs*, n° 76, avril 1956, p. 37-38.

[67] Jean-François Peristeris, « Un diplôme utilisable : la licence ès sciences », *Avenirs*, n° 17, septembre 1948, p. 16-17, p. 17. Les autres débouchés mis en avant sont l'enseignement, les laboratoires privés, la carrière d'ingénieur, l'administration, les observatoires, la statistique, l'actuariat, le secrétariat technique.

[68] Ernest Kahane est l'un des tout premiers syndicalistes du monde scientifique : militant antifasciste devenu communiste, il a été à l'origine de la création, en mai 1932, de l'Association des jeunes chimistes, puis de Jeune science en juillet 1936. Dans l'immédiat après-guerre, il est le principal responsable du Syndicat national de l'enseignement supérieur et de la recherche scientifique (SNESRS), avec le géologue Louis Barrabé : là où Barrabé, professeur de faculté, incarne l'enseignement supérieur, Kahane représente la recherche, jusqu'en 1952. Voir Jacques Girault, « Kahane, Ernest », *Le Maitron, dictionnaire biographique du mouvement ouvrier*, 12 mai 2012, http://maitron-en-ligne.univ-paris1.fr/spip.php?article137595 ; Micheline Charpentier & Jean-François Picard, « Entretien avec Ernest Kahane », 23 décembre 1986, http://www.histcnrs.fr/archives-orales/kahane.html.

Il y a peu de temps encore, il aurait été impossible de parler en France de la recherche scientifique comme d'une carrière. Elle n'était guère exercée en effet que par les membres de l'enseignement supérieur, comme une fonction accessoire et presque facultative, et par une partie du personnel de services privés, qui se différenciait à peine de celui qui était chargé des tâches d'exécution[69].

C'est la création du CNRS et des grandes institutions de recherche, en multipliant quantitativement le nombre de postes de débutants et en rendant ceux-ci plus attractifs, qui provoque selon Ernest Kahane ce changement qualitatif, structurel, en permettant aux jeunes scientifiques de ne plus faire le « sacrifice de végéter en courant le cachet, en accomplissant de menues besognes » en l'attente de l'un des rares postes d'assistant :

C'est à la faveur de l'enthousiasme général qui a suivi la Libération et en dépit d'innombrables difficultés matérielles qu'ont pu être ainsi créés ou étendus les organismes de recherche, et notamment le CNRS. La recherche scientifique a pris ainsi, à la faveur de ce développement, certains des caractères d'une véritable carrière. [...] Le chercheur du CNRS ne vit plus exclusivement dans l'attente d'un poste dans l'enseignement, avec une bourse inférieure aux salaires les plus bas. Il possède, la stabilité en moins, un statut analogue à celui de l'enseignement supérieur, et une hiérarchie de grades calquée sur celle des facultés. S'il manifeste des aptitudes et une activité suffisantes, il peut progresser dans cette hiérarchie et parvenir à une situation morale et même matérielle assez enviable, en se consacrant exclusivement à la recherche scientifique. Le CNRS ne remplit plus à son endroit une fonction de mécénat, mais il joue le rôle d'un véritable patron, et en même temps, d'une espèce de conseiller scientifique. [...] Les possibilités ainsi offertes se sont considérablement accrues en quelques années, et le goût de la recherche scientifique ne demande plus d'aussi grands sacrifices qu'autrefois pour être satisfait. [...] Certes, sa carrière n'est pas assurée... Mais il n'est pas souhaitable qu'elle le soit, du moins avant qu'il n'ait fait la preuve de son aptitude au travail original, et de sa persévérance dans l'activité créatrice.

---

[69] Ernest Kahane, « Les carrières de la recherche scientifique », *Avenirs*, n° 20, avril 1949, p. 1-2, p. 1. Le même numéro comprend un article reprenant des positions semblables, appliquées à la biologie – Pierre Vendryès, « La préparation à la recherche biologique », *Avenirs*, n° 20, avril 1949, p. 7-9 et 27 –, ainsi que, dans sa revue de presse, le résumé d'un article de *Tala-Sorbonne* consacré aux débouchés que la licence ès-sciences offre aux jeunes filles, article où la recherche prend une place très importante – Michelle Roux, « Les débouchés des licences scientifiques pour les jeunes filles », *Avenirs*, n° 20, avril 1949, p. 28-29.

> S'il donne des garanties à ce sujet, il peut espérer que l'appui général ne lui manquera pas, et compter fermement « se faire une situation »[70].

Alors même que les chercheurs ne disposent pas à cette date de statut[71], Ernest Kahane cherche à faire, pour ainsi dire de manière performative, de la recherche une carrière presque comme une autre – qu'il s'agit par ailleurs de défendre, à peine née, contre les restrictions de budget –, ayant non seulement une fin, mais aussi un début clairement identifié. Le risque de s'y engager pour un étudiant apparaît donc moins grand qu'auparavant, ce qui a pour effet d'attirer les vocations – d'autant que les reconversions vers le public ou le privé sont présentées comme aisées et même valorisées dans le discours de l'institution.

Cette entreprise de normalisation, en avance sur la réalité des carrières des chercheurs, est consacrée par l'inclusion de la recherche dans le numéro spécial d'*Avenirs* consacré aux carrières de l'enseignement en novembre-décembre 1951 : au cours des années 1950, le BUS va jusqu'à intégrer aux questionnaires que ses conseillers psychologues distribuent aux élèves venus les consulter et destinés à évaluer leurs « aptitudes réelles », des *items* spécialement dédiés à la détection des potentiels futurs chercheurs[72]. Enfin, il relaie très efficacement et très constamment la « propagande » organisée par les scientifiques « réformateurs » : le colloque de Caen de 1956, par exemple, se voit consacrer un dossier de presque vingt pages dans *Avenirs*, résumant toutes les interventions[73], de même que le colloque de Grenoble de 1957[74] ; la parution de tous les numéros de *L'Expansion scientifique*, la revue de l'Association d'étude pour l'expansion de la recherche scientifique née des suites du colloque de Caen, est en outre annoncée dans *Avenirs*, sur une demi-page, voire une

---

70 Ernest KAHANE, « Les carrières de la recherche scientifique », *Avenirs*, n° 20, avril 1949, p. 2.

71 Ils ne sont encore ni fonctionnaires ni mêmes contractuels de la fonction publique, mais simples allocataires, jusqu'en 1959. Voir Pierre VERSCHUEREN, « Des savants aux chercheurs. Les sciences physiques comme métier (France, 1945-1968) », thèse de doctorat en histoire contemporaine, université Paris 1 Panthéon-Sorbonne, 2017, p. 277-291.

72 « Compte rendu de la commission technique du service d'orientation scolaire et universitaire du Bureau universitaire de statistiques », novembre 1954, AN, 63/AJ/52.

73 René BOCCA, « Le colloque de Caen », *Avenirs*, n° 82, mars 1957, p. 8-25.

74 Gilbert RENARD, « Le colloque de Grenoble. Les contacts entre l'Université et l'industrie », *Avenirs*, n° 88, novembre 1957, p. 23-38.

page entière. Plus individuellement, et suivant la voie ouverte par Louis de Broglie, les figures de proue des sciences expérimentales sont invitées à faire leur réclame, tel les physiciens Jean Debiesse[75], Philippe Pluvinage[76] et Louis Leprince-Ringuet[77], le mathématicien Paul Germain[78] ou le zoologiste Marcel Prenant[79].

Il est toujours difficile d'évaluer l'efficacité réelle d'un dispositif de communication à destination du grand public, en l'occurrence de distinguer l'effet propre de la propagande déployée en faveur de la science par le Bureau universitaire de statistiques dans la transformation de l'espace des préférences des familles pour ce qui est de l'avenir de leurs enfants – dans un contexte où les représentations que la population se fait de la situation économique évoluent rapidement, où le futur probable de la nation lui-même reste incertain[80] et où les sciences sont peut-être autant une valeur d'avenir qu'une valeur sûre. Selon les lecteurs, selon leur génération, leur sexe, leur statut social, leur trajectoire, *Avenirs* joue peut-être tout aussi souvent un rôle incitatif réel qu'un rôle de confirmation et de légitimation de conceptions et de projets qui précèdent sa lecture, voire ne joue aucun rôle du tout : en l'état actuel des sources, l'historien ne peut trancher sur la réception. Il rencontre là les limites d'une analyse centrée sur la communication et ses vecteurs : le social est dans l'angle mort. Mais la connexité reste réelle, entre d'une part la forte présence des carrières scientifiques dans les publications destinées à conseiller la jeunesse sur son avenir et, d'autre part, le fait que les étudiants des facultés des sciences, qui représentent 22 % du total des étudiants en 1920-921, en représentent 33 % en 1960-1961, dépassant un temps en nombre la

---

75 Jean Debiesse, « Énergie nucléaire et nouvelle formation des hommes », *Avenirs*, n° 81, décembre 1956-janvier 1957, p. 17-20.

76 Philippe Pluvinage, « Grande école ou faculté des sciences ? », *Avenirs*, n° 96, juillet 1958, p. 11-15.

77 Louis Leprince-Ringuet, « Psychologie nouvelle du chercheur », *Avenirs*, n° 92, mars 1958, p. 5-9.

78 Paul Germain, « La recherche scientifique et le gaspillage des élites », *Avenirs*, n° 96, juillet 1958, p. 7-10.

79 Marcel Prenant, « Les études supérieures de sciences naturelles », *Avenirs*, n° 109, février 1960, p. 5-7.

80 Sur les représentations sociales de l'avenir dans la France des Trente Glorieuses, voir Rémy Pawin, *Histoire du bonheur en France depuis 1945*, Paris, Robert Laffont, 2013.

population de toutes les autres facultés. Cette transformation se fait au profit de la recherche, puisque si entre 1944 et 1968, le nombre d'étudiants fréquentant ces facultés est multiplié par cinq, celui des doctorats ès sciences délivrés est multiplié par treize[81]. La politique éditoriale du BUS ne relève donc pas de l'incantation gratuite ou du rêve technocratique, mais s'insère dans un mouvement de transformation profonde des représentations sociales du travail et de l'avenir, mouvement qui concerne les sciences au premier chef[82]. Qu'elle participe à son déclenchement, ou qu'elle n'en soit qu'une conséquence jouant par rétroaction, elle en est un symptôme puissant : l'interrogation sur la situation sociale des sciences ne peut faire l'économie d'une réflexion sur la communication et, dans le même mouvement, sur les limites de cette communication et de cette réflexion.

---

81 Antoine Prost & Jean-Richard Cytermann, « Une histoire en chiffre de l'enseignement supérieur en France », *Le Mouvement social*, n° 233, 2010, p. 31-46.

82 Voir Christophe Charle, *Discordance des temps. Une brève histoire de la modernité*, Paris, Armand Colin, 2011, p. 386.

Communiquer la chimie verte

Jean-Pierre Llored
Fondation École centrale Casablanca (Maroc), Département Sciences humaines et sociales, École centrale Supélec, France

« Communiquer la chimie verte » est un titre qui, pour le moins, a de quoi de surprendre. Il n'est pas question ici d'étudier la communication propre à la chimie du végétal, en l'occurrence en ce qui concerne l'importance des « bio-raffineries » dans l'aménagement « durable » du territoire : la chimie verte ne s'identifie pas, nous le verrons, à la chimie du végétal. Un titre qui est surprenant, affirmons-nous, mais pourquoi ? Parce que, ne l'oublions pas, la chimie est presque toujours associée à la pollution, à la production d'artifices ou, dans le cas de la France, au souvenir de l'explosion de l'usine AZF à Toulouse en septembre 2001. Et pourtant, indépendamment de l'image publique négative de la chimie, la chimie verte est, bel et bien, un domaine scientifique récent, en pleine expansion, et qui induit, de surcroît, une reformulation graduelle des cadres opératoires, symboliques, conceptuels et normatifs dans lesquels les chimistes travaillent et donnent un sens à leurs activités et par l'intermédiaire desquels ils communiquent avec les autres membres de la société.

L'objectif de ce texte est d'abord d'expliquer, en quelques mots, l'émergence et les spécificités de cette chimie, avant d'étudier la communication qu'elle utilise ou met en place, tant en interne, entre scientifiques des secteurs privé et public, qu'en externe, avec les autres acteurs de la société afin, entre autres, de construire une identité disciplinaire et d'affirmer sa légitimité. Notre étude porte sur les moyens de communication, les arguments utilisés et les façons de les agencer. Nous évoquerons également la diversité des vocables mobilisés pour désigner cette nouvelle chimie et les conséquences de ces variations sémantiques en matière de communication. Nous montrerons, pour finir, comment d'autres acteurs de la société, historiens, sociologues, économistes et philosophes, tentent d'élargir cette communication afin de favoriser une approche plurielle de la chimie incluant l'ensemble des citoyens et visant à répondre aux questions environnementales et éthiques qui se posent à nous.

Émergence de la chimie « verte »

La chimie verte s'apparente à une mutation de méthodes et de procédés de fabrication des corps chimiques afin de préserver les personnes et l'environnement. Elle s'accompagne de la création de liens inédits entre recherche académique, industrie et institutions politiques, et tente de se propager par le biais d'échanges interdisciplinaires et internationaux. Dans quels contextes ces changements ont-ils d'abord lieu, avec quels objectifs et selon quelles modalités ?

Une prise de conscience de problèmes environnementaux liés à la chimie se produit dès les années soixante. Une substance chimique, appelée thalidomide, apeure l'Europe en 1961 par ses conséquences néfastes sur la santé des femmes enceintes et de leurs nouveau-nés[1], elle est interdite à la vente aux États-Unis. En 1962, la biologiste Rachel Carson publie *Silent Spring* qui dénonce les effets mortels de certains pesticides sur les oiseaux et l'ensemble de la chaîne alimentaire[2]. Ce livre produit une onde de choc dans l'opinion publique, en particulier aux États-Unis[3]. En 1969, les images des flammes sur la rivière Cuyahoga sont largement diffusées par le magazine *Time* pour dénoncer les effets de la pollution industrielle. Cet événement est en partie à l'origine de l'apparition aux États-Unis de lois réglementant le contrôle de la qualité de l'eau et de l'air (*Clean Water Act, Great Lakes Water Quality Agreement*) et de la création, en 1970, de l'Agence pour le Protection de l'Environnement, EPA en anglais.

En 1971 à Love Canal, des déchets chimiques, enfouis dans le sol entre les années 1930 et 1950, provoquent une contamination de la population par fuites aléatoires ou exposition prolongée touchant, en

1 Arthur Daemmrich, « A Tale of Two Experts: Thalidomide and Political Engagement in the United States and Germany », *Social History of Medicine*, vol. 15, n° 1, 2002, p. 137-158.

2 Rachel Carson, *Silent Spring*, Boston, Houghton Mifflin Publisher, 1962.

3 Thomas Dunlap, *DDT: Scientists, Citizens and Public Policy*, Princeton, Princeton University Press, 1981 ; Wyatt Galusky, *Uninhabitable: A Critical Analysis of Digital Environmental Online Activism*, Blacksburg, Science and Technology Studies, Virginia Polytechnic Institute and State University, 2004.

particulier, une école, des enfants et des familles appartenant, en l'occurrence, à un milieu défavorisé. Cet événement a pour effet de marquer considérablement les esprits en suscitant une forte incompréhension et indignation. Par ailleurs, les coûts d'assainissement et d'indemnisation des victimes, les actions des mouvements environnementaux naissants, la colère publique poussent l'industrie et les autorités politiques à contrôler la qualité des sols afin de proscrire les effets nocifs sur le long terme[4]. L'explosion d'un réacteur chimique à Seveso en 1976, la contamination de Times Beach en 1982, la fuite d'isocyanate de méthyl à Bhopal en 1984, entre autres, renforcent les politiques de contrôle de la pollution[5]. Le célèbre rapport intitulé « *Science, the Endless Frontier* »[6], remis en 1945 par Vannevar Bush au Président Truman, qui guidait la politique américaine de la science, est confronté à ses limites. Son modèle linéaire du progrès et des relations entre science, technique et sociétés est confronté aux pollutions et aux destructions qu'elles engendrent. Les contrôles coûteux pour l'industrie et la recherche d'énergies alternatives stimulée par la crise pétrolière des années soixante-dix renforcent les préoccupations environnementales de nombreux chimistes[7].

En 1973, le chimiste Barry Trost propose le concept d'« économie d'atomes » pour guider la mise au point de réactions et de procédés chimiques limitant le nombre d'étapes de synthèse et de purification, ainsi que l'apparition de produits secondaires[8]. Le contrôle qualité et l'analyse de l'eau, de l'air et des sols se développent sous le vocable de « chimie de l'environnement » durant les années quatre-vingt. D'autres travaux indépendants sont menés pour améliorer les procédés et rendre

---

4 Adeline Gordon Levine, *Love Canal: Science, Politics, and People*, Lexington, D.C. Heath, 1982 ; Andrew Szasz, *Ecopopulism: Toxic Waste and the Movement for Environmental Justice*, Minneapolis, University of Minnesota Press, 1994.

5 Shelia Jasanoff (dir.), *Risk Management After Bhopal*, Philadelphia, University of Pennsylvania Press, 1994 ; Kim Fortun, *Advocacy after Bhopal: Environmentalism, Disaster, New Global Orders*, Chicago, University of Chicago Press, 2001.

6 https://archive.org/details/scienceendlessfr00unit, dernière consultation le 27 mai 2022.

7 Pierre Laszlo, « On the Self-Image of Chemists, 1950-2000 », dans Joachim Schummer, Bernadette Bensaude-Vincent, Brigitte Van Tiggelen (dir.), *The Public Image of Chemistry*, Singapore, World Scientific Publishing, 2007.

8 Barry M. Trost, « Atom Economy: A Search for Synthetic Efficiency », *Science*, vol. 254, n° 5037, 1991, p. 1471-1477.

des matériaux biodégradables ou recyclables[9]. Par ailleurs, de nombreuses industries rejoignent le mouvement *Responsible Care* initié en 1985 par la Fédération canadienne de l'Industrie chimique en vue d'améliorer leurs performances dans les domaines de la santé, de la sécurité et de l'environnement, et de coopérer avec toutes les parties prenantes : gouvernements, pouvoirs locaux et associations. L'objectif est de construire une autre chimie et, ce faisant, de changer son image publique, tout en évitant que des politiques de régulation de la pollution, toujours plus contraignantes, ne se développent[10].

Entre 1985 et 1990, l'OCDE entreprend un travail de fond pour relier développement économique et environnement, contrôle et prévention de la pollution[11]. La notion de développement durable est introduite à la même époque dans le cadre du rapport Brundtland[12], officiellement intitulé *Notre avenir à tous* (*Our Common Future*), publié en 1987 par la Commission mondiale sur l'Environnement et le Développement de l'Organisation des Nations unies en vue de créer les conditions d'un « développement qui répond aux besoins du présent sans compromettre la capacité des générations futures à répondre aux leurs ». Cette notion est incluse dans un travail de réflexion sur la prévention des risques, l'aménagement des procédés et la diminution des coûts mené au sein de l'EPA aux États-Unis ; travail qui a pour conséquence la formation, en 1988, de l'*Office of Pollution Prevention and Toxics*[13]. En 1990, le Congrès américain signe le *Pollution Prevention Act* qui est considéré comme l'acte fondateur de la chimie « verte ». Il recouvre, en effet, « l'ensemble des

---

9 F. G. Dwyer, P. J. Lewis & F. H. Schneider, « Efficient, non polluting ethylbenzene process », *Chemical Engineering*, vol. 83, no 1, 1976, p. 90-91 ; Edward J. Glass, « Plastic degradability and agricultural product utilization », dans Edward J. Glass & Graham Swift (dir.), *Agricultural and Synthetic Polymers: Biodegradability and Utilization*, American Chemical Society Symposium Series, n° 433, 1990, p. 52-57.

10 Michael Givel, « Motivation of chemical industry social responsibility through Responsible Care », *Health Policy*, vol. 81, 2007, p. 85-92.

11 Bill L. Long, *International Environnemental Issues and the OECD 1950–2000: An Historical Perspective*, Paris, Organisation de coopération et de développement économiques, 2000.

12 https://www.are.admin.ch/are/fr/home/media-et-publications/publications/developpement-durable/brundtland-report.htlm, dernière consultation le 27 mai 2022.

13 David Stephan & John Atcheson, « The EPA's approach to pollution prevention », *Chemical Engineering Progress*, vol. 85, n° 6, 1989, p. 53-58.

principes et des techniques visant à réduire, ou à éliminer, l'usage et la formation de substances dangereuses et/ou toxiques, dans la conception, la production, et l'utilisation de produits chimiques »[14].

Dès lors, les financements du Congrès permettent à l'EPA de soutenir, en partenariat avec la *US National Science Foundation* (NSF), des programmes de recherche visant à préserver l'environnement. L'industrie, très implantée au sein de l'EPA, est fortement impliquée dans cet effort de recherche. La priorité est donnée : (1) à la production de quantités minimales de polluants (recyclables ou traitables) et de déchets toxiques sous des formes adaptées ; (2) à la production de solvants propres et de substances non-toxiques compatibles avec l'environnement ; (3) à la meilleure utilisation des formes d'énergie ; (4) à la sécurisation des procédés, des installations, des personnels et des personnes civiles. À titre d'exemple, le premier symposium organisé en 1993 avec le soutien de l'American Chemical Society s'intitule : « *Benign by Design: Alternative Synthetic Design for Pollution Prevention* ». En 1995, l'administration Clinton met en place un prix annuel, « *The Presidential Green Chemistry Challenge Awards* », récompensant l'innovation dans ce domaine et confie son organisation à l'EPA et à l'*American Chemical Society*. Le premier prix est décerné, en 1996, à Barry Trost.

Roger Garret et Steven De Vito, scientifiques et administrateurs de l'EPA, proposent une approche inspirée de la biologie et conçoivent la synthèse de molécules qui seraient facilement métabolisées et éliminées par l'organisme[15]. Les investissements en recherche et développement nécessaires d'une part, les structures industrielles disponibles d'autre part ont écarté cette possibilité. L'influence du chimiste Paul Anastas au sein de l'EPA a permis de développer l'approche liée au renouvellement des procédés de fabrication existants. En 1996, il publie avec sa collègue de l'EPA, Tracy Williamson, un article intitulé « *Green Chemistry: An Overview* » qui jette les bases de la chimie verte ; texte qui correspond à l'introduction du livre de référence en la matière : *Green Chemistry: Designing*

---

14 Pollution Prevention Act of 1990, United States Code, Title 42: The Public Health and Welfare, Chapter 133, § 13101-13109, 1990, https://www.epa.gov/p2/pollution-prevention-act-1990, dernière consultation de 25 mai 2022.

15 Stephen De Vito & Roger Garrett (dir.), *Designing Safer Chemicals: Green Chemistry for Pollution Pprevention*, Washington (DC), American Chemical Society, 1996.

Chemistry for the Environment[16]. En 1998, Paul Anastas et John Warner publient un livre qui fait date, *Green Chemistry : Theory and Practice*, dans lequel les deux chimistes précisent les douze principes de la chimie verte[17]. Ce travail promeut une chimie écologiquement compatible (voir plus loin). Anastas parvient à organiser de nombreuses conférences en associant plusieurs institutions (*National Academy of Science*, *National Academy of Engineering*, etc.) et est rapidement amené à diriger l'Institut de la chimie verte, *Green Chemistry Institute* (GCI) en anglais, qui intensifie la diffusion de la culture chimique verte par le biais de son site internet et assure un soutien non-gouvernemental à des projets de recherche développés en partenariat avec des institutions étrangères. En 1999, le Royaume-Uni dote la communauté internationale naissante d'une revue intitulée *Green Chemistry. An International Journal and Green Chemistry Ressource* sous l'égide de la Société royale de chimie. En 2003, Anastas et Julie Zimmerman publient dans le magazine *Environnemental Science and Technology* un article intitulé « *Design Through the Twelve Principles of Green Engineering* » qui décrit précisément à quoi doit correspondre la mise en œuvre des procédés chimiques dans le cadre d'une « ingénierie verte »[18].

En ce qui concerne la France, l'Union des industries chimiques (UIC) s'est associée au mouvement *Responsible Care* dès 1990. Notre pays s'est doté en 2007 d'une chaire européenne de chimie nouvelle pour un développement durable – ChemSuD - localisée à l'Ecole nationale supérieure de Chimie de Montpellier. L'objectif est de sortir de la séquence « extraire-produire-distribuer-jeter » pour appliquer le principe dit des « 3 R », qui consiste à Réduire, Réutiliser et Recycler. Le prix Pierre Potier, destiné à récompenser des entreprises pour leurs travaux et leurs réussites dans le domaine de l'innovation en chimie en faveur du développement durable, est organisé par la Fédération française pour les sciences de la chimie (FFC) et l'Union des industries chimiques, et est parrainé

16 Paul T. Anastas & Tracis Williamson, « Green Chemistry: An Overview », dans Paul Anastas & Tracy Williamson (dir.), *Green Chemistry: Designing Chemistry for the Environment*, Washington, American Chemical Society, 1996, p. 1-17.

17 Paul T. Anastas & John Warner, *Green Chemistry: Theory and Practice*, New York, Oxford University Press, 1998, p. 30 en particulier.

18 Paul T. Anastas & Julie B. Zimmerman, « Design through the Twelve Principles of Green Engineering », *Environnemental Science and Technology*, vol. 37, n° 5, 2003, p. 94A-101A.

par le ministère de l'Industrie[19]. Par ailleurs, dans le plan stratégique du CNRS, intitulé *Horizon 2020*, est précisé que parmi les grandes orientations retenues, la recherche scientifique doit contribuer à la solution des questions globales et complexes touchant à l'avenir de la planète, tout en apportant sa contribution au développement économique des sociétés[20]. Dans ce cadre, le CNRS a créé le programme interdisciplinaire « Chimie pour le développement durable », en soulignant que l'industrie chimique est un atout pour la France et qu'il ne pourra y avoir de développement durable en France et en Europe sans la chimie[21]. L'Agence nationale de la Recherche (ANR) présente, à son tour, le programme « Chimie et procédés pour le développement durable » qui, fort d'importantes ressources financières, contribue de façon active à inciter les chimistes à bâtir la chimie du futur. À titre évocateur, nous pouvons lire parmi les premières phrases utilisées sur son site :

> À la période d'"éco-efficacité' que nous avons connue doit succéder une ère d'"écoconception', où les paramètres environnementaux seront pris en considération dès la conception du produit. Il est nécessaire d'améliorer les procédés existants et d'imaginer de nouvelles stratégies de synthèse visant à réduire la production de déchets, dans un souci constant d'économie d'atomes et d'énergie. Les chimistes sont encouragés à s'engager dans des travaux qui s'inscrivent dans le concept de 'chimie verte'. C'est l'objectif du programme. Des projets de recherche et d'innovation qui relèvent de la recherche fondamentale, de la recherche industrielle et du développement expérimental seront financés[22].

L'Union européenne soutient, quant à elle, le règlement REACH portant sur l'enRegistrement, l'Evaluation, l'Autorisation et les restrictions

---

[19] Armand LATTES, « La chimie et le développement durable », *L'Actualité chimique*, n° 325, décembre 2008, p. 18-20.

[20] Isabelle RICO-LATTES & Catherine BASTIEN-VENTURA, « L'interdisciplinarité au cœur des Programmes du CNRS. 'Chimie pour le Développement Durable', un cas d'école », dans Laura MAXIM (dir.), *La chimie durable. Au-delà des promesses*, Paris, CNRS Éditions, 2011, p. 35-46.

[21] Laura MAXIM & Isabelle RICO-LATTES, « Sustainable chemistry », dans Jean-Pierre LLORED (dir.), *The Philosophy of Chemistry: Practices, Methodologies and Concepts*, Newcastle upon Tyne, Cambridge Scholars Publishing, 2013, p. 640-658.

[22] « Chimie et procédés pour le développement durable CP2D appel à projets 2008 », p. 4/22, consultable en ligne sur le site de l'agence nationale de la recherche, https://anr.fr/fileadmin/aap/2008/aap-cp2d-2008.pdf, dernière consultation le 27 mai 2022.

des substances CHimiques produites à plus d'une tonne par an[23]. Entré en vigueur le 1er juin 2007 dans les pays membres, il vise à harmoniser 40 normes et réglementations portant sur 30 000 substances chimiques. Dans ce cadre, ce sont les fabricants et importateurs qui sont responsables de la fourniture des données et de l'évaluation des risques.

Bref, comme nous pouvons le constater, une dynamique se met graduellement en place afin de développer une nouvelle chimie « responsable » qui participe au développement durable. Nous proposons d'en cerner les spécificités avant d'en préciser les modes et stratégies de communication.

En quoi la chimie verte est-elle une nouvelle voie pour la chimie ?

Bernadette Bensaude-Vincent a signalé comment le rapport des chimistes à la nature a évolué avec les époques et la façon avec laquelle la différence entre ce qui est naturel et ce qui ne l'est pas était conçue à chacune de ces époques[24]. Dans la culture scolastique, nous rappelle-t-elle, l'art ne pouvait qu'imiter la nature, l'or des alchimistes était une copie et il leur incombait de mettre au point des tests pour distinguer l'or véritable des contrefaçons. Les alchimistes, puis les chimistes, se sont ainsi graduellement qualifiés afin d'être reconnus en tant qu'experts de la lutte contre la fraude[25]. La frontière entre le naturel et l'artificiel n'a, depuis, cessé de se déplacer et de s'estomper : au 18e siècle d'abord, lorsque les chimistes, et parmi eux Duhamel du Monceau, ont établi que des sels formés à partir de ressources minérales ont la même composition que ceux obtenus à partir de végétaux[26] ; au 19e siècle ensuite, lorsqu'il devient possible de synthétiser une substance animale à partir de corps inorganiques[27]. L'évolution des techniques et les révolutions industrielles rendent possible la production massive de biens de consommation,

---

23 Source en libre accès : https://echa.europa.eu/fr/regulations/reach/understanding-reach, dernière consultation le 25 mai 2022

24 Bernadette Bensaude-Vincent, *Faut-il avoir peur de la chimie ?*, Paris, Les empêcheurs de penser en rond, 2005.

25 Bernadette Bensaude-Vincent, « La chimie, science de la nature ou contre-nature », *L'Actualité chimique*, n° 355, septembre 2011, p. 18-21.

26 Claude Viel, « Duhamel du Monceau, naturaliste, physicien et chimiste », *Revue d'histoire des sciences*, vol. 38, n° 1, 1985, p. 55-71.

27 Friedrich Wöhler, « On the artificial production of urea », *Annalen der Physik und Chemie,* n° 88, 1828, p. 253-256.

artificiels par excellence, et considérés comme supplantant les propriétés, si incomplètes et limitées, des corps naturels. Une chimie de synthèse, utilisant massivement des solvants organiques polluants, de hautes températures et pressions, se met en place et ne cesse de se déployer sur la base des dérivés du pétrole jusqu'à la crise pétrolière des années soixante-dix et l'émergence des politiques de contrôle de la pollution précédemment évoquée.

Pourtant, les temps changent dans les sociétés occidentales : une nouvelle nature, personnifiée sous la figure d'un ingénieur à la fois astucieux et fragile, de laquelle il s'agit de s'inspirer pour concevoir une chimie douce, créatrice de nouveaux matériaux et procédés bio-inspirés, et qu'il convient de protéger, est aujourd'hui d'actualité[28]. Cette approche « biomimétique »[29] est souvent couplée à des préoccupations environnementales, comme la protection de la biodiversité en tant que source potentielle d'amélioration de la santé humaine. Elle fait, en l'occurrence, appel à la chimie verte, dans la mesure où les molécules et matériaux sont obtenus en utilisant des « biocatalyseurs », ou à des micro-organismes dans des conditions environnementales modérées (température, pression et pH), sans solvants toxiques et sans générer de déchets non-valorisés. Pour autant, cette approche ne se réduit pas aux arguments, méthodes et concepts de la chimie verte et fait très fortement référence aux biotechnologies. De plus, la représentation de la nature communiquée dans ce cadre n'a pas, en tout cas jusqu'à présent, la centralité à laquelle nous pourrions nous attendre dans la stratégie de communication des protagonistes de la chimie verte plutôt préoccupés par la mise en place institutionnelle de leur discipline.

---

28 Minh-Thu Dinh-Audouin, Danièle Olivier, Paul Rigny (dir.) *La chimie et la nature*, Paris, EDP Sciences, 2012.

29 Hermine Durand, « Étude sur la contribution du biomimétisme à la transition vers une économie verte en France : état des lieux, potentiel, leviers », dans Catherine Larrieu & Claire Hubert (dir.), *Études et documents de la Délégation au développement durable* (DDD) *du Commissariat général au Développement durable* (CGDD), n° 72, octobre 2012, p. 2 : « Le terme de biomimétisme désigne l'imitation de propriétés remarquables du vivant dans les activités humaines » et p. 62 : « Le biomimétisme est une voie prometteuse de synthèse des matériaux : en reproduisant la structure des matériaux du vivant ou les mécanismes de leur élaboration, on peut obtenir des matériaux aux propriétés voisines utiles dans de nombreux domaines (emballages, produits médicaux…) ».

Ce qui caractérise la chimie verte n'est donc pas le fait d'appartenir à un courant biomimétique qui traverserait les sciences et les technologies et dont nous pourrions, à juste titre, interroger l'ampleur et l'influence réelles. C'est encore moins une transformation spontanée, à caractère philanthropique et environnementaliste, de l'industrie chimique, ou son inclusion dans un mouvement social environnemental plus large[30], touchant la société dans son ensemble ou presque, et en lequel le philosophe pourrait être tenté de voir le signe de la résurgence de la cosmologie qui, depuis la pensée critique développée par Kant et ses successeurs, aurait été mise aux oubliettes[31].

Par ailleurs, ce n'est pas la première fois que la nature est considérée comme une source d'inspiration dans l'histoire de la chimie : les « iatrochimistes », de Paracelse à Van Helmont et Sylvius, pour ne citer qu'eux, ont considéré que le déséquilibre entre le corps humain (microcosme) et la nature (macrocosme) est à l'origine de la maladie et que le médicament qui permet de rétablir l'équilibre et la santé, doit être cherché dans la nature, ou fabriqué, au moins en partie, à partir d'elle et selon « ses » méthodes. Van Helmont considère en effet que le processus de production des minéraux est analogue à celui des vivants et cherche à en caractériser les « germes »[32]. Nous ne nions pas, naturellement, les différences, indéniables, qui existent entre le travail des iatrochimistes et celui des chimistes contemporains. Ce qui nous intéresse, c'est de caractériser la singularité de la chimie verte et celle-ci, nous insistons sur ce point, n'est liée ni au biomimétisme, ni aux mouvements sociaux environnementalistes, ni à un changement radical de nature théorique. En quoi donc cette chimie est-elle une nouvelle voie pour la chimie dans son ensemble ?

30 Les sociologues Edward Woodhouse et Steve Breyman ont en effet établi que les liens entre la chimie verte et les mouvements environnementalistes restaient, pour l'essentiel, à construire : Edward Woodhouse & Steve Breyman, « Green Chemistry as Social Movement? », *Science, Technology, and Human Values*, vol. 30, n° 2, 2005, p. 199-222.

31 Augustin Berque, *Milieu et identité humaine. Notes pour un dépassement de la modernité*, Paris, Donner lieu, 2010.

32 Bernadette Bensaude-Vincent & Isabelle Stengers, *Histoire de la chimie*, Paris, La Découverte, 1992 ; Rom Harré, « Powers », *British Journal for the Philosophy of Science*, vol. 21, n° 1, 1970, p. 81-101.

Pour répondre à cette question, deux éléments doivent être, selon nous, pris en considération[33]. De nombreux chimistes considèrent de nos jours le devenir de leurs produits dans la nature et ce dès leur conception. Voici une première mutation profonde de la chimie ! Projeter nos productions dans le temps, penser la chimie selon ses effets et la biodégradabilité des produits sont autant de changements profonds dans l'histoire de cette discipline. Cette entrée en matière du temps est liée aux conséquences de notre pouvoir de transformation du monde, et suppose de repenser les processus d'interaction des molécules ; ce qui suppose, en outre, de penser de nouveaux rapports d'interdépendance entre les produits chimiques, le monde vivant et le monde dit inerte qui nous entourent. La bioaccumulation des produits peut entraîner des effets toxiques différés dans le temps et ce y compris pour des quantités très faibles de produits présentes dans les écosystèmes. Ce faisant, les limites du laboratoire sont repoussées par l'entrée en scène du monde, des flammes sur les rivières, des contaminations globales, des explosions. La chimie verte généralise ce partenariat asymétrique, car unilatéral, avec le monde en le faisant entrer dans les mises en relation que les chimistes opèrent pour agir sur lui, le représenter et lui donner un sens. Voici une seconde mutation profonde pour les chimistes ! À ce propos, il nous semble que l'usage du terme « monde » est préférable à celui de « nature » pour désigner la responsabilité croissante des chimistes à l'égard de l'ensemble des vivants et des non-vivants qui sont actuellement à notre portée.

C'est cette prise en compte, dès la conception d'un corps ou d'un procédé chimique, de son devenir et de ses effets dans le temps sur les vivants et les non-vivants, et, par voie de conséquence, la redéfinition du périmètre d'action de la chimie ainsi que celle des responsabilités et des obligations qui lui est corrélative, qui singularisent, nous semble-t-il, l'ensemble des pratiques chimiques subsumées sous le nom de « chimie verte ». Que nous le voulions ou non, il y a là une interaction, inédite, qu'il appartient, entre autres, aux chimistes, aux épistémologues, aux historiens et aux sociologues d'étudier, entre l'écologie et la chimie. Elle concerne l'introduction, en chimie, de l'analyse du cycle de vie et la traduction qui en est faite pour lui donner un sens dans ce nouveau cadre scientifique qui diffère, en matière de théories, représentations, type

---

33 Jean-Pierre Llored, « L'apport d'une approche épistémologique de la chimie », dans Laura Maxim (dir.), *La chimie durable. Au-delà des promesses*, Paris, CNRS Éditions, 2011, p. 73-87.

de laboratoire, instrumentation et institutions, de celui de l'écologie[34]. Nous proposons, à présent, d'étudier comment cette spécificité est traduite au niveau des activités quotidiennes des chimistes et ce, en lien avec les types de communication, interne et externe, qui lui sont associés.

Communiquer la chimie verte à l'intérieur des cercles chimiques

La présentation de la chimie verte à des collègues issus des cercles académiques et industriels fait, quel que soit le type de communication envisagé, recours à l'exposition, même succincte, des principes phares de la chimie verte regroupés en deux ensembles, portant sur la chimie verte « en général » ou son ingénierie.

Les douze principes de la chimie verte tournent autour des idées principales suivantes : (1) éviter et limiter la production de déchets ; (2) produire et utiliser des corps, non-toxiques ou le moins toxiques possible, qui ne s'accumulent pas dans l'environnement ; (3) rendre optimale l'économie des atomes et donc réduire la production et l'utilisation de produits intermédiaires ; (4) utiliser les matières premières renouvelables (biomasse ou déchets) à la place des matières premières d'origine fossile (charbon, hydrocarbures, etc.) ; (5) avoir recours à des catalyseurs pour diminuer les quantités de produits et d'énergie utilisées ; (6) faire appel à des solvants propres à l'état liquide ou supercritique ; (7) augmenter l'efficacité énergétique ; (8) mieux contrôler les réactions chimiques en continu ; et (9) concevoir des produits chimiques dans des formes appropriées (liquide, solide, gazeuse, etc.) afin de limiter les risques d'accident (explosions, incendies, dissémination de corps toxiques dans l'environnement).

De la même façon, les douze principes de l'ingénierie verte ont pour objectifs principaux : (1) de concevoir un procédé permettant une séparation facile des produits, tout en réduisant la diversité des matériaux constitutifs ; (2) de piloter la production à partir de la quantité de matière à produire et non pas à partir de la matière première et de l'énergie

34 Sylvain Caillol, « Life Cycle Assessment and Ecodesign: Innovation Tools for a Sustainable and Industrial Chemistry », dans Jean-Pierre Llored (dir.), *The Philosophy of Chemistry: Practices, Methodologies, and Concepts*, Newcastle, Cambridge Scholars Publishing, 2013, p. 34-64.

disponibles ; (3) d'intégrer les flux de matières et d'énergie dans leur environnement ; (4) de concevoir un produit en imaginant son devenir après son usage commercial (éco-conception) ; et (5) de renouveler les produits en évitant, ce faisant, les conditions souvent drastiques de leur transformation chimique ultérieure.

L'ensemble de ces principes constitue, selon le mot d'Anastas, un « guide » qui stimule la génération de nouvelles représentations, de nouvelles méthodes d'évaluation et de nouveaux concepts, tout en rendant possible l'agrégation progressive de stratégies discursives environnementales au sein même de la chimie[35]. Cet ensemble de principes fédérateurs se retrouve exposé sur les murs des laboratoires à l'instar, d'une certaine façon, de la classification périodique des éléments ou, dans le domaine de la chimie quantique, des différents diagrammes de corrélation ou d'autres représentations topologiques des atomes dans les molécules. Ils sont présentés comme un moyen « nécessaire » pour rendre notre « civilisation soutenable »[36], même si Anastas reconnaît, bien volontiers, qu'il s'agit d'un « but » à atteindre, voire d'un « idéal » vers lequel il faut tendre et qu'aucun produit n'est totalement « bénin » pour les vivants. Les chimistes, rajoute-t-il, ne peuvent plus à présent se préoccuper seulement d'eux ou du bien-être de la société, leur responsabilité est engagée par les effets de la chimie sur le reste du monde[37]. Ces principes sont comme les clauses d'un contrat de travail que signent les chimistes pour

---

35 Paul T. ANASTAS & Julie B. ZIMMERMAN, « Design through the Twelve Principles of Green Engineering », art. cité, p. 96A : « The 12 Principles of Green Engineering provide a structure to create and assess the elements of a design relevant to maximizing sustainability. Engineers can use these principles as guidelines to help ensure that designs for products, processes, or systems have the fundamental components, conditions, and circumstances necessary to be more sustainable ».

36 Paul T. ANASTAS, « Preface », dans Paul T. ANASTAS, Irvin J. LEVY, Kathryn E. PARENT (dir.), *Green Chemistry Education: Changing the Course of Chemistry*, American Chemical Society Series, Vol. 1011, Oxford, Oxford University Press, 2009, p. xi-xii.

37 Paul T. ANASTAS & Tracis WILLIAMSON, « Green Chemistry: An Overview », dans Paul ANASTAS & Tracy WILLIAMSON (dir.), *Green Chemistry: Designing Chemistry for the Environment*, Washington, American Chemical Society, 1996, p. 1 : « With knowledge comes the burden of responsibility. Chemists do not have the luxury of ignorance and cannot turn a blind eye to the effects of the science in which we are engaged » et p. 2 : « Striving to make chemistry more benign wherever possible is merely a goal. Much like the goal of the "zero defects" that was espoused by the manufacturing sector, benign chemistry is merely a statement of aiming for perfection ».

réinventer leur science. De nombreux chimistes n'hésitent pas à les comparer aux dix commandements et considèrent qu'Anastas s'en est inspiré pour écrire le texte garant de l'identité de la chimie verte[38]. Cet engagement est, dans les écrits d'Anastas, à la fois technique et scientifique, tout en restant lié à l'idée de soutenabilité et à une éthique environnementale ; sachant, en outre, selon Anastas toujours, qu'une communication crédible et efficace de cette identité doit convaincre ses interlocuteurs du bénéfice économique de la démarche globale entreprise[39].

Le philosophe des sciences Jody Roberts montre comment certaines stratégies discursives ont permis à la chimie verte de se constituer un espace, une histoire, une identité à la croisée des chemins et des concepts[40]. Il montre, en particulier, comment l'application des douze principes pourrait suivre la « *triple bottom line* »[41] (triple bilan : personnes, planète, profit) qui tente de repenser l'interconnexion entre la croissance économique, la protection de l'environnement et le concept de responsabilité sociétale des entreprises. Il préconise même pour cela une ouverture de la chimie verte à des réflexions sur les modes de production et de consommation menées en lien avec les autres acteurs de la société. Bref, l'articulation de la spécialité naissante autour de principes fondateurs est une (re)construction qui permet de fonder une identité, une histoire et d'acquérir une forme de légitimité.

Cet ensemble principiel s'accompagne, en outre, d'un changement graduel de l'instrumentation et des procédés[42]. La communication de la

---

38 Stéphane Sarrade, *Quelles sont les ressources de la chimie verte ?*, Paris, EDP Sciences, 2008.

39 Paul T. Anastas & Tracis Williamson, « Green Chemistry: An Overview », dans Paul Anastas & Tracy Williamson (dir.), *Green Chemistry: Designing Chemistry for the Environment*, Washington, American Chemical Society, 1996, p. 2 : « While most approaches to environmental protection historically have been economically costly, the Green Chemistry approach is a way of alleviating industry and society of those coasts ».

40 Jody A. Roberts, « Creating Green Chemistry: Discursive Strategies of a Scientific Movement », Ph.D. dissertation in Philosophy of Science and Technologies, Virginia Polytechnique Institute and State University, 2005, 196 p.

41 Se référer au rapport Brundtland :, https://www.are.admin.ch/are/fr/home/media-et-publications/publications/developpement-durable/brundtland-report.htlm, dernière consultation le 27 mai 2022.

42 Armand Lattes, « Innovation responsable et développement durable », dans Laura Maxim (dir.), *La chimie durable. Au-delà des promesses*, Paris, CNRS Éditions, 2011, p. 73-87.

chimie verte passe inlassablement par l'évocation de changements techniques et scientifiques, présentés comme autant d'exemples de réussite qu'il s'agit de mettre en avant dans le but de stimuler la créativité des chercheurs et de garantir l'innovation. Les textes fondateurs écrits par Anastas et ses collaborateurs de l'EPA reprennent ces exemples issus de pratiques chimiques très différentes comme, entre autres exemples possibles, la synthèse organométallique, la catalyse hétérogène, le développement des piles à combustible, le recyclage de déchets agricoles ou les cyclisations inter- et intramoléculaires par voie photochimie. Ce faisant, ils prennent soin de les relier, de leur donner une cohérence globale, de faire apparaître une convergence, en utilisant les deux séries, en ce sens unificatrices, de principes.

Les livres et les conférences ne cessent d'illustrer cette créativité foisonnante et ce changement continuel de procédés, tout en rappelant le rôle des dispositifs financiers et des prix académiques et gouvernementaux pour en accélérer l'ampleur. L'accent est ainsi mis sur l'optimisation des procédés catalytiques verts par la miniaturisation des appareils, les chimistes devenant ainsi capables d'inclure les étapes de mélange, de synthèse et de purification dans des « microréacteurs » ayant des dimensions caractéristiques inférieures au millimètre ! Dans ce cadre, des ensembles de réacteurs, empilés en parallèle et utilisés en écoulement continu, produisent, par exemple, de grandes quantités de carbamates qui servent, entre autres, de stabilisateurs de protéines ou d'insecticides. Cette nouvelle instrumentation permet de faire l'économie de solvants toxiques, de produits secondaires et d'une grande quantité d'énergie, tout en renforçant la sécurité du procédé[43].

Autre exemple de changement de procédé lié à une nouvelle instrumentation servant de base à une communication efficace : l'utilisation du dioxyde de carbone ou d'eau à l'état supercritique. L'exemple phare donné est l'extraction de la caféine du café en l'absence de chloroforme, solvant jadis utilisé, et dont nous savons aujourd'hui que les traces résiduelles inévitables présentes dans le café commercialisé étaient à l'origine de nombreuses affections de type cirrhose. La communication sur l'efficacité de ce procédé est très forte et insiste, au passage, sur son intérêt économique dans la mesure où la caféine extraite est très pure et peut

---

43 Jean-Claude Charpentier, « Vous avez dit le génie des procédés moderne 'vert' ? Ou comment produire 'durablement' des molécules aux enjeux environnementaux et économiques », *L'Actualité chimique*, n° 351, avril 2011, p. 14-23.

ainsi être revendue à l'industrie pharmaceutique, grande consommatrice de ce tonicardiaque d'origine naturelle. La présentation de ce procédé met en valeur la protection de la biodiversité qu'il induit en permettant d'extraire des molécules aux propriétés anti-oxydantes à partir de légumes ou de résidus de désodorisation de l'huile d'olive, sans avoir à tuer des animaux, comme les requins, desquels elles étaient extraites encore récemment[44]. Elle insiste également sur les bienfaits du procédé RESS, « *Rapid Expansion of Supercritical Solutions* », qui utilise le CO_2 à l'état supercritique pour dissoudre un médicament avant de le recristalliser, ce qui a pour effet d'augmenter sa biodisponibilité, c'est-à-dire la vitesse d'absorption et la quantité absorbée par l'organisme. Pour finir, la communication faite autour des fluides à l'état supercritique évoque le problème, crucial, du traitement des déchets et des effluents. L'efficacité du procédé en continu utilisant de l'eau à l'état supercritique dépasse souvent 99,9 % et les effluents gazeux obtenus ne contiennent ni des oxydes d'azote, ni des gaz acides, ni des particules, et peuvent être directement réintroduits dans l'atmosphère. Bref, l'exemple est emblématique et concilie santé publique, respect de la vie animale et de l'environnement, et intérêts économiques.

D'autres voies de recherche sont mises en avant dans cette campagne de promotion. La production de nouvelles membranes est un deuxième exemple phare à l'heure où l'eau potable se raréfie et où la démographie mondiale est en très forte expansion. Ce procédé permet de filtrer l'eau de mer pour produire de l'eau douce, de traiter les eaux usées, de mettre au point des organes artificiels, de contrôler la diffusion des médicaments dans l'organisme ou de produire de l'énergie avec des piles à combustible. Le discours séculaire de la chimie utile et bienfaitrice s'en trouve considérablement renforcé.

Un autre exemple clé correspond, bien entendu, à la conversion de la biomasse en bioéthanol en vue de dépasser l'ère du pétrole et de produire des énergies renouvelables : la « bio-raffinerie » est appelée à remplacer la raffinerie de pétrole ; thème porteur pour faire la propagande de la nouvelle chimie auprès des chimistes. Le lien avec les biotechnologies va croissant dans ce domaine, une des dernières mises au point en date correspondant à l'utilisation des micro-algues pour produire du biogaz. La diversité des changements que nous venons d'évoquer montre bien que

[44] Stéphane Sarrade, *La chimie d'une planète durable*, Paris, Le Pommier, 2011.

la chimie verte ne s'identifie pas à la chimie du végétal, mais intègre en revanche cette dernière dans la production de biocarburants et donc dans la perspective, plus globale, du développement d'énergies alternatives.

Si les tenants de la chimie verte se démarquent de la chimie du végétal afin d'affirmer leur singularité, ils rappellent en outre que la chimie verte ne correspond pas non plus à la « chimie de l'environnement » confinée, selon eux, à la mise au point, reconnue cruciale, de nouvelles méthodes d'analyse et de couplages entre méthodes permettant de déceler des traces toujours plus infimes de polluants. Il faut toutefois noter que c'est un mouvement d'ensemble de la chimie, complètement contingent et souvent non-coordonné, qui se produit de nos jours : les nouveaux procédés verts stimulant le développement de l'analyse chimique environnementale et inversement. Par ailleurs, ce double développement est fortement lié à celui des règlementations et normes fixant les impératifs et outils métrologiques du contrôle qualité. La validation de nouveaux procédés verts, la qualification d'une nouvelle instrumentation permettent de faire évoluer, à leur tour, la législation et les normes environnementales qui, sur la base des nouvelles connaissances et des nouveaux savoir-faire, réduiront davantage les quantités minimales de rejet de corps chimiques dans l'environnement. Par ailleurs, le mouvement d'ensemble entraîne également la chimie théorique dans son sillage, en particulier à travers la forte mobilisation qui est faite des modélisations quantiques et/ou classiques dans l'évaluation du cycle de vie. Les méthodes d'utilisation courante, issues des laboratoires de chimie quantique ou de l'industrie pharmaceutique, sont ainsi mises à contribution et des recherches sont menées pour en développer de nouvelles en vue de proposer une analyse quantitative plus fine des rapports entre structure chimique et activité biologique[45] ou de la biodégradabilité des produits[46]. Biochimistes, chimistes, (éco)toxicologues, informaticiens, mathématiciens, ingénieurs en génie des procédés, spécialistes de nano-biotechnologies, concepteurs de capteurs et physiciens sont de plus en plus amenés à intervenir dans un même projet industriel ou un même programme de recherche. Cette interdisciplinarité, avérée ou potentielle, n'a pas échappé à Anastas et

---

45 Gerald Maggiora *et al.*, « Molecular Similarity in Medicinal Chemistry », *Journal of Medicinal Chemistry*, vol. 57, n° 8, 2014, p. 3186-3204.

46 Aleksandar Sabljic, Willie Peijnenburg, « Modeling Lifetime and Degradability of Organic Coumpounds in Air, Soils, and Water Systems », *Pure and Applied Chemistry*, vol. 73, n° 8, 2001, p. 1331-1348.

ses collègues de l'EPA. Les programmes d'enseignement qu'ils défendent pour promouvoir le développement de la formation universitaire des chimistes témoignent fortement de cette prise en compte. Ces croisements ou collaborations montrent par ailleurs que la communication de la chimie verte ne se limite plus aux seuls chimistes, mais vise également les autres domaines des sciences de la nature auxquels la chimie contemporaine se trouve associée.

Finalement, la chimie verte engage une reformulation des cadres opératoires, symboliques, conceptuels et normatifs de la chimie dans son ensemble. L'agrégation de ces innovations est rendue possible, *a posteriori*, par un discours qui, très tôt, a compris qu'il fallait fédérer ces mutations hétérogènes, non pas en les faisant tourner autour d'une modification radicale de nature théorique, mais en les mobilisant autour d'un double ensemble de principes visant à structurer la forme et le contenu des évolutions techniques et scientifiques à venir. Ce mouvement en cours, qui pourrait aussi bien réussir qu'échouer, ne correspond pas, comme nous l'avons montré ailleurs[47], au concept de révolution scientifique au sens de changement de paradigme défendu par Thomas Kuhn[48], les grandes théories de la chimie n'étant pas touchées. Il se rapprocherait peut-être davantage, dans une mesure qui reste à étudier finement, du concept de révolution exprimé en termes de changement d'ontologie par Alexandre Koyré[49]. Il est possible même que nous ne disposions pas de modèles socio-historiques et épistémologiques suffisamment adéquats pour penser l'émergence et la mutation de la chimie verte et celles d'autres domaines scientifiques engagés dans des pratiques interdisciplinaires, et ce, d'autant plus lorsque la solidarisation des chaînes d'interdépendance naissantes dépend de politiques environnementales de contrôle de la pollution et/ou de développement durable. Mais ceci est une autre question qui se pose en sciences humaines et sociales et qui interroge les présupposés fondamentaux des méthodes actuelles d'étude des sciences

---

47 Jean-Pierre Llored, « Towards a practical form of epistemology: the example of sustainable chemistry », dans Endla Lohkivi & Rein Vihalemm (dir.), *Practical Realism Towards a Realistic Account of Science*, Studia Philosophica Estonica, vol. 5, n° 2, 2012, p. 36-60.

48 Thomas Kuhn, *The Structure of Scientific Revolutions*, Chicago, University of Chicago Press, 1962 [*La structure des révolutions scientifiques*, Paris, Flammarion, 1999].

49 Alexandre Koyré, *From the Closed World to the Infinite Universe*, Baltimore, The John Hopkins Press, 1957 [*Du monde clos à l'univers infini*, Paris, Presses universitaires de France, 1962].

(rôle du structurel, de l'institutionnel, du collectif et celui des pratiques individuelles, etc.). Pour l'heure, la façon de présenter la chimie verte en termes de principes se rapproche davantage de la notion de révolution entendue par Lavoisier au sens de rupture avec un système de pensée, le mot prenant alors la signification d'un programme à accomplir, d'une science nouvelle à réaliser[50].

Il nous faut à présent évoquer le maillage opéré autour d'institutions clés, de programmes de recherche et d'enseignement, et de colloques internationaux. Nombreux sont les sociologues qui ont soutenu l'idée selon laquelle l'autonomisation des communautés disciplinaires passe par le contrôle de la formation des producteurs du savoir et la stabilisation des systèmes d'enseignement[51].

Des programmes d'enseignement pour les étudiants en licence et en master ont été développés à l'université américaine de Carnegie Mellon depuis 1992 par le professeur Terrence Collins[52] et un programme « *Introduction to Green Chemistry* » existe à l'université de Yale. Des travaux pratiques de chimie verte, appliqués principalement à la chimie organique, ont été expérimentés à l'université de l'Oregon et ont conduit à la publication de l'ouvrage de référence *Green Organic Chemistry : Strategies, Tools, and Laboratory Experiments*[53], ainsi qu'à la mise en ligne gratuite, depuis janvier 2008, d'une banque de données pour l'enseignement de la chimie verte : « *The Greener Education Materials (GEMs) for Chemists Database* »[54]. D'autres travaux pratiques de chimie verte sont enseignés dans le domaine de la chimie analytique à l'Hendrix College et à l'université d'Eötvös à Budapest en Hongrie ; des numéros spéciaux dédiés à l'enseignement des travaux pratiques ont été publiés, en particulier par

---

50 Le lecteur peut se référer au *Mémoire sur la nécessité de réformer et de perfectionner la nomenclature de la chimie* et au *Traité élémentaire de chimie*, disponibles librement sur internet : http://www.lavoisier.cnrs.fr, dernière consultation le 27 mai 2022

51 Pascal Ragouet, « Différentiation, antidifférentiation : la sociologie des sciences dans l'impasse », *Revue européenne des sciences sociales*, tome XL, n° 124, 2002, p. 165-184.

52 Terrence J. Collins, « Introducing Green Chemistry in Teaching and Research », *Journal of Chemical Education*, vol. 72, n° 11, 1995, p. 965-966.

53 Kenneth M. Doxsee & James E. Hutchison, *Green Organic Chemistry: Strategies, Tools, and Laboratory Experiments*, Belmont, Thomson Brooks/Cole, 2003.

54 Jeanne Hoover, « Science and Technology Resources on the Internet. Green Chemistry Web Resources », *Science and Technology Librarianship*, 2012, DOI:10.5062/F4F18WNS.

l'*American Chemical Society*[55]. De nouvelles bases de données sont mises en ligne gratuitement depuis 2008, en particulier par la *Green Chemistry Institute of the American Chemical Society* (CGI)[56] et l'EPA. Le département de chimie de l'université de York a également mis en place le très impressionnant *Green Chemistry Education Network* (GCEN) pour promouvoir la prise de conscience et favoriser l'éducation et la formation de la chimie verte auprès des universitaires, des industriels et des écoles[57]. Anastas et ses collaborateurs ont publié en 2009 un volume collectif portant le titre évocateur *Green Chemistry Education : Changing the Course of Chemistry*[58] qui lance un véritable programme de rénovation, en profondeur, de l'enseignement de la chimie de l'école primaire au doctorat, et qui est très fortement motivé par le souci de recruter de nombreux étudiants dans les années futures en les sensibilisant, très jeunes, à la nouvelle chimie écoresponsable.

De nombreux instituts de la chimie verte apparaissent dans le même temps à travers le monde (Amériques du Nord et du Sud, Europe, Asie, Afrique, Océanie) et développent des projets communs souvent soutenus financièrement par l'EPA et l'*American Chemical Society*. Des programmes doctoraux de chimie verte fleurissent également, dont le plus célèbre à l'université du Massachusetts à Boston. Des *Green Chemistry Summer School* regroupant des étudiants, chercheurs et industriels du monde entier se multiplient depuis 2003. Que de chemin parcouru depuis 1998, année durant laquelle, sous l'impulsion d'industriels autrichiens et italiens, l'OCDE avait organisé un colloque international de chimie verte à Venise et où les industriels, jusque-là discrets et minoritaires dans ce type de manifestation, s'étaient fortement mobilisés ! Par ailleurs, l'intégration d'autres programmes comme le *Global Network for Environment and Technology* (GNET) développé par la *Global Network for Environment and Technology Foundation* (GETF) facilite la commercialisation des

---

55 Mary Kirchhoff & Mary Ann Ryan (dir.) *Greener Approaches to Undergraduate Chemistry Experiments*, Washington, American Chemical Society, 2002.

56 « Green Chemical Educational Ressources » : http://www.acs.org/content/acs/en/greenchemistry.html, dernière consultation le 25 mai 2022.

57 Entrée « Green Chemistry Education Network », http://www.gordon.edu, dernière consultation le 27 mai 2022

58 Paul T. Anastas, Irvin J. Levy, Kathryn E. Parent (dir.), *Green Chemistry Education: Changing the Course of Chemistry*, American Chemical Society Series, vol. 1011, Oxford, Oxford University Press, 2009.

technologies environnementales innovantes et l'établissement de réseaux d'information et de vente entre industries et universités.

La production de livres s'accélère également. À titre évocateur, le très célèbre *Handbook of Green Chemicals* publié en 1998 par Irene et Mickael Ash[59], immédiatement présenté comme un outil de référence guidant le choix des matériaux et des procédés avec ses 1 348 pages, a cédé la place, en 2013, à une série de neuf *Handbooks*, édités par Anastas, et qui, avec 300 à 400 pages chacun, détaillent les dernières avancées de la chimie verte[60]. L'étendue de ce travail montre à quel point le domaine est en expansion rapide.

Quant aux rencontres entre chercheurs professionnels, elles ne cessent de se multiplier. Elles avaient été lancées en particulier par le comité *Chemical Research Applied to World Needs* (CHEMRAWN), créé en 1973 au sein de la Société internationale de Chimie pure et appliquée (IUPAC en anglais) afin, en particulier, de favoriser le dialogue entre chimistes à propos du développement durable et de l'amélioration de la qualité de vie, d'organiser des colloques internationaux, de formuler des recommandations intégrant les conclusions de chaque colloque, de favoriser des programmes d'enseignement de la chimie adaptés au développement durable et d'aider l'industrie dans sa transition durable. Le colloque CHEMRAWN XIV, organisé en 2001 à Boulder au Colorado et dirigé par Anastas, intitulé « *Toward Environmentally Benign Processes and Products* », passe pour un des plus importants dans le domaine avec la présence des 200 meilleurs experts de la chimie verte au niveau international. Par ailleurs, les prestigieuses *Gordon Conferences* sont régulièrement organisées depuis l'année 2000 et les congrès internationaux de la chimie verte organisés depuis 2011, par exemple en France à La Rochelle, ne démentent pas l'attractivité croissante des thématiques vertes en chimie.

---

59 Michael Ash & Irene Ash, *Handbook of Green Chemicals,* Endicott, Synapse Information Resources, 1998.

60 Ces ouvrages sont publiés par Wiley VCH selon trois thèmes majeurs : Thème 1 : « Green Catalysis » (volume 1 : *Homogeneous Catalysis*, volume 2 : *Heterogeneous Catalysis*, volume 3 : *Biocatalysis*) ; thème 2 : « Green Solvents » (volume 4 : *Supercritical Solvents*, volume 5 : *Reactions in Water*, volume 6 : *Ionic Liquids*) ; thème 3 : « Green Processes » (volume 7 : *Green Synthesis*, volume 8 : *Green Nanoscience*, volume 9 : *Designing Safer Chemicals*).

À ce déploiement rapide correspond une adaptation de la production de normes de certification et de critères d'évaluation ainsi que des rythmes de publication. En 2004, par exemple, Walter Leitner succède à James Clark au poste de rédacteur en chef de la revue *Green Chemistry* et propose depuis un tirage mensuel. L'augmentation du nombre d'articles publiés aussi bien dans *Green Chemistry* que dans les journaux classiques de chimie est un facteur qui encourage la recherche. Nous retrouvons bien ici le rôle central des revues dans la communication de la science tel qu'il avait été décrit par Pierre Bourdieu[61]. En raison de la sélection qu'elles opèrent en fonction de critères dominants, ces publications consacrent les productions conformes aux principes de la nouvelle chimie et participent, ce faisant, à sa reconnaissance par l'ensemble de la communauté scientifique.

La communication interne de la chimie verte passe par la défense de deux séries de principes, une reconfiguration des pratiques de la chimie, un programme fort d'enseignement et de recherche, la prolifération des bases de données informatiques, des collaborations accrues entre instituts de la chimie verte du monde entier, des revues, des prix et un *leadership* international fort autour d'Anastas et de ses collaborateurs.

Nous souhaitons évoquer deux derniers points à propos de cette communication. Pour ce faire, nous nous placerons d'abord à l'échelle plus locale de la France, avant de revenir à une considération plus globale relative à la multiplication des vocables qui servent à désigner la chimie verte.

Un des apports essentiels du programme « Chimie pour le développement durable » est d'avoir identifié et fédéré un large ensemble d'équipes du CNRS et universitaires, ainsi que des organismes comme l'INRA, le CEA, l'IRSTEA, soit près de 900 chercheurs et enseignants-chercheurs. Quatre groupes de travail ont, dans une démarche intégrée, décliné leurs travaux à propos de quatre enjeux interdisciplinaires considérés prioritaires : (1) l'utilisation des ressources renouvelables comme matières premières, (2) la mise en œuvre des principes d'Anastas comme guide conceptuel de nouveaux schémas de synthèse incluant les biotechnologies,

---

[61] Pierre Bourdieu, « Le champ scientifique », *Actes de la recherche en sciences sociales*, n° 2-3, juin 1976.

(3) l'optimisation des procédés écoresponsables et (4) l'évaluation et la réduction de l'impact environnemental de la chimie[62].

Le premier enjeu mobilise la biologie, l'agronomie et la chimie du végétal. Le deuxième regroupe, au sein de la chimie, des domaines d'activités qui n'étaient pas forcément convergents, comme la catalyse et la synthèse multi-étapes. Le troisième enjeu concerne simultanément la chimie et l'ingénierie des procédés et, enfin, le quatrième enjeu rassemble l'écologie, les sciences du vivant et la chimie analytique. Certains chercheurs étaient déjà impliqués dans des problématiques environnementales avant que le programme se mette en place, notamment ceux travaillant sur la substitution du pétrole par des agro-ressources. Ce faisant, ils travaillaient déjà en partenariat avec les sciences du vivant et l'INRA pour comprendre la plante et son fonctionnement. D'autres chercheurs n'avaient, en revanche, pas l'habitude de travailler ensemble, en particulier ceux impliqués dans les autres enjeux. C'est précisément dans ces cas que l'interdisciplinarité a joué un rôle important dans le changement de leurs pratiques. Les échanges les plus importants ont donc eu lieu aux interfaces entre génie des procédés et chimie de synthèse, et entre chimie et sciences de l'environnement. Pour l'interface entre génie des procédés et chimie de synthèse, le programme a conduit à l'intensification des procédés et la mise en œuvre des microréacteurs de synthèse. Pour l'interface entre chimie et sciences de l'environnement, il a permis l'association entre chimie et biotechnologies.

La mise en réseau rendue possible par le CNRS est une excellente méthode, financièrement peu coûteuse au début, qui permet aux communautés de se rencontrer, d'apprendre à communiquer entre elles et de développer des partenariats leur permettant ensuite de monter des projets en commun autour de la chimie verte et durable, projets financés ultérieurement par l'Agence nationale de la Recherche (ANR) ou la Communauté européenne[63]. Seul bémol : l'interface entre chimie et (éco) toxicologie reste plus difficile à construire, tout simplement parce que la France manque fortement de toxicologues et d'écotoxicologues. Nous pouvons penser que la mise en œuvre de la réglementation REACH, qui nécessite un accroissement du nombre d'écotoxicologues, étant donné

---

[62] Laura Maxim & Isabelle Rico-Lattes, « Sustainable chemistry », dans Jean-Pierre Llored (dir.), *The Philosophy of Chemistry: Practices, Methodologies and Concepts*, Newcastle upon Tyne, Cambridge Scholars Publishing, 2013, p. 640-658.

[63] *Ibid.*

le nombre important de substances diverses à étudier, peut faire évoluer cette situation. Voilà un exemple qui montre comment une institution nationale, le CNRS, contribue au développement de la communication interne de la chimie verte.

Cet exemple montre par ailleurs que de nouveaux vocables comme celui de « chimie durable » ou de « chimie pour le développement durable » sont introduits pour évoquer la nouvelle chimie. Si « chimie verte » est le vocable majoritaire, en particulier aux États-Unis[64], d'autres désignations existent comme, par exemple, « chimie propre », « chimie (éco)responsable », « chimie soutenable ». Faut-il s'étonner de la circulation et de la coexistence de tant d'expressions pour désigner la nouvelle chimie ? Par ailleurs, cette diversité a-t-elle un impact sur la communication en interne de la chimie verte ?

Un chimiste qui met en place des procédés d'extraction utilisant un fluide à l'état supercritique n'a pas la même pratique de la chimie qu'un spécialiste couplant des molécules par le biais de métaux de transition. Ils sont tous deux chimistes, utilisent les mêmes écritures, mais ne manipulent pas de la même façon, n'ont pas la même culture chimique, n'utilisent pas les mêmes ressources. Bref, et en faisant référence à la seconde philosophie de Ludwig Wittgenstein, leurs « formes de vie » scientifiques diffèrent[65]. Nous subsumons sous le nom de chimie verte un ensemble bigarré de métiers et pratiques. Réseaux locaux, personnalités, ressources, intérêts, projets et valeurs morales pondèrent l'usage de ces dénominations. La *reconstruction narrative* proposée par Anastas pour forger une histoire de la chimie verte est une pratique courante de la recherche scientifique : elle fédère une diversité.

Comme nous l'a appris Wittgenstein, les termes génériques font preuve d'un usage beaucoup plus souple, leur unité, leur « air de famille » tiennent à un chevauchement de ressemblances entrelacées et non à une identité stricte. Cette marge relative d'indétermination rend possible des mises en relation, la coexistence et l'interaction de sens différents possibles. Ainsi cette variation permet-elle des débats internes propres aux chimistes qui leur permettent de communiquer sur le sens que les

---

64 Arjan Linhorst, « An overview: origins and development of green chemistry », *Foundations of Chemistry*, vol. 12, n° 1, 2010, p. 55-68.

65 Ludwig Wittgenstein, *Le cahier bleu et le cahier brun*, Paris, Gallimard, 1996 [1960].

termes ont ou devraient avoir. Pour Isabelle Rico-Lattes qui a dirigé le programme « Chimie pour le développement durable » :

> le terme chimie durable est un terme plus large que celui de chimie verte, car il intègre la préoccupation pour la viabilité économique du résultat de la recherche. Cela correspond en fait à la traduction du terme anglo-saxon 'sustainable chemistry' qui devrait se traduire par 'chimie soutenable'[66].

Pour le chimiste Makoto Misono, la chimie verte n'a de sens pour la « soutenabilité » que si elle est utile d'un point de vue sociétal, en améliorant le bien-être humain et l'environnement[67]. D'autres estiment que le vocable « chimie verte » est déjà porteur de toutes ces nuances. En premier lieu, l'ancien rédacteur en chef de *Green Chemistry*, James Clark, qui considère que ce vocable inclut trois « moteurs » (économique, sociétal et environnemental) interdépendants[68]. De la même façon, le chimiste Thomas Graedel, travaillant avec Anastas, a récemment proposé une approche systémique de la chimie verte qui inclut, selon ses termes, les « niveaux » des produits et des procédés, de la corporation chimique dans son ensemble, de l'économie et de la société[69].

Bref, le dialogue est ouvert et, loin de fragiliser l'expansion de la chimie verte, cette pluralité sémantique permet une réflexion interne sur les contours futurs que devrait avoir la chimie dans son ensemble. Il serait intéressant d'étudier davantage ces déclinaisons en fonction des secteurs de la chimie, des pays et de leurs politiques, et des sites de production. Il est temps, à présent, et pour finir, d'étudier comment les chimistes communiquent la chimie verte avec les autres acteurs de la société.

---

66 Isabelle Rico-Lattes & Laura Maxim, « Chimie durable et interdisciplinarité », dans Jean-Pierre Llored (dir.), *La chimie, cette inconnue ?*, Paris, Hermann, (à paraître fin 2023).

67 Makoto Misono, « Recent progress in the practical applications of heteropolyacid and perokskite catalysis: catalytic technonology for the sustainable society », *Catalysis today*, n° 144, 2009, p. 285-291.

68 James Hanley Clark, « Green chemistry: today (and tomorrow) », *Green Chemistry*, vol. 8, n° 1, 2006, p. 17-21.

69 Thomas E. Graedel, « Green chemistry as systems science », *Pure and Applied Chemistry*, vol. 73, n° 8, 2001, p. 1243-1246.

Communiquer la chimie verte avec la société

Les interlocuteurs d'abord visés sont les décideurs politiques, au niveau de l'EPA aux États-Unis, des États membres de la Communauté européenne et des agences qui lui sont rattachées comme notamment l'Agence européenne pour l'Environnement. En France, cette articulation a été surtout initiée, en 2004, dans le cadre d'un groupe de travail mis en place par Patrick Devedjian, alors ministre de l'Industrie, pour faire des propositions afin de maintenir l'excellence de la chimie industrielle française à l'horizon 2015. C'est surtout lors du Grenelle de l'Environnement organisé en 2007 par le ministère de l'Écologie, du Développement durable et de l'Énergie que la chimie verte a été souvent évoquée comme piste à promouvoir. Bref, la thématique du développement durable est le vecteur de communication entre chimistes, décideurs politiques, juristes et commissions chargées d'établir les normes environnementales.

Pour le reste de la société, il n'y a pas de traces, à ce jour, d'une campagne massive de communication, voire de propagande, auprès des opinions publiques, comme cela avait pu être le cas au début du mouvement *Responsible Care* dans les années quatre-vingt-dix au Canada ou aux États-Unis, pour faire valoir les efforts consentis par l'industrie chimique afin d'améliorer la protection de la santé et de l'environnement. Une forte accroche auprès des populations avait été recherchée à grand renfort de conférences, d'informations utilisant tous les canaux de communication et de sondages auprès du public. Nous ne retrouvons pas non plus en France l'équivalent, en matière d'intensité et d'intérêt suscité, des stratégies de communication par slogans très présentes dans le secteur pharmaceutique, comme chez GlaxoSmithKline, à propos de la défense de la qualité de la vie[70]. Il y a en France de nombreuses industries qui, comme Total, communiquent sur leur démarche pour le développement durable, mais cette communication s'adresse à des professionnels de la chimie et non, ou alors très peu, à l'opinion publique directement[71].

L'étude attentive des documents et livres s'adressant au grand public[72] et celle des présentations dans des conférences proposées, par exemple,

---

[70] http://www.gsk.fr, dernière consultation le 27 mai 2022.

[71] André Grosmaître, « Une démarche de progrès pour un développement durable. Expérience de la branche chimie de Total », *L'Actualité chimique*, n° 325, décembre 2008, p. 45-48.

[72] Stéphane Sarrade, *La chimie d'une planète durable*, Paris, Le Pommier, 2011.

dans le cadre du CNRS ou de colloques, par des experts en chimie verte à des publics plus larges (associations, citoyens, décideurs politiques, etc.) révèle toujours le même type d'argumentation et d'agencement que ceux développés par Anastas et ses collaborateurs. Un rappel de la situation mondiale est d'abord proposé en termes d'épuisement des ressources fossiles, d'augmentation de la quantité de gaz à effets de serres, d'augmentation des déchets, de croissance démographique. À partir de là sont identifiées les grandes missions de la chimie verte pour la santé, le traitement de l'eau, la nutrition humaine, les énergies renouvelables, l'alternative environnementale. Une démonstration est faite de l'utilité de la chimie verte qui est suivie d'une présentation de son émergence en partant du *Pollution Prevention Act* et en insistant sur les principes d'Anastas. Les conférences et livres rappellent alors le lien fort entre l'histoire de la notion de développement durable et celle de la chimie verte, avant d'illustrer leurs propos sur la base des nombreuses innovations techniques et scientifiques et en insistant sur la notion d'écoconception. Nous retrouvons le type de communication, adapté à des non-spécialistes, qui était proposé pour promouvoir la chimie verte auprès des chimistes. Les mêmes stratégies narratives sont à l'œuvre, mais les discussions sont plus serrées car les auditeurs sont plus récalcitrants et dubitatifs en raison, justement, de l'image publique négative de la chimie dans son ensemble. Ce type de communication se développe à l'initiative d'associations, il faudrait suivre son évolution dans les prochaines années. Au global, la communication avec les citoyens reste à élargir et à développer. La chimie verte étant à présent bien mieux implantée d'un point de vue institutionnel, il apparaît raisonnable de penser que la communication publique est plus facile, même si cela reste à vérifier pays par pays.

La chimie verte est aussi communiquée aux chercheurs en sciences humaines et sociales. Pour se limiter à la France, le colloque « Quelle place pour la chimie dans la société durable ? » organisé dans le cadre du programme « Chimie pour le développement durable » du CNRS à Cargèse en Corse, en 2009, en est la plus belle réalisation. Il avait pour objectif de réfléchir sur les relations entre les multiples enjeux environnementaux, sociaux et économiques de la chimie, avec pour but « d'alimenter un va-et-vient […] riche et constructif entre les porte-parole d'enjeux éthiques, sociaux, environnementaux et économiques d'une part, et le monde de la recherche dans le domaine de la chimie d'autre part »[73].

---

[73] https://docplayer.fr/70195024-Cargese-seminaire-cnrs-chimie-et-dd.htlm, dernière consultation le 27 mai 2022.

Cette réflexion suit son cours et de nouveaux ouvrages collectifs interdisciplinaires, entrepris cette fois par des chercheurs en sciences humaines et sociales, travaillent sur ce thème avec des chimistes[74]. La nécessité d'une approche pluraliste et multiculturelle est par ailleurs défendue afin de promouvoir l'indépendance financière de la chimie verte par rapport aux industries, de favoriser un dialogue constructif entre les mouvements sociaux environnementaux et la chimie verte, et enfin d'éviter les problèmes de *leadership*[75].

Nous avons souligné comment la communication interne et externe de la chimie verte relate la même reconstruction narrative visant à construire l'identité de la nouvelle chimie et à permettre sa reconnaissance institutionnelle et sociale. Tout ce travail s'effectue en lien avec le concept de développement durable.

Un travail d'enquête historique, sociologique et épistémologique supplémentaire devrait être mené auprès des industries chimiques pour étudier la construction de la chimie verte d'un autre point de vue que celui, majoritaire et plus simple d'accès, du monde académique.

Une association plus large des citoyens, voire une mise en relation avec les mouvements environnementaux est souhaitable, en gardant à l'esprit, comme l'écrit Isabelle Stengers, que :

> Être capable de se situer, de situer ce qu'on sait, de le lier activement aux questions que l'on fait importer et aux moyens mis en œuvre pour y répondre, implique d'être redevable à l'existence des autres, de celles et de ceux qui posent d'autres questions, font importer autrement une situation, qui peuplent un paysage sur un mode qui en interdit l'appropriation au nom de quelque idéal abstrait que ce soit[76].

---

74 Laura Maxim (dir.) *La chimie durable. Au-delà des promesses*, Paris, CNRS Éditions, 2011 ; Jean-Pierre Llored (dir.), *La chimie, cette inconnue ?*, Paris, Hermann, (à paraître en 2023).

75 Edward Woodhouse & Steve Breyman, « Green Chemistry as Social Movement? », *Science, Technology, and Human Values*, vol. 30, n° 2, 2005, p. 199-222.

76 Isabelle Stengers, *Une autre science est possible !*, Paris, Les Empêcheurs de Penser en Rond ; La Découverte, 2013, p. 49.

Developing molecular and physical gastronomy

Hervé This
Inrae-AgroParisTech International Centre for Molecular and Physical Gastronomy

Molecular and physical gastronomy is a scientific discipline, which was created formally in 1988.[1] In this article, we describe the creation and the development of the discipline, focusing on the strategies that have been used in order to promote it and develop it internationally (indeed, we have to recognize that there was probably more demand than offer). We also try to show how this discipline was used in order to promote science and technology in the public. It will be explained that, after some initial confusion about the goals of the discipline, it was clearer (and easier) to promote a distinction between science and its technical and educational applications. Because the author is one of the two founders of the discipline and probably the main propagator, the "I" will have to be used for some sentences.

Why and how molecular and physical gastronomy was created

In order to understand clearly what molecular and physical gastronomy (sometimes abbreviated "molecular gastronomy") is and what it is not, it is useful to begin with the short description of the "prehistory" of molecular and physical gastronomy, in the 1980'. This will show why it was needed to create the discipline, instead of working simply in the frame of already existing "food sciences and technologies". In the context of "communicating science", we shall insist on the analysis of the various

---

1 Hervé This, "Molecular gastronomy is a scientific discipline, and note by note cuisine is the next culinary trend," *Flavour*, Vol. 2, No. 1, 2013, https://doi.org/10.1186/2044-7248-2-1.

mistakes that were made during this development, as well as on the strategy, which was consciously used, in order to get a full development of the discipline. For clarity, the word "science" will be used here only to name the activity of looking for the mechanisms of phenomena, using the "scientific method" based on (1) observing a phenomenon, (2) characterizing it quantitatively, (3) summarizing the numerical data into equations (what some call "laws"), (4) looking inductively to new concepts quantitatively compatible with these equations ("theory"), (5) finding logical consequences of the theory, (6) trying to refute such consequences using experiments, and so on *ad infinitum*.[2] The application of scientific results (*i.e.*, technology) will be clearly distinguished from science itself, for reasons, which will be explained.

Before 1980

The prehistory and history of molecular and physical gastronomy was already described in some articles,[3] but more research on the history of sciences allows here to give an improved version of this prehistory and history. We propose first to distinguish an early prehistory, and a recent prehistory.[4]

In order to understand clearly the exact goal of molecular and physical gastronomy, and why there was (and still is) some confusion about its status, it is useful to begin with a scientific article published by the French chemist Antoine-Laurent de Lavoisier (1743–1794).[5] In this article, Lavoisier describes some work on the aqueous solutions produced by thermal treatment of the muscular tissues of mammals ("meat stock"), and specifically *Bos taurus*; in the introduction, he writes:

---

2 Hervé This, "Solutions are solutions, and gels are almost solutions," *Pure and Applied Chemistry*, Vol. 85, No. 1, 2012, p. 1–20.

3 Hervé This, "La gastronomie moléculaire," *Sciences des aliments*, Vol. 23, No. 2, 2003, p. 187–198; Hervé This, "Petite histoire de la gastronomie moléculaire," *Papilles*, No. 13, 1997, p. 5.

4 Hervé This, Robert Méric, Anne Cazor, "Lavoisier and meat stock," *Comptes rendus de l'Académie des sciences*, Chimie, 11–12, 2006, p. 1511–1515.

5 Antoine-Laurent de Lavoisier, "Mémoire sur le degré de force que doit avoir le bouillon, sur sa pesanteur spécifique et sur la quantité de matière gélatineuse solide qu'il contient," in *Œuvres complètes*, "Expérience de novembre 1783," Paris, Imprimerie nationale,1893.

> The Royal Society for Medicine was asked by the Minister of Navy which diet should be given to sick people in hospitals. It was realized then that there was not enough reliable knowledge on the nature of stocks which are given, on the proportion of water and meat necessary to make such stocks, on the quantity of gelatinous or extractive material which are in stocks, on the differences due to the various kinds of meat, on the degree of strength that the stocks should have, depending on the kind of disease or convalescence; finally, on the parameters which can be used in order to recognize the quality of stocks. [...] One cannot prevent being surprised, each time one considers the most familiar objects, the most trivial items of our environment, to see how our ideas are often vague and imprecise, and, in consequence, how it is important to make experiments and establish facts. [...] M. Geoffroy reported at the Academy of Sciences, in 1930, some results on the same topic of stocks; but as his aim was different from mine, we could not compare means or results. This chemist wanted to know, through chemical analysis, the nature of the various nutritive substances, either from animal or from plants; in the experiments he did on the flesh from animals, he boiled meat in many successive waters, until meat was entirely deprived from any extractive matter; then he evaporated the water he had used for these extractions, and he separated all gelatinous and extractive material. My goal, on the contrary, was to get purely practical knowledge, and to determine what meat can release in certain quantity of water, after a long and slow boiling process.

In this article, Lavoisier was considering a topic, which was later studied further by the French pharmacist Antoine-Augustin Parmentier (1737–1813), who was probably the first to propose using meat from South America beefs in order to make "meat extracts",[6] before the German chemist Justus von Liebig (1803–1873).[7] In his article, Lavoisier described his results on a "culinary transformation", because, at that time it was very important to get the maximum from costly food ingredients such as meat, a reason why an equipment called "digester" was introduced in 1679 by the French physicist, mathematician and inventor Denis Papin (1647–1712).

---

6 Antoine Augustin Parmentier, *Recherches sur les végétaux nourrissants qui, dans tous les temps de disette, peuvent remplacer les aliments ordinaires avec de nouvelles observations sur la culture des pommes de terre*, Paris, Imprimerie royale, 1781; Hervé This, "Une histoire chimique du bouillon," *Mémoires de l'Académie de Stanislas*, Vol. 8 (XXII), 2007–2008; p. 175–215.

7 William H. Brock, *Justus von Liebig, the Chemical Gamekeeper*, Cambridge, Cambridge University Press, 1997; Hervé This, Robert Méric, Anne Cazor, "Lavoisier and meat stock," *CRAS*, Chimie, No. 11–12, 2006, p. 1511–1515.

In his article, Lavoisier made a difference between the scientific activity of Geoffroy, and his own, technological activity: he was investigating the technical activity of preparing "food" from "food ingredients", in the exact conditions that are used by cooks.

It is surprising that this article was not well known from the scientists and technologists who studied later this important question of meat stock (contrary to other culinary processes, only small quantities of odorant components are lost during meat stock preparation, all nutrients being kept either in the meat or in the aqueous solution which is formed during the process).[8] And an history of "food science and technology" would be right to try to unravel the complex links between food ingredients and food, on one hand, and food science and food technology, on the other. Here we shall be careful to make the difference.

After Lavoisier, many scientists and technologists were interested in food ingredients and in food processes. For example, the American-born British physicist and inventor Benjamin Thompson (1753–1814), knighted Count Rumford in 1784, also insisted on the importance of the application of scientific discoveries to all aspects of everyday life, and he proposed innovations.[9] In 1800, he published a 300 pages long essay *On the Construction of Kitchen Fireplaces and Kitchen Utensils, Together with Remarks and Observations Relating to the Various Processes of Cookery and Proposals for Improving that Most Useful Art.*

From 1800 on, the "chemistry of food" was frequently a mixture of science and technology, of chemistry, physics, nutrition or physiology and applications of these sciences. Slowly, the sciences of food drifted toward the chemistry of food ingredients, or toward the technological study of technical processes used in the food industry (indeed this is food technology), away from domestic processes.

For example, Fredrick Accum (1769–1838) published a book entitled on "culinary chemistry",[10] in which he writes: "The art of making good and safe food is certainly a branch of chemistry; the kitchen is a chemical

---

8 Hervé This, " Une histoire chimique du bouillon de viande," *Mémoires de l'Académie de Stanislas,* Vol. 22, 2007, p. 175–204.

9 Hervé This, *Cours de gastronomie moléculaire,* n° 2, Paris, Éditions Quae/Belin, 2010.

10 Friedrich Christian Accum, *Culinary Chemistry, Exhibiting The Scientific Principles of Cookery, With Concise Instructions for Preparing Good and Wholesome Pickles, Vinegar, Conserves, Fruit Jellies, Marmalades, And Various Other Alimentary Substances Employed*

laboratory, all processes used to make food ingredients suitable to eating are chemical processes". This was not original, because at the same time the lawyer Jean Anthelme Brillat-Savarin (1755–1826) was writing in his *Physiology of taste*: "I find it hard to make you understand that the phenomena which take place in your laboratory are only the implementation of the eternal laws of nature". But there is worst: we have to consider that if chemistry is a science of nature (and it is!), the art of making food is not chemistry… but cooking (a technique, with art and a social component). And the kitchen is not a chemical laboratory, but a place for food preparation, i.e. a place for technical activity.

If Rumford or Accum did not say that they were the first to link science and cooking, Liebig was more pretentious.[11] He was indeed a remarkable chemist, but when he moved from Giessen to Munich, he tried to apply chemical results to cooking, with very few experimental works,[12] leading him to a "mineral theory" of meat stock production. His 1847 article published was very influential:[13] the *Lancet* discussed his *Chemische Briefe*, writing that they gave "the true principles of cookery"… but it has to be observed again that Liebig did not study culinary processes.

Let us skip many scholars, and come to someone who was very influential, for reasons which are interesting to analyse: the microbiologist Edouard Pozerski de Pomian (Paris, 1875–1964), often called Pomiane, working at the Pasteur Institute and later at the Société scientifique d'hygiène alimentaire, wanted to improve culinary practices using science (and this is technology, not science). As many, he confused science, technology and technique, proposing the name "gastrotechnie" for a strange activity mixing various goals, as shown in this sentence: "My boss Dastre was frequently discussing with me, talking about culinary technique. We made sauces, we made pastries, and we decided that cooking is a science. This was the beginning of all my experiments on 'gastrotechnie', this

---

in Domestic Economy, With Observations On the Chemical Constitution and Nutritive Qualities of Different Kinds of Food, With Copper Plates, London, R. Ackermann, 1821.

11 William H. Brock, *Justus von Liebig, the Chemical Gamekeeper*, Cambridge, Cambridge University Press, 1997, p. 215–249.

12 William H. Brock, "Liebig on toast," *Chemistry & Industry*, 1993, p. 718.

13 Justus von Liebig, "Über die Bestandteiler der Flüssigkeiten des Fleisches," *Annalen der Chemie*, Vol. 62, 1847, p. 257–369; Hervé This & Georges Bram, "Justus Liebig et les extraits de viande," *Sciences des aliments*, Vol. 23, 2003, p. 577–587.

science on which culinary art is based".[14] One can see here a big confusion between such words as science, technique or art; but in order to interpret it, one should remember that the word "science" was used in the past as "knowledge" rather than as "quantitative science" or "philosophy of nature".

In this prehistory of molecular and physical gastronomy, the Hungarian-born English physicist Nicholas Kurti (1908–1998) had some importance, in particular with experiments whose results were given in a lecture at the Royal Institution in London.[15] He showed how to explore the application of tools and methods from physics in the kitchen: "My reason for limiting my subject to physics is that the contribution of the chemist to culinary art and to many other activities designed to increase our sensual pleasures are well known. The chemists analyse and explain fragrances and flavours and often invent new ones: a vast chemical industry is concerned with producing dyes to please our eyes". In retrospect, if it is true that some industry developed around additives or flavourings, very few chemistry was indeed "in the kitchen".

Finally my own researches began the 16th of March 1980, because of a strange sentence found in the recipe of a cheese soufflé: it was advised to add the egg yolks two by two in the mixture of milk, flour and cheese (the egg whites had to be whipped separately, and added later).[16] The experimental test of this particular "culinary precision" (*i.e.* a category including old wives tales, proverbs, sayings…) showed that it had no effect on the preparation, but it was the beginning of a series of experiments on such information. Since that time, more than 25,000 culinary precisions were collected from French culinary books. Some of them were tested, as shown later.

After 1986, and particularly after 1988, the collaboration that Kurti and I had was extended to other scientists from various countries, such as Jean Matricon (France), Ugo and Beatrice Palma (Italy), Harold McGee (USA), Peter Barham (UK), and others, and this was the beginning of the history of molecular and physical gastronomy; the name was introduced by myself and Kurti in 1988.

---

[14] Édouard Pozerski de Pomiane, "Gastrotechnie. La cuisine est un laboratoire," *Atomes*, No. 29, 1948, p. 255–258.

[15] Nicholas Kurti, "The physicist in the kitchen," *Proceedings of the Royal Institution*, Vol. 42, No. 199, 1969, p. 451–467.

[16] Hervé This, *Les précisions culinaires*, Paris, Éditions Quae/Belin, 2011.

The creation itself

As said briefly before, molecular and physical gastronomy had ancestors, and many chemical and physical phenomena occurring during culinary transformations were studied before 1988, when the paradigm of molecular and physical gastronomy was introduced. However, it is a fact, first, that in the 1980's, food science was not interested in culinary processes. For example, textbooks such as the classic *Food Chemistry*[17] contained almost nothing on culinary transformation. Even in the 1999 edition of the book, less than 0.5 % of the chapter on meat was describing "culinary phenomena" (meat shrinkage during heating because of collagen denaturation); most of the chapter described either meat composition and structure, or industrial products (sausages, meat extracts…). In the same way, the book contained nothing about the effect of thermal processing on wine, despite of the large use of cooked wine in culinary activity (48 % of French classical sauces contain wine).[18]

In the 1980's, the chemical and physical phenomena and microstructure of food were poorly known. For example, an article published in *Nature* on béarnaise sauce mistakenly confused a suspension with an emulsion,[19] and at a Benezra lecture at the Institute of Chemistry at Strasbourg University, the scientific audience still doubted that mayonnaise was an oil into water emulsion, in spite of microscope evidence. In culinary schools, in particular in France, where the educational program is designed by the Department of Education, some theories were wrong… since 1901! In particular, it was taught that meat could be cooked in three ways: by "concentration", by "expansion" or in a mixed way, but indeed there is no "concentration" in the first way, and no expansion of meat in the second one. In culinary books, even chefs, with three stars in the Michelin guide, published old wrong theories; for example, it was written that during mayonnaise making, the molecules suffered

---

17 Hans-Dieter Belitz & Werner Grosch, *Food Chemistry*, Heidelberg, Springer, 1999.

18 J. Henne, Marcia France, Kedafi Belkhir, Hervé This, "Boiling wine: Is there an influence of the thermal power? A quantitative proton nuclear magnetic resonance spectroscopic (q 1H NMR) and colorimetric study," *Notes académiques de l'Académie d'agriculture de France* (accepted for publication).

19 C.M. Perram, Claude Nicolau, John W. Perram, "Interparticle forces in multiphase colloid systems: the resurrection of coagulated *sauce béarnaise*," *Nature*, No. 270, 1977, p. 572.

"disarticulation", and cells were confused with molecules[20], and it was even published by another three stars chef that the temperature of water could reach 130°C when a pan is covered with a simple lid (no pressure applied)!

As more and more scientists were publishing articles on the chemistry and physics of culinary processes, I made the proposal to Kurti to create a "world association", but Kurti proposed to begin with a scientific workshop, in particular because he knew the direction the Ettore Majorana Centre for Scientific Culture. A telephone call to Antonino Zichichi, the director of the Centre, confirmed that the Centre could host such congress if we could gather some well-known scientists, and indeed a full agreement was given when the French physicist Pierre-Gilles de Gennes (1932–2007) accepted to come to our first workshop.

A name for the new discipline was to be chosen, and I proposed "molecular gastronomy", because "gastronomy" indeed means "reasoned knowledge about man's nourishment".[21] However, Kurti proposed instead "molecular and physical gastronomy", for reasons that were not clear to me then (indeed, he probably wanted to distinguish from an earlier proposal, unknown to me, of the same expression "molecular gastronomy", with another and wrong meaning, made by the cook Elizabeth Thomas). Anyway, the name was well chosen, because the situation was like for biology, some decades before. As David Baltimore wrote: "The term 'Molecular Biology' was first used by Warren Weaver[22] in 1938 to describe certain programmes funded by the Rockefeller Foundation, where it simply meant the application of techniques developed in the physical sciences to investigate life processes".[23] The first scientific practitioner to call his work "molecular biology" was William Astbury, who used it before 1950 to mean the study of structures, functions, and genesis of biological molecules. Writing in *Nature*,[24] Astbury described molecular biology as:

---

20 Michel Guérard, *La grande cuisine minceur*, Paris, Robert Laffont, 1976.

21 "Brillat-Savarin, J.A.", in Hervé This (ed.), *Molecular Gastronomy*, New York, Columbia University Press, 2006.

22 Warren Weaver, "Molecular Biology, Origins of the Term," *Science*, No. 170, 1970, p. 591–592.

23 David Baltimore (ed.), *Nobel Lectures in Molecular Biology 1933–1975*, New York, Elsevier, 1977, p. viii.

24 William T. Astbury, "Molecular biology or ultrastructural biology?," *Nature*, No. 190, 1961, p. 1124.

> [...] not so much a technique as an approach, an approach from the viewpoint of the so-called basic sciences with the leading idea of searching below the large-scale manifestations of classical biology for the corresponding molecular plan. It is concerned particularly with the forms of biological molecules and is predominantly three-dimensional and structural—which does not mean, however, that it is merely a refinement of morphology—it must at the same time inquire into genesis and function.

Both usages had a broader meaning than David Baltimore's definition. The broad and narrow senses of "molecular biology" were distinguished and explained by Crick.

And finally, one has to add that, when the name molecular and physical gastronomy was decided, it was clear between Kurti and I that the discipline would be scientific, and not a culinary practice or technology, even if we had also to propose some modernization of culinary techniques.

The Erice meetings, after 1988

When we organized the first workshop on molecular and physical gastronomy, we felt that we could be usefully be helped by H. McGee, in the United States, and he accepted to be an invited director for this first meeting. We also tried to invite scientists (for expertise), and famous chefs (for being sure that we were considering the right phenomena), in order to make a successful event. And indeed, the event got a lot of success and media coverage, so that we decided to organize other workshops, again with a blend of scientists and of chefs. Many famous scientists participated, such as Jean-Marie Lehn (Nobel prize in chemistry), Pierre Gilles de Gennes (Nobel prize in physics)... Chefs like Pierre Gagnaire (France), Raymond Blanc (UK), Heston Blumenthal (UK), Shirley Corriher (USA)... were also invited, with more and more journalists willing to attend the events. Moreover, as the interest was important, a "newsletter" was produced and sent worldwide. And for various workshops, Kurti and I invited various colleagues as invited directors. For all of them, the full name "molecular and physical gastronomy" was used.

However, the presence of chefs in the meetings was a slight mistake, as it contributed to create some confusion about science (molecular and physical gastronomy) and cooking. For the organizers, the presence of the chefs was important, because it was felt that the real phenomena that had to be studied had to be given by culinary professionals. The immediate possibility of innovation coming from scientific studies contributed to the confusion.

A PhD for the institutionalization of a new discipline

The Erice workshops stimulated research and publication worldwide, but many other events contributed to the promotion of the discipline. For example, in 1995, Jean-Marie Lehn offered me a laboratory in the Department of chemistry of the Collège de France. Research could benefit from a scientifically improved environment. In 1996, Guy Ourisson, who was then the vice president of the French Academy of Sciences proposed that the results of the various tests done on culinary precisions would be shown in a PhD on *Molecular and Physical Gastronomy* at the University of Paris.[25] I defended a doctorate, *La gastronomie moléculaire et physique* in front of a jury, where Pierre Gilles de Gennes and Jean Marie Lehn were together with physicists, Jacques Leblond, and Yves Petroff, chemists, Pierre Potier and Georges Bram, and even a chef, Christian Conticini. Shortly later, Ourisson proposed a lecture and a dinner held at the Academy of Sciences. This event was important because it led to the collaboration with Pierre Gagnaire, and later on the creation of Internet site where monthly innovations were described (and this increased the confusion between science, technology and technique, because the same person was doing science and technology). A few years later, Ourisson proposed that the researches could lead to a "habilitation à diriger des recherches" (habilitation thesis), held, in 2000, at University of Orsay. The jury then was composed from Xavier Chapuisat (at that time the president of the University), Étienne Guyon (director of the École normale supérieure), Alain Fuchs (president of CNRS 2010–2017), Ourisson (then the president of the Academy of sciences), Georges Bram (professor of organic chemistry) and Pierre Gagnaire (chef with 3 stars in Michelin guide).

All such events, and many others (courses in universities at various levels, from bachelor to master, lectures, publications of articles, of books in many languages…) were widely covered by the media, contributing to a wide promotion of molecular gastronomy.

---

25 Hervé This, "La gastronomie moléculaire et physique," thèse de doctorat, université Paris 6 Pierre et Marie Curie, Paris, 1996.

Slowly, the goal was improved, mainly after 2000

In 2000, four important moves occurred. The first one was the publication of an invited article in *Angewandte Chemie*: this was an opportunity for a wide promotion of molecular and physical gastronomy.[26] The second was a move for myself to full time research at the Collège de France, from the position of editor in chief of the journal *Pour la Science* (the French edition of Scientific American): there was much more time both for scientific studies and also for communication, and promotion of molecular and physical gastronomy worldwide, and the possibility to create a research group of molecular gastronomy instead of working alone in a personal laboratory. A third move was an invitation of the French minister of national Education to create educational programmes at various levels for all schools (primary schools and high schools) in France (so called "Ateliers expérimentaux du goût" and other initiatives).[27] A fourth one was the building of a FP5 European programme called *Inicon*, whose goal was the promotion of "molecular cooking", linking science and applications: I could invite chefs such as the famous Spanish chef Ferran Adria, but also companies selling additives, or hardware.[28]

If the initial work was clear, mainly testing culinary precisions, the initial programme was wrong

The *Angewandte Chemie* article was the last one where a confusion among the various goals of molecular gastronomy occurred. Indeed, in this article as in the previous PhD document, it was explained (in agreement between the two co-founder of molecular and physical gastronomy) that molecular and physical gastronomy had five goals: (1) explore recipes, (2) collect and test culinary old wives tales; (3) introduce new tools in the kitchen, (4) use scientific studies to make new recipes, (5) use all these works in order to explain to the public that science is wonderful. We recognized that if goals 1 and 2 are really scientific (and we have to remind that it was clear that molecular and physical gastronomy had

---

26 Hervé This, "Molecular Gastronomy," *Angewandte Chemie,* Vol. 41, No. 1, 2002, p. 83–88.

27 http://www.ac-paris.fr/portail/jcms/p1_80293/ateliers-science-cuisine.

28 https://www.ttz-bremerhaven.de/en/research/food/893-inicon.html.

to be a scientific discipline), goals 3 and 4 are technology, and goal 5 is communication.[29]

Of course, the real scientific work was (quite correctly) done, with tests of culinary precisions, but here again, the nature of such cultural items was not correctly discussed (it has to be added that no member of the jury of the PhD or of the HDR mentioned above made any remark about that). Moreover, it was not immediately recognized that culinary practice has three components, and technique is only one aspect.[30] For example, the word "good", so important when food is concerned, has nothing to do with technique, but is only a question of individual appreciation in a personal and cultural frame, what can be called art. Also, the fact that dishes are differently appreciated according to the circumstances of eating is not only a question of physiology (for example, negative alliesthesia makes dishes less appealing when someone already ate a lot), but also of social environment.[31]

Indeed, in the 2000's, even chefs simply cooking were saying to the press that they were doing "molecular gastronomy", in part because of the confusion of haute cuisine with gastronomy, but also because of our confused ideas. Clearly, a new programme, clearer than what had been published, was needed.

We had to distinguish science and its applications, molecular and physical gastronomy and molecular cooking

In order to establish this new programme, a first difference was made between molecular and physical gastronomy, and the application of it, as called "molecular cooking" (when it is a technique), or "molecular cuisine" (when it is a style based on this technique). Then, it was analysed that any recipe has three main parts: a technically useless part, a "definition", and "culinary precisions", the last term describing useful technical

[29] Hervé This, "La gastronomie moléculaire," *Sciences des aliments*, Vol. 23, No. 2, 2003, p. 187–198.

[30] Hervé This & Pierre Gagnaire, *La cuisine, c'est de l'amour, de l'art, de la technique*, Paris, Odile Jacob, 2009.

[31] Hervé This, "Molecular Gastronomy: a scientific look to cooking. Life Sciences in Transition," Special Issue of the *Journal of Molecular Biology*, S. Halldor (ed.), Academic Press, 2004, 150 p.

information that is nonetheless not absolutely needed to make the dish (culinary precisions include old wives tales, proverbs, tips, methods…).

And also as it was more clearly understood that "cooking" involves technique, art and a social component, a new programme was proposed for molecular and physical gastronomy: (1) model recipes ("culinary definitions") in order to make scientific discoveries; (2) collect and test "culinary precisions" in order to make scientific discoveries; (3) explore (scientifically) the art component of cooking; (4) explore (scientifically) the "social link" of cooking. Indeed, one would be right to consider that cooking is simply a basement, offering phenomena that science can investigate in order to find unknown mechanisms and/or new phenomena, as any scientific activity has to do, using both experiments and calculation.

With this new definition, molecular and physical gastronomy was more clearly shown as a scientific discipline, and not a technology, whereas molecular cooking is an application of molecular and physical gastronomy, in accordance to the right ideas of Lavoisier, Galileo, Pasteur, and others.[32]

Even better, the epistemological work done for molecular and physical gastronomy was usefully distributed in the academic circles, and this even led to show that the word "chemistry" is often incorrectly used: as it is the name of a science of nature, it should not be used for describing the practical, technical, activity of making new compounds.

The same kind of analysis was made about "food sciences", and it was clearly shown that food ingredients are not food, for example, or that food technology is not food science.[33]

But the confusion was useful for the dissemination of molecular and physical gastronomy

In spite of many public efforts in view of giving a clearer view on molecular and physical gastronomy and its applications, the confusion was now well rooted in the world, as shown by the press of many countries. However, this was useful for our discipline, because a lot of students

---

32 Hervé This, *Cours de gastronomie moléculaire*, vol. 1, Paris, Editions Quae/Belin, 2010.

33 Hervé This, "Molecular Gastronomy, a chemical look to cooking", *Accounts of Chemical Research*, Vol. 42, No. 5, May 2009, p. 575–583.

in science curricula, having a taste for cooking, were interested to have internships and make scientific work.

This was well perceived by universities from all over the world, who decided to create "molecular and physical gastronomy" or "science and cooking" initiatives, not always making very clear programmes in terms of science vs technology.

In France, the "Ateliers expérimentaux du goût", and later programmes (such as the "Ateliers science & cuisine", which were part of the compulsory educational curriculum for all high schools) contributed to the development, and reputation of molecular and physical gastronomy, and molecular cooking as well.

Anyway, many initiatives

Many other initiatives were achieved in order to promote the scientific work, as well as distributing widely the new technical ideas, as was done since 1980. For example, since 2000, monthly "Seminars on molecular and physical gastronomy" are exploring culinary precisions: experimental tests are made publicly, by professional chefs as well as scientists, and the results of such tests are widely published in culinary journals and through internet (more than 13,650 addresses on the distribution list).[34]

Each month, also, a new "innovation" has been published on the Internet site of the chef Gagnaire, in order to promote molecular cooking and more recently "note by note cooking" (see later); here the theoretical idea is given along with recipes using the new idea.[35]

Besides, books were published, lectures were made by hundreds, each year, in all parts of the world, and often with the support of the French Department of Foreign Affairs.

The promotional strategy of Parmentier was always used: the novelties were (apparently) given only to "the king", so the laypeople would want them too. Is this strategy efficient? Today, according to Google, more than 2,500,000 pages are about molecular and physical gastronomy and

34 http://www2.agroparistech.fr/Des-comptes-rendus-des-Seminaires-INRAE-de-gastronomie-moleculaire.

35 https://pierregagnaire.com/pierre_gagnaire/pierre_et_herve.

molecular cooking[36] but Parmentier strategy had the disadvantage that many people think that molecular cooking is expansive,[37] which perhaps contributed to delay the use of molecular cooking by people, which were indeed the goal of all efforts.

A new application of molecular and physical gastronomy: note by note cooking

As molecular and physical gastronomy is developing as a research and education activity in many universities of the world, a new application is now spreading under the name "note by note cooking". As the name rightly shows, this is technique, and not science. However, this new idea also introduces new scientific questions, so that a whole note by note project is now under discussion.

When it was created

The idea of note by note cooking was introduced in the conclusion of an article published in 1994 by *Scientific American* (and all national editions), when I proposed to use "compounds" in recipes.[38] At that time, this was an answer to Nicholas Kurti, who had wrongly concluded that "chemistry was already in the kitchen". Very briefly, the idea of note by note cooking is to consider that all food ingredients are made of compounds (water, proteins, saccharides, lipids…) organized at various scales

---

36 https://www.google.com/search?q=%22molecular+gastronomy%22&sxsrf=ALiCzsY0RASroOscBp5-vZBurvhfvAEfBw%3A1651594352907&source=hp&ei=cFRxYoGBNauGur4Pn7SA6AI&iflsig=AJiK0e8AAAAAYnFigF8zzuVoDMxUyElSzUA5uDFTuNKG&ved=0ahUKEwiB-dy13MP3AhUrg84BHR8aAC0Q4dUDCAY&uact=5&oq=%22molecular+gastronomy%22&gs_lcp=Cgdnd3Mtd2l6EAMyBQgAEMsBMgUIABDLATIFCAAQywEyBQgAEIAEMgUIABCABDIFCAAQgAQyBQgAEIAEMgUIABCABDIFCAAQgAQyBQgAEIAEOgwIIxAnEJ0CEEYQgAI6BAgjECc6BQguEIAEOgsILhCABBDHARCjAjoICC4QgAQQ1AI6CwguEIAEEMcBENEDOg4ILhCABBDHARDRAxDUAjoOCC4QgAQQxwEQowIQ1AI6BQguEMsBOgsILhDHARCvARDLAToICC4Q1AIQywE6CwguEMcBENEDEMsBUABY_htg3R1oAHAAeACAAZYCiAHeEZIBBjE4LjMuMZgBAKABAQ& sclient=gws-wiz.

37 https://en.wikipedia.org/wiki/Molecular_gastronomy.

38 Hervé This & Nicholas Kurti, "Physics and Chemistry in the kitchen," *Scientific American*, Vol. 270, No. 4, April 1994, p. 66–71.

in a particular physical organization. Note by note cooking proposes to drop traditional food ingredients (plant or animal tissues) and instead use compounds to make dishes.

Its shorter history

When the proposal of note by note cooking was made, it was a "provocation" (a conclusion has to be remembered, and should be strong, intellectually), based anyway of tests made for some compounds only. But slowly, the obviousness of the note by note proposal appeared. As early as 1996, lectures were showing the proposal… until a drop in the number of invitations for lectures and of interviews occurred before the new millennium. It is possible that, in 1998–1999, the public fearing the 2000 bug, was also upset by science and technology. Interestingly, at the same time, some journals criticized molecular cooking, for using additives, and the general public was more upset by science and technology. Here the confusion between molecular cooking and molecular and physical gastronomy lead also to some critics to molecular and physical gastronomy.

It was probably a mistake to stop the promotion of note by note cooking at that time, then, but in 2006, it was decided that no sound idea should take care of the public opinion, and the promotion of note by note cooking was made again. The chef Pierre Gagnaire was convinced to serve the first note by note dish ever proposed in a restaurant: this occurred in front of many journalists (TV, radio, journals…) in Hong Kong, the 23rd of April 2008.[39] Since then, the promotion of note by note cooking is made extensively, in all countries of the world, always using the same strategy: lectures, books, articles, TV and radio programmes, educational programmes… Note by note cooking is already taught in many culinary schools, and more and more chefs serve note by note dishes in special events or in their regular menus. In 2011, for example, the UNESCO banquet before launching the International Year of Chemistry was based on note by note cooking, served to ministers, Nobel prize winners, industry CEO, etc. And the same menu was served three months later in a cocktail party for all French chefs having recently received a

39 http://www.lhotellerie-restauration.fr/journal/restauration/2009-05/Menu-constructivisme-culinaire-pour-Pierre-Gagnaire.htm.

new Michelin star. But now the list is too long to be given, including a company created for selling compounds, and a restaurant serving 100 % note by note meals at any meal, in Warsaw (Poland). Finally, academies and other academic institutions are now developing initiatives around the idea of note by note cooking.

Why note by note cooking is important, why it will last

Note by note cooking is an important idea, because 9 to 10 billions people will inhabit the Earth in 2050;[40] today we do not know how to feed them.[41] Indeed the situation is similar when Parmentier introduced the potato in the French diet, due to starvation consequence of the small ice age.[42]

Among ideas to answer the food issue for 2050, the spoilage of food was analyzed to be important (it reaches 45 % in some countries).[43] As many plant and animal tissues suffer degradation between the farm and the plate, the "note by note project" proposes to take out water for such tissues at the farm, using modern techniques of filtration (using membranes), and sell only the fractions made from such processes. This would be socially useful, because, avoiding losses, it would also avoid transporting water (a salad is up to 99 % water, a tomato 95 %)[44], with techniques which are already used for milk or grain.

Of course, the new project is asking many question to nutrition, toxicology, sociology, economics, politics or regulation. But, recently it

---

40 Union européenne, *Projections démographiques*, https://www.statistiques-mondiales.com/.

41 Sénat, *Le défi alimentaire à l'horizon 2050*, http://www.senat.fr/rap/r11-504/r11-5049.html.

42 François Labalette, "Les terribles ravages du 'grand hyver'," *Historia*, No. 759, 2009, p. 47; Gifford H. Miller *et al.*, "Abrupt onset of the Little Ice Age triggered by volcanism and sustained by sea-ice/ocean feedbacks," *Geophysical Research Letter*, Vol. 39, 2012, https://doi.org/10.1029/2011GL050168; Emmanuel Le Roy Ladurie, *Histoire humaine et comparée du climat*, t. I, *Canicules et glaciers, XIIIe-XVIIIe siècle*, Paris, Fayard, 2005.

43 Ministère de l'Agriculture, de l'Agroalimentaire et de la forêt, *Gaspillage alimentaire*, http://alimentation.gouv.fr/gaspillage-alimentaire-campagne.

44 Jean-Claude Favier, Jayne Ireland-Ripert, Carole Toque, Max Feinberg, *Répertoire général des aliments : table de composition*, Paris, INRA, 1995.

was observed that note by note cooking was to food what modern pharmacy was to popular medicine.

This article is published just after the publication of a huge Handbook of Molecular Gastronomy[45] (894 pages, 150 authors from 23 countries), with three parts: (1) molecular and physical gastronomy; (2) application of molecular and physical gastronomy to education; (3) application of molecular and physical gastronomy to cooking. The projects (science on one hand, technology and communication on the other) is clearer. And the Inrae-AgroParisTech International Centre for Molecular and Physical Gastronomy is running events (workshops, seminars, colloquia), promoting the development of our scientific discipline in more and more countries: in 2022, there are 34 groups having various activities (science, education, technology) in the world.

[45] Handbook of molecular gastronomy, CRC Press, Boca Raton (FL, USA), 2021.

Communiquer la science en réseaux… de données

Valérie Schafer
Centre for Contemporary and Digital History, université du Luxembourg

Début 2013, le Groupement d'Intérêt Public Renater dévoile, à l'occasion de ses vingt ans, sa nouvelle *base line* : connecteur de savoirs. Il cherche ainsi à rendre compte de sa position nodale au cœur d'un réseau multi-acteurs et d'un rôle qui dépasse la « simple » fourniture d'accès à Internet pour le monde de la recherche et de l'enseignement français.

Point de rencontres entre l'offre, les besoins et les usages scientifiques des réseaux de données, mais également les évolutions technologiques du numérique et le développement de services et applications, Renater, entendu ici autant comme la structure organisationnelle que le réseau qu'elle porte, est à la croisée de plusieurs champs d'étude : il peut autant intéresser l'historien des sciences, tourné par exemple vers les réalisations menées sur et avec les grilles ou avec les grands instruments et infrastructures de recherche, que celui de l'innovation analysant le développement de l'Internet en France. La communication scientifique, quant à elle, semble constituer le périmètre qui, à l'interface de ces différentes approches, permet une lecture globale et renouvelée de cet objet d'étude hybride.

Nous ne reviendrons pas sur l'histoire détaillée de Renater, maintenant mieux connue[1], mais prendrons appui sur celle-ci pour engager une réflexion sur la manière dont une lecture par le biais de l'innovation et

[1] Lors du colloque organisé à l'ENS, nous étions en effet aux prémices de cette recherche fondée sur des archives issues des fonds de l'INRIA, du CNRS, du GIP RENATER, des archives en ligne et une campagne d'entretiens oraux, publiée depuis. Voir Valérie Schafer, « De Cyclades à RENATER, des réseaux de données pour la recherche et l'enseignement (années 1970-1990) », *Histoire de la recherche contemporaine*, tome 1, n° 2, 2012, p. 180-187 ; Valérie Schafer & Bernard Tuy, *Dans les coulisses de l'Internet. RENATER, 20 ans de technologie, d'enseignement et de recherche*, Paris, Armand Colin, Comité pour l'histoire du CNRS, 2013, 238 p.

des infrastructures peut informer, utilement compléter et aussi s'enrichir d'autres approches historiques de la communication scientifique, celles de l'histoire des sciences ou des médias notamment.

Des années 1970 à aujourd'hui, l'étude de l'avant-Renater et du développement du Réseau national de télécommunications pour la technologie, l'enseignement et la recherche, permet d'aborder la communication scientifique sous l'angle des infrastructures, de l'offre, mais aussi des usages, des demandes et services, en croisant des composantes techniques, scientifiques, socio-économiques, territoriales et politiques.

Une histoire qui part de la technologie

Internet entre dans l'histoire des sciences et des techniques au milieu des années 1970. D'outil au service de communautés scientifiques désireuses de communiquer essentiellement en interne – messageries, transferts de fichiers, partage de la puissance de calcul, etc. –[2], il devient un instrument de visibilité et de communication externe au milieu des années 1990 grâce au Web, dans une logique qui va de la simple vitrine institutionnelle à la médiation scientifique – sans pour autant abandonner son rôle initial de support de communication interne. Au mitan des années 2000, le développement de ce que l'on qualifie de Web 2.0 entraîne une diversification des usages et la recherche de nouvelles formes de communication scientifique, parfois appelées « directes », à destination du grand public, des médias et au sein des communautés scientifiques elles-mêmes – blogs, réseaux socio-numériques, plateformes participatives, etc. L'apport de l'interactivité technique, mais aussi sociale, permise par le numérique au sein du monde scientifique et dans ses relations aux décideurs et à la société, son impact sur les pratiques scientifiques mêmes – transferts de fichiers, grilles, partage de la puissance de calcul, bases de données, publications, etc. –, l'ouverture, la segmentation de l'offre, les ruptures dans les modes de gouvernance, de diffusion, seraient à mettre en regard des évolutions qu'ont connues les relations sciences/société, mais également le monde scientifique lui-même – édition, évaluation, médiation, développement des « pro-ams » (professionnels-amateurs[3]), thématique

2 Patrice Flichy, « Internet ou la communauté scientifique idéale », *Réseaux*, n° 97, vol. 17, 1999, p. 77-120.

3 Charles Leadbeater & Paul Miller, *The Pro-Am Revolution: How Enthusiasts are Changing our Economy and Society*, Londres, Demos, 2004, 77 p.

de la démocratie technique et de la société du risque, etc. –, pour donner toute sa richesse à une histoire qui, pour l'instant, a encore peu fait l'objet d'analyses. On peut cependant évoquer quelques projets séminaux, comme les séances menées par Pascal Griset et Julie Bouchard au cours du séminaire Comex en 2009 qui ont permis de s'intéresser à la communication de quelques grands centres de recherche, ou encore l'article de Benjamin Thierry « Un demi-siècle de communication scientifique à l'Inria (1967-2013) »[4]. Ces travaux sont sensibles à l'histoire des grands organismes de recherche[5], mais aussi à une histoire des technologies de l'information et de la communication (TIC) qui pense son objet sous l'angle de la co-construction, de dialogues et va-et-vient constants entre parties prenantes. Largement appuyée sur une vision systémique, héritée notamment de l'étude des *Large Technical Systems* (Thomas P. Hughes[6]), l'histoire de l'innovation (et de la communication qui en découle) est alors attentive à penser la construction sociotechnique de ses objets de manière dialectique, en redonnant aux acteurs, contextes, trajectoires et incertitudes des choix technologiques, toute leur complexité[7]. Notre histoire de Renater, dont les racines sont à rechercher dès les années 1970, s'est adossée à cette approche, pour voir dans quelle mesure la recherche et l'enseignement supérieur français avaient contribué à adopter et acclimater l'Internet en France.

En effet, au démarrage de Renater le « phénomène Internet » est encore largement ignoré. Du milieu de la recherche vont naître des initiatives, qui s'inscrivent dans un imaginaire, assez différent de celui des États-Unis, que Patrice Flichy a analysé dans « Internet ou la communauté scientifique idéale » et *L'imaginaire d'Internet*[8].

---

4 Benjamin Thierry, « Un demi-siècle de communication scientifique à l'Inria (1967–2013) », dans Valérie Schafer (dir.), *Communiquer la science à l'heure du numérique*, Paris, CNRS Éditions, 2014.

5 Voir les travaux de Pascal Griset sur l'histoire de l'Inria (avec Alain Beltran), l'Istrea ou encore l'Inserm.

6 Thomas P. Hughes, "The Evolution of Large Technological Systems", dans Wiebe E. Bijker, Thomas P. Hughes & Trevor Pinch (dir.), *The Social Construction of Technological Systems. New Directions in the Sociology and History of Technology*, Cambridge, The MIT Press, 1989, p. 51-82.

7 Pascal Griset & Yves Bouvier, « De l'histoire des techniques à l'histoire de l'innovation. Tendances de la recherche française en histoire contemporaine », *Histoire, Economie & Société*, n° 2, 2012, p. 29-43.

8 Patrice Flichy, *L'imaginaire d'internet*, Paris, La Découverte, 2001, 273 p.

C'est surtout le pragmatisme qui est à l'œuvre dans l'histoire de Renater pour répondre à des besoins qui s'expriment de manière de plus en plus forte mais achoppent sur l'hétérogénéité et l'incompatibilité des infrastructures techniques.

En effet, dès les années 1970, ont commencé des travaux visant à développer des infrastructures de recherche reposant sur les réseaux de données : entre 1971 et 1979 est ainsi développé le réseau Cyclades à l'Institut de recherche en informatique et automatique (Iria), sous l'égide de Louis Pouzin. Il relie quelques grandes écoles et centres universitaires, comme ceux de Rennes ou de Grenoble, à Paris. Il est toutefois fermé en 1979, alors que dans les années 1980 l'heure est au déploiement du réseau grand public Transpac, qui supporte le trafic Télétel (généré par le Minitel).

Le Minitel permet quelques usages scientifiques et notamment l'accès à des banques de données comme la base Pascal, mais il n'est guère adapté aux usages tels que l'accès à distance aux centres de calcul, le transfert de fichiers entre scientifiques, etc., et a été conçu comme un terminal grand public aux capacités techniques sans commune mesure avec un calculateur du monde scientifique. Aussi, pour répondre à ses besoins de circulation des données, le monde de la recherche doit surtout s'appuyer sur des lignes spécialisées entre centres de calcul qu'il loue, cher, à l'administration des télécommunications, qui est en position de monopole. Il existe également des solutions développées par des industriels comme IBM, qui propose en Europe son réseau Earn (*European Academic Research Network*) utilisé notamment dans le domaine des sciences dites « dures ». Il convient d'ajouter que certaines disciplines, plus particulièrement demandeuses d'accès et de transfert de données, ont mis en place leur propre réseau à l'instar des physiciens qui s'appuient en France sur le réseau Phynet, lui-même une branche d'un réseau plus vaste, Hepnet, qui dépasse les frontières nationales et est tourné vers le Cern (organisation européenne de recherche nucléaire à la frontière franco-suisse). Le monde de la recherche en informatique dans ces mêmes années 1980 découvre et adopte le système d'exploitation Unix, se connecte à Usenet, réseau d'échange de *Newsgroups* qui fédère assez largement une communauté internationale intéressée aux questions informatiques, puis à l'Internet. Le Cnam, l'Ircam et l'Inria sont les premiers centres connectés à Usenet. L'Inria s'impose finalement comme l'épine dorsale qui rediffuse les *Newsgroups* au sein de la communauté française, notamment grâce à l'association Fnet née en son sein. Fnet migre ensuite vers l'Internet et l'institut renforce sa place de pionnier en 1988, quand son centre de Sophia-Antipolis obtient une liaison Internet directe avec les États-Unis.

Il existe donc des réseaux dans les années 1980 pour permettre des transferts de fichiers, de messages, de données entre scientifiques (réseau Earn, Usenet et Internet, Phynet, liaisons spécialisées, etc.). Mais la difficulté que rencontrent leurs utilisateurs réside dans l'incompatibilité des protocoles et par exemple des différentes messageries.

Renater, officiellement ouvert en 1993, répond entre autres au souci de rendre compatibles les différents réseaux, d'assurer leur interopérabilité, de déployer une infrastructure qui soit d'extension nationale et capable de dépasser les frontières, pour permettre l'interconnexion avec le reste de l'Europe et les États-Unis.

La volonté de déployer un réseau national de communication scientifique va mobiliser les efforts. À son origine, Renater ne fait pas le choix de l'Internet, mais d'une solution multi-protocoles (TCP/IP, X25, etc.) : ce ne sont pas tant l'Internet ou le Web qui sont choisis que le fait de mettre la communauté scientifique en réseau et d'éviter à la fois l'incompatibilité et les dépenses liées à la redondance des infrastructures. Quant au choix de l'Internet, il ne s'impose qu'au milieu des années 1990, faisant de la communauté scientifique un pionnier en France, alors qu'une offre grand public commence seulement à se structurer – par exemple, Wanadoo, offre de l'opérateur historique France Télécom, qui fait en partie l'apprentissage de l'Internet par sa participation à la réalisation de Renater, ne démarre qu'en 1996.

De la technologie aux usages

Pour comprendre la constitution de Renater et le choix ensuite de TCP/IP – et donc de l'Internet –, plutôt que de privilégier par exemple la solution X25 développée par le monde des télécommunications, cette histoire doit être replacée dans celle plus large des réseaux de la recherche européens[9]. Une « guerre des protocoles » se joue à plusieurs échelles qui mène finalement à l'échec de l'OSI (*Open Systems Interconnection*), architecture en sept couches développée par la communauté internationale

---

9 Voir notamment Howard Davies & Béatrice Bressan (dir.), *A History of International Research Networking*, Hoboken, Wiley-Blackwell, 2010, 345 p.

dans le cadre de l'ISO (*International Organization for Standardization*)[10]. Mais il importe aussi de considérer le rôle du ministre de la Recherche Hubert Curien, qui à deux reprises va impulser les premiers pas du réseau national de la recherche[11], ou encore le poids et le volontarisme d'individus qui n'appartiennent pas aux autorités de tutelle : les chercheurs et les ingénieurs qui travaillent avec eux. En effet au début de l'Internet, celui-ci est largement affaire d'« utilisateurs concepteurs ».

Ce sont notamment la demande de chercheurs désireux de retrouver des services et usages qu'ils ont connus lors de séjours aux États-Unis et les efforts des ingénieurs au sein des centres de recherche qui contribuent au lancement de Renater. Ainsi, les connexions à la communauté Usenet depuis l'Inria dès la première moitié des années 1980, puis, lorsque ce réseau d'échange migre vers TCP/IP, la fourniture d'Internet au monde de la recherche, publique comme privée, via l'association Fnet, sont des antécédents importants. Il faut y ajouter le rôle d'associations comme Aristote, fondée en 1984 à l'initiative notamment de Jean-Yves Babonneau à l'Inria ou de Jacques Prévost au CEA, dont la vocation est de penser l'usage des technologies de l'information et de la communication dans le milieu de la recherche, ou la structure Réunir, REseau des UNiversités et de la Recherche qui développe des passerelles pour répondre à l'incompatibilité entre messageries. Des structures comme Réunir ou Fnet sont d'ailleurs parties prenantes de l'organisation de Journées Messageries, comme celles de 1990 à Strasbourg, qui posent le problème explicite de l'incompatibilité et y sensibilisent les utilisateurs. Ces différentes associations et ces exemples d'actions ne sont pas négligeables pour promouvoir les réseaux de la recherche, réfléchir ou répondre à des besoins concrets, qui naissent dans le monde scientifique. Aux réseaux et infrastructures physiques correspondent aussi des réseaux humains, des groupes impliqués constitués ou en cours de constitution.

---

10 Andrew Russell, *Open Standards and the Digital Age: History, Ideology, and Networks*, Cambridge, Cambridge University, 2014 ; Andrew Russell, « OSI: The Internet That Wasn't », *IEEE Spectrum*, vol. 50, n° 8, 2013, p. 39-43.

11 En 1984 Hubert Curien lance une grande enquête sur les besoins dans le monde scientifique et envisage le développement d'un réseau qui aurait pu s'appeler SCIRE s'il avait abouti, puis à son retour en 1988 au ministère il prend concrètement la décision, appuyée sur des rapports comme le rapport Caseau du programme des grands équipements ou celui de la DRED côté enseignement supérieur, d'une telle infrastructure.

Le contexte international joue également dans la décision de développer Renater, avec notamment la crainte d'un retard français, alors que, dès les années 1980, des réseaux de la recherche se constituent par exemple en Grande-Bretagne (Janet) ou en République fédérale allemande (DFN). La naissance de Renater implique donc à la fois de regarder le contexte scientifique international et notamment les développements états-uniens et européens, l'histoire des protocoles et infrastructures, celle des besoins et usages qui s'expriment, les lieux de décisions et la constitution de groupes impliqués, parfois transnationaux[12].

Né au service des usagers, Renater va ensuite chercher à renforcer sa capacité à répondre aux besoins de sa communauté, en développant des services ou en intégrant ceux qui sont développés au sein du CRU et de l'UREC[13]. Une importance particulière est accordée à la sécurité du réseau et à sa supervision. Mais les efforts dépassent les couches basses, qui concernent le transport des données, pour aller aussi vers les applications. Le travail mené par l'UREC sur les logiciels libres avec le lancement de la plate-forme Plume (Promouvoir les logiciels utiles maîtrisés et économiques dans l'enseignement supérieur et la recherche)[14] en est un exemple ; de même du côté du CRU, le développement d'offres de listes de diffusion (Universalistes) ou de fédérations d'identités et de services en mobilité (eduroam). La visioconférence et bien d'autres exemples témoignent de ce que les services n'ont cessé de prendre de l'importance au cours des vingt années de Renater. Il y a plusieurs raisons à ce choix : outre que ses utilisateurs ont besoin d'outils spécifiques, les contraintes, enjeux et priorités techniques des premiers temps liés aux infrastructures ont pu être surmontés. Pour répondre à une concurrence accrue dans l'offre de fourniture d'accès, le GIP Renater accentue son offre de services qui répond aux besoins, généraux ou parfois très spécifiques, de ses utilisateurs.

---

12 Sur la notion de groupes impliqués, voir notamment les travaux autour du projet Resendem, « Les grands réseaux techniques en démocratie : innovation, usages et groupes impliqués dans la longue durée (fin du 19e-début du 21e s.) », financé par l'ANR (décision n°ANR-09-SSOC-036-01) sur la période 2010-2014.

13 Le CRU (Comité Réseau des Universités), qui prolonge côté Universités les actions menées dans REUNIR, et l'UREC (Unité REseau du CNRS), son pendant au service des campus et des laboratoires du CNRS, sont depuis 1990 chargés d'accompagner le développement des réseaux de données.

14 https://www.projet-plume.org/tutelle/cnrs.

Des moyens de communication à la communication

Les débuts de Renater sont fortement marqués par des enjeux techniques, signes des premières urgences de l'époque et notamment de celles des ingénieurs, qui se concentrent sur les solutions réseaux, les infrastructures et les protocoles. Bien que ces aspects restent prégnants au cours de ses vingt années – évolutions constantes de débits, d'architecture, de topologie, etc. –, l'histoire de Renater dépasse les seuls changements liés à sa structure organisationnelle ou technique. Elle éclaire les évolutions de la relation du monde scientifique et de l'enseignement aux réseaux et aux technologies de l'information et de la communication.

Renater s'est toujours présenté comme un réseau au service d'une communauté spécifique. Aussi est-il intéressant de revenir sur la manière dont le GIP définit son périmètre, pour comprendre la construction de cette communauté. Dès l'origine, une séparation entre usagers du secteur public et du secteur privé – qui restent dans Fnet – est pensée, avec toutefois la possibilité pour les centres de recherche et de développement, comme celui d'EDF, de participer à Renater. La césure n'est pas toujours simple à établir. L'Internet commercial est encore peu développé et les entreprises pourtant désireuses de se connecter au « réseau des réseaux ». Aussi, certaines régions font des demandes en faveur de sites ne relevant pas *a priori* de Renater et, en 1993, le GIP doit préciser que les cascades d'établissements, qui profitent de la connexion d'un site pour s'y raccorder, ne peuvent pas être acceptées[15].

Les exclusions de la communauté Renater permettent aussi de mesurer ce qui doit en fonder l'unité. Elles peuvent avoir des motivations d'ordre juridique et éthique. Ainsi, dès 1996, l'Union des étudiants juifs de France assigne en référé des prestataires d'accès à Internet, car le Web permet de consulter des sites soutenant des thèses néonazies. Renater se distingue des fournisseurs d'accès à Internet grand public au cours de ces premières années de déploiement en choisissant de filtrer quelques sites bien spécifiques. D'autres problèmes liés aux usages du réseau se posent rapidement. Il peut s'agir d'affaires de piratage, ou encore de l'exclusion de forums de discussions et de sites hébergeant des pages personnelles, à l'image du service Mygale prié de trouver un autre hébergeur en 1997,

---

[15] Archives CNRS 990071, DG article 58 GIP RENATER, troisième Conseil d'Administration du 4 juin 1993.

après avoir été initialement accueilli sur Renater au titre d'un projet étudiant de maîtrise. Avec la massification et la diversification de ses utilisateurs, Renater se trouve aussi confronté à des pratiques de partage de fichiers ou des usages pair-à-pair (p2p) sans aucun lien avec sa vocation, mais qui tirent parti de ses débits - bien plus rapides qu'une connexion personnelle par un fournisseur d'accès à internet grand public.

Les chartes d'usage de Renater sont à cet égard intéressantes et renseignent à la fois sur la volonté de mettre des règles en place - un correspondant sécurité devant veiller au respect de celles-ci au sein des établissements -, et sur les pratiques en creux des utilisateurs, qui ne sont pas toujours attendues et souhaitées. Les évolutions de ces règles témoignent aussi de l'élargissement de la communauté et de l'évolution des pratiques et publics. Les utilisateurs de Renater s'ouvrent par exemple à l'enseignement secondaire. Le début de la décennie 2000 voit le déploiement des campus numériques et un large accès des étudiants au multimédia et aux outils informatiques, puis l'équipement des étudiants en ordinateurs portables - avec l'accès à l'Internet sans fil gratuit sur les campus, grâce à des bornes Wi-Fi.

Les usages en réseau sont par ailleurs aussi divers qu'il y a de communautés disciplinaires. Si certaines disciplines semblent avoir pris de l'avance sur les autres, au début de Renater,

> les sciences dites molles font plus appel aux ressources informatiques d'Internet que les sciences dures [...]. Les chercheurs en sciences sociales et humaines semblent plus avides de consulter des bases de données que leurs confrères physiciens, astronomes ou mathématiciens. [...] La Toile prend de plus en plus d'importance dans le milieu de la recherche sociopolitique[16].

Toutefois, ce constat de 1996 ne doit pas cacher que, dans la première moitié des années 1990, l'heure est parfois à la méconnaissance de l'Internet dans la communauté scientifique française, d'où l'importance également d'actions pédagogiques vers des publics diversifiés, qui vont des administrateurs systèmes et réseaux aux utilisateurs, toutes disciplines confondues.

L'histoire de Renater s'inscrit ainsi dans celle des sciences, de l'enseignement et de l'éducation, autant que dans celle de la communication.

---

[16] Michel ALBERGANTI, « Internet accélère le travail quotidien des chercheurs », *Le Monde*, 7 juin 1996.

En témoigne l'analyse qui peut être menée des archives des listes de diffusion hébergées par Universalistes et Renater[17]. Certains groupes, comme ecolycee37@groupes.renater.fr, échanges entre établissements scolaires et enseignants d'Indre-et-Loire qui démarre en 1999, intéressent les historiens de l'éducation et des TIC, mais aussi ceux de la Netiquette, comme le montre le premier message diffusé le 26 mars 1999 :

> [...] Prenez connaissance de ce document. En vous abonnant ou en restant abonnés, vous acceptez les conditions d'utilisation de cette liste.
>
> 1. Objet de cette liste.
> 2. Vos responsabilités.
> 3. Exercice du droit d'accès et de rectification.
> 4. Mode d'emploi du gestionnaire de liste
> 5. Netiquette
> 6. Radiation/modifications
> 7. Acceptation des conditions d'utilisation.
>
> 1. Objet de cette liste.
> Cette liste est destinée aux seuls écoles, collèges et lycées du département d'Indre-et-Loire et aux enseignants y exerçant. Elle a pour objet l'échange d'informations relatives à la mise en œuvre et à l'utilisation pédagogique des nouvelles technologies de la communication (multimédia, Internet, etc.) [...][18].

L'ancienneté de la liste cdidoc-fr qui débute en 1996[19] (Documentation et Internet dans l'établissement scolaire), celle d'un groupe comme suplibre@groupes.renater.fr depuis 2003 (Echanges, Conseils, Actualités du logiciel libre dans l'Enseignement supérieur), sans compter les listes de diffusion plus techniques du GIP Renater lui-même, par exemple les archives du groupe m6bone qui remontent à 2001 (sur la thématique du multicast IPv6) constituent des sources nouvelles pour l'historien, nativement numériques, qu'il conviendrait d'exploiter plus attentivement.

Réciproquement, il faut noter que l'histoire des sciences influence celle du réseau de la recherche et de l'enseignement. Ainsi, le GIP a mené une politique d'adaptation et de réponse à des demandes spécifiques : certains projets ont pu bénéficier d'un support « sur mesure » à

---

17 https://groupes.renater.fr/sympa/lists.

18 https://groupes.renater.fr/sympa/arc/ecolycee37/1999-03/msg00001.html.

19 https://groupes.renater.fr/sympa/arc/cdidoc-fr.

l'image de DataGrid, lancé au tournant des années 2000 pour répondre aux énormes besoins informatiques du futur LHC[20] du Cern (accélérateur de particules alors en construction sur la frontière franco-suisse) ou GRID'5000, réseau de 1 250 processeurs répartis sur huit sites reliés par une liaison à 1 gigabit par seconde fournie par Renater.

Les évocations du m6bone, projet international, de Datagrid et du Cern ou encore d'eduroam[21] renvoient par ailleurs à la formation de communautés et infrastructures transnationales.

La réalité de l'Europe des technologies, moins connue que l'Europe politique, mais qui témoigne d'une capacité européenne à jouer un rôle dans l'Internet, rencontre ici celle de l'Europe de la recherche. Les coopérations nouées au sein de Geant (*Gigabit European Academic Network Technology*) créé en novembre 2000, renvoient à une histoire plus ancienne, des actions européennes Cost (Coopération Scientifique et Technique) des années 1970 à aujourd'hui, en passant par des initiatives et réalisations comme celle de la communauté Unix réunie dans EUnet, les réseaux Europanet, Ebone, Ten-34 et Ten-155, les initiatives autour de l'Osi comme Cosine, etc.[22].

Enfin, un dernier point doit être souligné dans ce rapide parcours : l'importance des territoires, de leurs imbrications et articulations, dont témoigne l'histoire nationale de Renater, inséparable de son histoire régionale. En effet, dès les années 1980, de grands centres de recherche et universités ont mis en place des réseaux en amont de Renater : des réseaux de campus, des réseaux métropolitains ou régionaux, se constituent alors et bénéficient de l'aide des collectivités territoriales, tels ceux en Rhône-Alpes (Aramis), Provence Alpes-Côte d'Azur (R3T2), Haute et Basse-Normandie (Syrhano et Vikman), etc. Le Réseau national doit, à son ouverture en 1993, reposer sur une architecture de « réseau des réseaux » constituée de trois niveaux : 200 réseaux de campus ou de sites ; des réseaux métropolitains et régionaux, auxquels les réseaux de campus se raccordent ; le RNI (Réseau national d'interconnexion), qui fédère les réseaux régionaux et auquel se raccordent les liaisons internationales.

---

[20] *Large Hadron Collider.*

[21] Né de la coopération des NRENs (réseaux nationaux de la recherche et de l'enseignement) européens.

[22] Valérie Schafer & Bernard Tuy, *Dans les coulisses de l'Internet. RENATER, 20 ans de technologie, d'enseignement et de recherche*, Paris, Armand Colin, Comité pour l'histoire du CNRS, 2013, p. 136 et suiv.

L'étude de ces différents réseaux régionaux[23] demande à être approfondie sur des bases comparatives, grâce aux archives locales, de même que la question de la continuité territoriale de la France avec ses territoires d'Outre-Mer, qui rappelle encore une fois à quel point la recherche s'inscrit dans des problématiques politiques, institutionnelles, administratives et humaines.

L'étude de Renater est loin de rendre compte à elle seule de la communication scientifique via les réseaux de données : celle-ci peut – et doit – être abordée sous de multiples angles et attend des études ciblées sur les grandes institutions de recherche, des approches plus globales[24] et des entrées par des objets transversaux – la question de l'édition en ligne, de la communication via le Web, du logiciel libre dans l'enseignement supérieur et la recherche, etc. Cette histoire ne peut bien sûr pas être menée par les seuls historiens de l'innovation, de l'Internet ou du Web, mais elle ne peut être insensible aux infrastructures qui conditionnent le fonctionnement sociotechnique de la communication au travers des débits, des coûts d'équipement, etc. Elle doit également considérer une archéologie des supports et contenus, qui implique que l'on analyse les archives Web, celles des listes de diffusion, des *Newsgroups*, que l'on repense les usages scientifiques du Minitel, voire même du télégraphe[25] et du télex, autant que les stratégies du monde scientifique pour partager l'information et communiquer. Des problématiques comme le déluge informationnel, la question de l'auteur, le dépôt et le partage des données s'inscrivent dans le temps long de l'histoire des sciences et n'ont pas attendu Internet pour être posées[26].

---

[23] On en trouve notamment un aperçu dans *Spécif*, n° 34, avril 1996 : « Des réseaux pour l'enseignement et la recherche. Journées de Grenoble, 26, 27, 28 janvier 1994 ». http://www.societe-informatique-de-france.fr/bulletins/specif034.pdf.

[24] Voir par exemple le séminaire de recherche Fichet-Heynlin : « Les effets et les usages du numérique dans l'enseignement supérieur et la recherche » qui se propose d'examiner les mutations engendrées par le numérique sur la formation, la recherche, la gouvernance universitaire, porté par le réseau Numer-Univ : http://www.reseau-terra.eu/article1266.html.

[25] Par exemple dans le cas des observatoires, comme cela est mis en évidence par David Aubin.

[26] Sur les sciences du vivant, Bruno Strasser, « Practices, Styles, and Narratives: Collecting in the History of the Life Sciences », *Osiris*, vol. 27, n° 1, 2012; p. 303-340 ; Bruno Strasser, « Data-driven sciences: From wonder cabinets to electronic databases », *Studies in the History and Philosophy of Biological and Biomedical Sciences*, no 43, 2012, p. 85-87.

Mailing lists as a means of communication between scientists

A new kind of corpus for historians of science

Alexandre Hocquet
Archives Henri Poincaré, université de Lorraine

Computational chemistry is a scientific field that emerged at the same time as the computer became an ubiquitous tool in the laboratory. In order to study the practices of a scientific community of scholars intimately linked to the computer and the Internet, with a special interest on their relations to software, I hereby present a corpus of threaded conversations based on an electronic mailing list created to cement the fledgling community in the nineties. I will thus first briefly present what is the field of computational chemistry, then the electronic mailing list (the Computational Chemistry List, hereafter referred to as "the CCL") and then explain why and how the CCL as a corpus is pivotal to understand the scientific matters at stake within the community.

What is computational chemistry?

Computational chemistry can be defined as chemistry that uses the computer, which includes many different fields, but a narrower definition of applying theoretical (whether quantum or classical) models to calculations of structure and or reactivity of molecules would allow to catch the scientific interest of the vast majority of the computational chemists. Of course, computational chemistry appeared when the computer became available to theoretical chemists, or even to all chemists, and its development followed the development of the computer as a scientific tool.

What happened to computational chemists?

From supercomputers in the sixties to the desktop computer in the eighties, the computer became available to a wider range of scholars throughout the years and changed from the status of a typical attribute of « Big Science » to a widely available mundane tool in the laboratory. Especially the advent of the graphical terminal in the seventies, a unique and new tool to actually see three dimensional representations of the molecular objects that were calculated (instead of coordinates on a sheet of paper), proved essential to the growth and attractiveness of the scientific domain.[1]

What then changed in the eighties for the computational chemists is that the people that were running calculations on molecules were no longer the same persons as the ones that transformed the theoretical models into available code, or at least not always. Developers and users were both computational chemists, but they soon came to be different persons with different practices, different scientific views, different stances regarding their scientific activity.

Hardware, then Software

Regarding the tools of the computational chemists, the hardware was at the time being replaced by the software as the critical object of the scientific field, the artifact between the developer and the user. What was now standing between them was the molecular modeling software. Software, as a medium between two kinds of actors, posed issues that were unseen before and unexpected to a scientific community, as soon as they had to be passed from the developer to the user: Issues of portability between a myriad of different pieces of hardware, different programming languages, different compilers, different operating systems; Issues about the very definition of the scientific activity regarding worthiness of writing code as a publishable work; Issues of Mertonian ethos regarding the reproducibility of modeling results linked with the publication (or not) of parameters or software details; Issues of availability of the source code in the light of such reproducibility issues, leading to practical and ethical issues of software licensing, software distribution and software commercialization.

---

1 Éric Francœur & Jérôme Segal, "From Model Kits to Interactive Computer Graphics," in Soraya de Chadarevian & Nick Hopwood (eds.), *Models: The Third Dimension of Science*, Stanford, Stanford University Press, 2004.

We easily could qualify today these scholars as « geeks », according to their computing practices, people « hooked » to their computers, using the computer to pursue their scientific working activity, but also as a communicating tool, taking advantage of the fledgling Internet. The computational chemists were different from the computer scientists though, in their work (they used the tools but were not designing them) and in their ethical, or political stance. As Flichy described them, the early Internet computer scientists formed a kind of *République des informaticiens*, a community that arguably shaped the computers and the Internet according to their ethical and political *imaginaire*, and these people were different from the computational chemists.[2]

The eighties also represent a political and economic context. On the political side, the so called commercialization of the academic world,[3] leading new profitability concerns in the university boards,[4] the creation of patenting offices following the Bayh-Doyle act and more generally the advent of "technology transfer" as a mean to imagine new profits.[5] On the economical side, the advent of the graphic terminal and the molecular modeling being seen as a promising marketing sales force for the hardware manufacturer industry,[6] and the pharmaceutical industry R&D sectors being targeted as an enormous potential customer.[7]

The molecular modeling software was a boundary object in the community.[8] Central to all the actors (developers, users, academic researchers,

---

2 Patrice Flichy, *The Internet* imaginaire, Cambridge, MIT Press, 2007.

3 Elizabeth Popp Berman, *Creating the Market University: How Academic Science Became an Economic Engine*, Princeton University Press, 2012.

4 Sheila Slaughter & Gary Rhoades, "The Emergence of a Competitiveness Research and Development Policy Coalition and the Commercialization of Academic Science and Technology," *Sciences, Technology & Human Values*, 21(3), 1996, p. 303–309.

5 David C. Mowery *et al.*, "The Growth of Patenting and Licensing by US Universities: An Assessment of the Effects of the Bayh-Dole Act of 1980," *Research Policy*, 30(1), 2001, p. 99–119.

6 Alexandre Hocquet & Frédéric Wieber, "Only the initiates will have the secrets revealed: Computational chemists and the openness of scientific software," *IEEE Annals of the History of Computing*, 39(4), 2017, p. 40–58.

7 Donald B. Boyd, "How Computational Chemistry Became Important in the Pharmaceutical Industry," in Kenny B. Lipkowitz *et al.* (eds.), *Reviews in Computational Chemistry*, John Wiley & Sons, 2007, p. 401–451.

8 Susan Leigh Star, "This Is Not a Boundary Object: Reflections on the Origin of a Concept," *Science, Technology & Human Values*, 35(5), 2010, p. 601–617.

industrial researchers, software vendors, hardware constructors...), but plastic enough to have a different meanings to the different people involved, and the subject of the vast majority of debates within the community.

At the turn of the eighties and nineties, computational chemists were thus facing a situation of changing times in their scientific activity. A change in structure in what defined their scientific field and a time of tensions provoked by the new matters at stake, which, i argue, revealed the epistemic,[9] economic and political[10] issues posed by software in science.

The Computational Chemistry List

In 1991, in this particular context, an electronic mailing list, the CCL, was created at the Ohio Supercomputing Center to create links between the members of the fledgling community.[11] A mailing list is an asynchronous Internet forum based on the concept of threaded conversation (a topic is defined by a first poster, then the others reply to the opening post by keeping the same topic in the header of their message) using the email address as the identification of the person. It is technically using a "mail exploder" program which redirects the emails someone is sending to all subscribed people. It is thus a forum where you have to subscribe to read/listen, but not necessarily to write/speak up. This is actually the case for the CCL where the rules, defined by the moderator, allow anyone to contribute.[12]

Unlike web forums, contributions to a mailing list are not editable, and the identity of the poster is declared (through the email address,

---

[9] Frédéric Wieber & Alexandre Hocquet, "Models, Parameterization, and Software: Epistemic Opacity in Computational Chemistry," *Perspectives on Science* 28(5), 2020, p. 610–629.

[10] Alexandre Hocquet & Frédéric Wieber, "Epistemic issues in computational reproducibility: software as the elephant in the room" *European Journal for Philosophy of Science,* 11(38), 2021.

[11] Jan K. Labanowski, "Free Speech, Quality Control, and Flame Wars. Academe, January," https://www.aaup.org/AAUP/pubsres/academe/2007/JF/Feat/Lear.htm, accessed October 13, 2011.

[12] Alejandro Pisanty & Jan K. Labanowski, "Electronic Mailing Lists and Chemical Research: a Case Study. TrAC Trends," *Analytical Chemistry,* 15(2), 1996, p. 53–56.

so admittedly, to the extent of what an email address means in terms of identity). Using the email in the early nineties is nothing innovative but is also not a common mode of communication between scientists in a preweb Internet. The CCL grew because the computational chemists were using computers (and the Internet) on a daily basis. Through the Internet and the listserv program, the CCL mailing list was thus shaped by the computational chemists, and, in a process of typical "mutual shaping of users and technology", where social practices and technological innovations influence each other, the computational chemistry community organized itself around the CCL.[13]

A new media

The CCL, as an English-speaking list created in a US supercomputing center was (and is) very American, but is also of global scope, as the CCL could allow for European, Japanese and soon people from around the world to join in. The CCL as a mailing list was also a new and unique mode of communication between very different kind of scholars, not only geographically but also culturally and hierarchically. From graduate students to senior researchers, from code developers to "end users", from hardware vendors to software marketing sales forces, the CCL was (is) the arena where all the people linked to the molecular modeling software one way or another could debate. Its informal mode of communication (email in the early nineties were informal representations of self) and the ease to join the CCL community were key to the success and growth of the CCL as a medium, but also as an arena where issues at stake in the community could be discussed freely. It is hard to assess the representativity of the population of the CCL subscribers in terms of social or professional or geographical profiles within the computational chemistry community, but it is safe to say that grossly each social professional or geographical profile has a loquacious enough character and/or a bigmouth representative among the CCL subscribers to speak up.[14]

---

13 Pablo J. Boczkowski, "Mutual Shaping of Users and Technologies in a National Virtual Community," *Journal of Communication,* 49(2), 1999, p. 86–108.

14 Frédéric Wieber, Alejandro Pisanty, Alexandre Hocquet, "'We were here before the Web and hype…': a brief history of and tribute to the Computational Chemistry List," *Journal of Cheminformatics*, 10(67), 2018

A new presentation of self

Of course, it would be naive to view the CCL as an idealized Habermas public sphere with abolished hierarchies.[15] A few anthropological studies of mailing lists have shown how issues of gender[16] or more generally of differences of status[17] can interfere in an Internet based conversation. It is of course untrue that no relationships of power or authority exist within the list participants, but it is also true that they are different from what they are within a laboratory, or in a conference, or in the process of publishing a paper, and they thus led to new forms of interactions in debates. For example, the technical coding expertise, especially for new languages or operating systems, gives authority to the young geek provided he has sufficient wit and boldness to engage into a debate with more seasoned scholars.

In a paper about the birth of bitnet and listserv (the technical ancestors to mailing lists software), Grier and Campbell summon Goffman and the idea of "presentation of self" to describe the informality of the new medium.[18] First, from the linguistic point of view, the email as a form of speech has been described as quasi orality, lacking the formality of written language, especially in its infancy, and even though it is technically a sociotechnical device using (computer mediated) writing.[19] Yet quasi orality is not only informality. It is also an attempt to recreate the sense of a community, a place where several people can exchange, something impossible in written language.[20] The mailing list is also, according to Goffman dramaturgical approach, a "backstage", a place where the participants of the list interact within the community without acting in

[15] Jürgen Habermas, *The Structural Transformation of the Public Sphere: An Inquiry into a Category of Bourgeois Society*, Cambridge, MIT Press, 1991.

[16] Rhiannon Bury, *Cyberspaces of Their Own: Female Fandoms*, New York, Peter Lang, 2005.

[17] Jonathan Paul Marshall, *Living on Cybermind: Categories, Communication, and Control*, Peter Lang, 2007.

[18] David Alan Grier & Mary Campbell, "A Social History of Bitnet and Listserv, 1985–1991," *Annals of the History of Computing*, 22, 2000, p. 32–41.

[19] Anne Beaulieu & Mette Terp Høybye, "Studying Mailing Lists: Text, Temporality, Interaction and Materiality at the Intersection of Email and the Web," in *The Handbook of Emergent Technologies*, Social Research, 2011, p. 257.

[20] Philippe Hert, "Quasi-oralité de l'écriture électronique et sentiment de communauté dans les débats scientifiques en ligne," *Réseaux* 17(97), 1999, p. 211–259.

front of an audience (the public of a conference, the jury of a thesis defense, the readership of a manuscript…), pretty much like the waiters in the kitchen are in a backstage, unlike when in the dining room where they have to perform in front of the restaurant customers as the audience.[21] The backstage does not equate with a "private space", though. It is, as a matter of fact, quite public. More important is the fact that the backstage is the place where the representation on the front stage is prepared.

The influence of the moderator

In that respect, the personality and position of the person in charge of the moderation of the list is pivotal for the success of the list. Many scholarly mailing lists were created during the nineties in a wide scope of scientific areas but very few survived as a useful and lively place of debate. On the one hand, many died of attrition, due to lack of interest or lack of debate. On the other, many died violently, because, on the contrary, of too passionate and controversial topics leading to mail explosions followed by unsubscriptions. The right balance that permits a list to survive and to live is an essential characteristic of the way the list is moderated. It is also pivotal for defining what is the exact use of the list as an arena. Through the careful definition of the terms of service, through the moderation of spirited debates, through the constant recall of what is recommendable and what is not on the list, the moderator influences what is said and how it is said.[22]

Jan Labanowski created the CCL in 1991 as an employee of the Ohio Supercomputing Center. The infrastructure needed to maintain the list soon became something problematic and the list turned into an independent structure, maintained by Labanowki as a hobby. It could survive first with a NSF grant and then by the support of the community, through advertising on the website hosting the list archive. Since Labanowki is retired, the CCL, (needing a relatively far less demanding infrastructure

---

21 Bernie Hogan, "The Presentation of Self in the Age of Social Media: Distinguishing Performances and Exhibitions," *Bulletin of Science, Technology & Society*, 30(6), 2010, p. 377–386.

22 Jan K. Labanowski, "Free Speech, Quality Control, and Flame Wars. Academe, January," https://www.aaup.org/AAUP/pubsres/academe/2007/JF/Feat/Lear.htm, accessed October 13, 2011.

compared to the one needed in its infancy) has been operating from his home basement. Last but not least for the historian, the archives of the list are publicly available on the world wide web (originally to allow searching of past questions/answers/debates for computational chemists) and the terms of service a subscriber must sign when enrolling are adamant on the public nature of the future posts they may write.

Topicality and flame wars

The CCL has been growing regularly in terms of number of subscribers and number of daily messages from 1991 to 1995, when it reached a plateau of several thousands of subscribers and a dozens of daily messages. Since the 2010's and the advent of Twitter and corporate social media such as Researchgate, the frequency of messages has been declining.

The topics encountered in the CCL roughtly belong to three categories. Labanowski describes the topics in a paper in 1995.[23] Apart from academic events announcements, the main kind of topic is asking for help for software use. Sometimes welcomed, when the archived question actually helps the community for publicly available software, sometimes frowned upon when the software is a commercial one (and the community feels the company should invest in its own support forum), the CCL is the quickest way to help and get help when you are working in front of your networked computer. Debates about trending scientific topics are also not rare, a kind of subject that can mix pure abstract theories or models with technical considerations like hardware specifications or programming languages. Commercial announcements, or debates about them belongs also to the CCL core, and the fact that those are clearly and precisely authorized with strict rules reveals that it was not obvious to the whole of the community if and how they should be allowed.

Keeping a strict definition of topicality is a key to the success of the list as mentioned earlier. Topics that evolve into passionate debates, or even arguments, if proved unhealthy for the list itself are the most valuable pieces of information for the historian. Given that discussion is possible and even encouraged if not considered off-topic, then the most controversial tensions within the community generate interesting

---

23 Alejandro Pisanty & Jan K. Labanowski, "Electronic Mailing Lists and Chemical Research: a Case Study. TrAC Trends," *Analytical Chemistry*, 15(2), 1996, p. 53–56.

threaded conversations where a variety of actors within the community can interact.[24] In a similar manner that the "scientific controversy" is a useful tool for the STS scholar to learn about the scientific, political and social matters at stake, the "flame wars" (the threaded conversations in which the topic is controversial enough (or one of the posters is provocative enough) to degenerate into a self-sustaining avalanche of posts) are a valuable source of information. If some of the mailing lists members appear to be "trolls", i.e. provocative posters wanting to disrupt the harmony of the community by posting on controversial topics, then Gabriella Coleman argue that it forces the community to react, and the troll teasing is thus something that allows the community to discuss and debate about sensitive matters, forcing the members out of a polite stance and thus forcing them to reveal otherwise concealed opinions.[25]

Text mining and Social Network Analysis

On a more systematic level of analysis, the publicly available archive of the CCL is also a text corpus of dated messages that allow to perform text mining, especially in a diachronic perspective, to capture the evolution of the importance of topics (like free software) or critical terms (like for example supercomputing, or graphic terminal) with time. For free software, it is a valuable piece of information to realize when exactly the debates about open source or free software began to matter within the community, actually long after the same debates were taking place in the computer scientists community.

Viewing the archive of messages as a social network, it is also possible to assess the proximity of actors, or the proximity of topics, observing the nature and importance of indirect links between them.[26] For actors, an analysis of contributors of various topics allows to link people with other

---

24 Alexandre Hocquet & Frédéric Wieber, "Mailing list archives as useful primary sources for historians: Looking for flame wars," *Internet Histories*, 2(2), 2018, p. 1–17.

25 Gabriella Coleman, "Phreakers, Hackers, and Trolls: The Politics of Transgression and Spectacle," in Michael Mandiberg (ed.) *The Social Media Reader*, New York, New York University Press, 2012, p. 99–119.

26 Derek L. Hansen, Ben Shneiderman, Marc Smith, "Visualizing Threaded Conversation Networks: Mining Message Boards and Email Lists for Actionable Insights," in *Proceedings of the 6th International Conference on Active Media Technology*, AMT'10 Berlin, Heidelberg, Springer Verlag, 2010, p. 47–62.

as contributors to the same topics: who (meaning which professional profile) answers to whom? For topics, thanks to the headers of the messages, it is convenient to select the most successful (in terms of numbers of messages) threads. By analyzing which contributors they share in common, it is possible to have an idea of proximity of topics.

Titres parus dans la collection

Vol. 13 – Muriel Le Roux (dir./ed.), *Modalités de la communication scientifique et technique. Perspectives historiques / Communicating Science and Technology. Historical Perspectives*, 2023.

Vol. 12 – Léonard Laborie et Sébastien Richez, *Attention, fragile ! Économie et politique de la messagerie postale en France, XIXe-XXe siècle*, 2020.

Vol. 11 – Sylvie Crogiez-Pétrequin et Anna Heller (dir.), *Empires connectés ? La circulation de l'information dans les empires*, 2018.

Vol. 10 – Muriel Le Roux, Sébastien Richez (eds.), & Eugène Vaillé, *A Concise History of the French Post Office. From Its Origins to the Present Time*, 2018.

N° 9 – Sébastien Richez, *Un postier dans la Grande Guerre. Augustin-Alphonse Marty (1862-1940), réformateur de la Poste militaire*, 2017.

N° 8 – Peggy Bette, *Veuves de la grande guerre. Itinéraires et combats*, 2017.

N° 7 – Alexandre Tessier (dir.), *La Poste. Servante et actrice des relations internationales (XVIe-XIXe siècle)*, 2016.

N° 6 – Muriel Le Roux et Sébastien Richez (dir.), *Brève histoire de la Poste depuis 1945*, 2016.

N° 5 – Eugène Vaillé, *Histoire des Postes françaises jusqu'en 1939*, 2016.

N° 4 – François Cadilhon, Philippe Chassaigne et Éric Suire (dir.), *Censure et autorités publiques. De l'époque moderne à nos jours*, 2015.

N° 3 – Valérie-Inés de La Ville et Antoine Georget, *Le Père Noël de la Poste. La surprenante histoire de son secrétariat (1962-2012)*, 2014.

N° 2 – Olivia Langlois-Thiel, *Contribution à l'histoire du service public postal : de la Révolution au tournant libéral du second Empire*, 2014.

N° 1 – Muriel Le Roux (ed.), *Post Offices of Europe, 18th-21st Century. A Comparative History*, 2014.

www.peterlang.com